矿山废料胶结充填

（第 2 版）

周爱民　编著

北　京
冶　金　工　业　出　版　社
2010

内 容 提 要

本书结合矿山废石、尾砂和赤泥三大金属矿山的固体废物，重点阐述了矿山废石胶结充填、全尾砂胶结充填和赤泥胶结充填的理论与工艺技术，以及胶结充填体的作用机理，特别是针对矿山废石、尾砂和赤泥等矿山固体废物作为充填材料的特殊性和矿山充填的特点，系统地论述了固体废物的基本特性、胶结强度理论、充填料配合原理、结构流输送理论，以及固体废物胶结充填料的制备和输送工艺技术、充填系统配置与装备技术、采场充填工艺技术等，介绍了矿山废石胶结充填、全尾砂胶结充填和赤泥胶结充填的典型应用。

本书适合从事矿山工程技术研究、设计、教学与生产技术管理的人员阅读，也可以作为高等学校相关专业教学参考用书。

图书在版编目(CIP)数据

矿山废料胶结充填/周爱民编著. —2 版. —北京：冶金工业出版社，2010. 10

ISBN 978-7-5024-5361-9

Ⅰ. ①矿…　Ⅱ. ①周…　Ⅲ. ①矿山—废料—胶结充填法
Ⅳ. ①TD853. 34

中国版本图书馆 CIP 数据核字(2010) 第 181838 号

出 版 人　曹胜利
地　　址　北京北河沿大街嵩祝院北巷 39 号，邮编 100009
电　　话　(010)64027926　电子信箱　yjcbs@cnmip.com.cn
责任编辑　王之光　美术编辑　李　新　版式设计　孙跃红
责任校对　石　静　责任印制　张祺鑫
ISBN 978-7-5024-5361-9
北京兴华印刷厂印刷；冶金工业出版社发行；各地新华书店经销
2007 年 1 月第 1 版，2010 年 10 月第 2 版，2010 年 10 月第 1 次印刷
787mm×1092mm　1/16；15 印张；359 千字；225 页
48.00 元

冶金工业出版社发行部　电话：(010)64044283　传真：(010)64027893
冶金书店　地址：北京东四西大街 46 号(100010)　电话：(010)65289081(兼传真)
(本书如有印装质量问题，本社发行部负责退换)

第2版前言

随着全球可持续发展战略的深入实施，各级政府部门和矿业界越来越注重对矿区环境的保护和对矿产资源的高效利用，致使矿山固体废物胶结充填方式的意义更显突出，备受重视；加上国内矿产资源的需求量持续增长，大量开发复杂难采矿床，进一步推动了胶结充填工艺与技术的发展。目前，充填采矿法及矿山固废胶结充填方式已成为新建和改扩建地下矿山的首选技术方案之一，并且从有色金属矿山迅速扩展到冶金、化工和煤炭矿山。用作矿山充填材料的固体废物，也从金属矿山的废石、尾砂与赤泥，拓展到化工矿、煤矿等多类矿山的废弃物的利用。固废胶结充填在矿山广泛应用的过程中，其理论与工艺技术得到了进一步发展，日趋完善和成熟，逐步形成了自成系统的理论与技术体系。特别是结构流全尾砂自流胶结充填理论与技术，在近五年中得到了快速发展，使全尾砂充填方式在经历了十多年的试验与研究阶段后，全面进入了工业应用阶段。目前在国内二十多座矿山推广应用了全尾砂自流胶结充填技术，尤其在新建地下铁矿山得到了快速推广应用，已成为地下铁矿山充填采矿的首选充填方式。借助于固废胶结充填技术的发展与应用，在国内建成了多座无尾砂库矿山，以及既无尾砂库，又无废石堆场的无废矿山，使我国无废开采进入国际先进行列。

采矿工业及其矿山充填的快速发展，为矿山固体废物胶结充填工艺技术创造了广阔的需求环境。自《矿山废料胶结充填》出版发行以来，得到了从事矿山工程技术研究、设计、教学和生产技术管理人员的普遍欢迎，为固废胶结充填的进一步发展与推广应用发挥了积极的作用。为了满足采矿工业发展对固废胶结充填的需求，也为了适应固废胶结充填理论与工艺技术的最新发展，作者在第1版的基础上进行修订后，将第2版奉献给读者，以期促进矿山固废胶结充填技术得到更加广泛的推广应用。

第2版针对全部章节，从系统性、简练性和规范性等方面作了较大篇幅的修改和完善，并且补充了作者近年来关于固废胶结充填方面的相关理论与工艺技术的研究成果，新增了由姚中亮教授、谢开维高工近年内完成的全尾砂胶结充填与磷石膏胶结充填方面的最新试验研究与应用内容。通过第2版以期尽量补充固废胶结充填技术的最新发展，完善固废胶结充填的理论与技术体系。但虽然进行了多次修改，却仍感有太多不足之处，仍有太多需要进一步完善的方面，期望得到广大读者的指正。通过读者和致力于发展矿山充填理论与技术的各方面人员的共同努力，真正完善固废胶结充填理论与技术体系，推进矿山充填及充填采矿的应用，促进采矿工业与资源、环境的协调发展。

作　者

2010年3月于长沙

第1版前言

采矿是矿产资源开发和利用的基础，但是采矿工业在为人类提供原材料的同时，不可避免地带来资源损失、地表塌陷、排放废料等负面效应。随着工业社会的飞速发展，矿产需求量迅速增加，金属矿产资源开发利用引发的地表破坏和废料排放，导致矿山环境恶化，给地球环境造成了很大的负面影响。尽管目前国内外在矿山环境治理和生态恢复方面做了大量的工作，但是收效不明显。采矿专家希望通过采矿技术进步，使采矿工业能实现零排放和不破坏地面环境。这就意味着不将废料排放在地表，采空区能被有效充填，同时还能充分地回收矿产资源，从根本上解决矿产资源开采带来的环境和安全问题。目前的采矿工业离此目标还有较大的差距，因此，需要全体采矿工程师和各方面人员的共同努力才能实现这一目标。

矿山废料胶结充填可以提高资源回采率，有效保护地表不塌陷和保护远景资源，消除或大量减少矿山固体废料的排放，保持矿区生态体系完整，从根本上最大限度地消除矿产资源开采所带来的负面影响，并且能使矿山效益最大化。矿山废料胶结充填是按照工业生态学思想发展起来的矿山充填新理论与新技术，能促进采矿工业与资源、环境、安全、经济的协调发展，符合可持续发展战略的要求。

本书是在作者多年来主持完成的多项科技攻关项目成果的基础上，以全部利用矿山固体废料作为充填材料为出发点，以实现高效、安全、低成本充填为目标进行组材编著。重点针对矿山废石、尾砂或赤泥作为充填材料的特殊性和矿山充填的特点，系统地论述了这些矿山固体废料的自然特性，以这些固体废料作为充填材料的胶结强度理论及材料配合原理，结构流充填料输送理论及其特性参数，废石胶结充填、全尾砂胶结充填和赤泥胶结充填的充填料制备工艺与装备技术、输送工艺与装备技术、充填系统配置以及采场充填工艺与技术等，并阐述了矿山废石胶结充填、尾砂胶结充填和赤泥胶结充填的应用及其胶结充填体作用机理。

《矿山废料胶结充填》一书通过理论与实际相结合，以期在推广应用矿山废料胶结充填新理念、新理论、新工艺和新技术方面发挥积极作用，为实现采矿工业与资源、环境、安全、经济的协调发展作出一定的贡献。

作　者

2006年2月

目　　录

1 绪　论

矿产资源对后续产业所具有的强劲效益传递功能和广泛的社会辐射效应，使人类社会得以进步和发展。可以说，人类的进步以利用矿物的能力来衡量。矿产资源开采是社会生产链的最前端，生产的许多重要工业原料是国民经济、国防工业、高新科学技术领域不可缺少的原材料和重要战略物质。矿物产品对保障国民经济和社会发展的重要作用和战略价值，决定了其在国民经济中的不可替代的地位。我国是矿产资源大国，也是矿产资源生产和消耗大国。

采矿是矿产资源开发和利用的基础工业，但是采矿工业在为人类提供原材料的同时，也不可避免地会扰动和破坏地球环境，带来安全隐患。随着工业社会的飞速发展，矿产需求量迅速增加，矿产资源开采利用引发的环境破坏和废物排放，已成为相当严峻的环境问题。世界各国领导人、环境专家和采矿专家都希望采矿工业实现零排放和不破坏生态环境。这就意味着不能将矿山固体废物排放地表，采空区能被及时充填，同时还要充分地回收利用矿产资源。但尽管目前国内外采矿技术已取得很大进展，要实现这一目标仍然有很大的难度。因此，需要全体采矿界同仁和各方面人员的共同努力才能逐渐实现这一目标。本书也正是希望为实现这一目标作出一定的贡献。

1.1　概述

1.1.1　矿床开采问题

按照人们对矿产资源开发和利用的传统认识，通常只注重于矿床开采的经济活动，较少地考虑矿床开采过程对地球环境的严重负面影响；往往在出现生态破坏和环境污染后再进行局部的末端治理，较少按照矿产资源开采与生态环境相协调的理念，将矿床开采的各个工序作为一个系统从源头解决矿山环境问题。以致国内因矿床开采造成了超过400万公顷的土地受到破坏，排放的固体废物达工业行业排放固废总量的85%。矿山固体废物的排放占用了大量宝贵的土地，造成生态环境恶化，同时也造成大量可利用矿物资源的流失。特别是国内矿山数量众多，大多数矿山生产规模小，技术水平差别大，较多矿山的环境保护工作滞后，因而矿山生态环境严重恶化，给当地自然生态环境、社会经济与人们生活带来了很大的负面影响。国内矿产资源开发与利用引发的环境破坏已成为不可忽视的严峻问题，显著增加了地球的负荷。

1.1.1.1　资源浪费

国内金属矿产资源的开采损失比较严重。根据地矿部门在全国组织的矿产资源开发利用水平抽样调查结果表明，国内主要金属矿产的开发利用水平有了很大的提高，但仍然远低于主要矿业大国的水平。目前工业发达国家有色金属矿产资源综合利用率达到70%左右，而国内有色金属矿产资源的综合利用率不到60%，其中采选回收率不到70%，采矿回收率不到80%，比矿业发达国家低10～20个百分点。

另外，当代被采矿体的围岩也极有可能含有远景矿产资源，能在将来得到利用。但按照目前通常的认识，它们在现有技术条件下不能被利用，或还不能被认识到将来的可利用价值。因而，在当代采矿活动中很少考虑这些远景资源在将来的开发利用。事实上，在远景资源还不能被明确界定的条件下也难以进行综合规划。因此，在开发资源的过程中，远景资源往往受到极大破坏，很难被再次开发，或者即使能开发也增加了很大的技术难度。

1.1.1.2 地表塌陷

采矿工业在向地球索取资源的同时，因开采而在地下形成大量采空区，即矿石被回采后，遗留在地下的回采空间。采用崩落采矿法回采时，在覆盖岩石下出矿，需要崩落上部矿岩充填回采空间，造成地表塌陷。采用空场采矿法回采时，出矿后留下采空区。采空区的存在使岩体中的应力重新分布，在空区的周边产生应力集中形成地压，使空区顶板、围岩和矿柱发生变形、破坏和移动，产生顶板冒落；或者强制崩落上部围岩充填采空区，造成地表塌陷。无论是强制崩落采空区顶板，还是采空区失稳塌陷，都会造成地表和植被遭受破坏。矿山开采诱发的地面崩塌、滑坡、塌陷等地质灾害已十分普遍。

1.1.1.3 排放废物

目前的工业体系实际上是一个开采资源和排放废物的过程。采矿活动是向环境排放废弃物的主要来源，其固废排放量占工业固体废物排放量的80%～85%。据报道，澳大利亚每年产生约21亿吨工业固体废物，约有80%来自矿业部门。世界矿业开发所产生的尾砂，每年在50亿吨以上。国内在矿产资源开发利用过程中产生的尾砂、废石、煤矸石、粉煤灰和冶炼渣已成为排放量最大的工业固体废弃物，占全国工业固体废弃物排放总量的85%。据统计，国内矿山年产尾砂与废石18亿吨以上，排放87%。截止到2009年底，全国尾砂库共计12523座，堆存尾砂总量70多亿吨。可见，现有的采矿工业模式显著增加了地表环境的负荷，不能满足可持续发展原则。

1.1.1.4 安全隐患

矿床开采留下的采空区、堆放的废石场和构筑的尾砂库带来严重的安全隐患。诸如采空区产生或诱发矿区塌陷、崩塌、滑坡、地震、矿井突水、顶板冒落等地质灾害，废石场引发泥石流以及尾砂库溃坝等灾害事故时有发生，严重威胁矿山正常生产和矿区人民的生命财产安全，带来了大量人员伤亡和经济损失。据统计，我国因采矿引起的重大塌陷超过180处，发生采矿塌陷灾害的城市30多个，其中造成严重破坏的有25个。尤其是尾砂库与采空区已成为我国矿山的重大安全隐患。

1.1.1.5 治标不治本

人类在采矿工业的发展进程中已认识到矿产资源开采所引发的生态问题与环境问题。特别是工业革命以来，矿产资源的大量开发遗留给人类的生存环境日趋恶化。为了解决这一问题，世界各国一方面逐步制定和完善了各类法律、法规和技术规范标准，以规范采矿业的行为；另一方面则研究矿产资源开发新技术，如地下矿山的充填采矿技术、原地溶浸采矿技术，以及露天坑与废石场的复垦技术等，以尽量减少矿产开采对自然生态环境的破坏。但是在解决方案方面，即使是采矿工业发达的国家，自20世纪60年代以来所采用的法律与技术手段，均一直是采取措施来治理污染和恢复生态，即末端治理。这些国家的经验表明，生产过程末端治理方案治标不治本，并且治理不及时，不是一个有效的解决方案。末端治理方案往往只是将问题在时间和空间上进行转移，比如塌陷区回填需要获取土石，必然对其他地段造成破坏；尾砂库的复垦只是解决了地面的污染问题，而尾砂对土地的污染依然存在。从长远来看，生产过程末端治理所需的资金投入极大，废物还必须进行最终处理。

1.1.2 工业生态学理念

世界各国领导人、环境专家和采矿专家都希望采矿工业实现零排放和不破坏地表环境。《中国矿业城市21世纪宣言》宣称："……矿业城市要走可持续发展和环境保护之路，以科学、求实、奉献的精神，把我们的城市建设成为山清水秀、自然和谐、文明富裕、生机盎然的美好家园。"不管是矿山零排放还是矿业城市的山清水秀，均意味着不将矿山废物排放在地表，采空区被有效充填，同时还要充分地回收利用矿产资源。

工业生态学能较好地解决矿床开采的负面问题，它是一个将工业体系模仿生物界的生态规则运行的类比概念，属于可持续发展科学。最早于20世纪70年代初由联合国工业发展组织在维也纳的一次讨论会上提出了"与环境平衡的工业联合企业"和"零污染"的观点。1976年联合国欧洲经济委员会组织的一次"技术与无废物生产"报告会上，许多文章提出的观点也类似于工业生态学的观点。但直到90年代初，工业生态学才开始引起人们的重视。目前，正在逐步形成一个由工程学、生态学和生物经济学交叉构成的学科与技术新领域。工业生态学的任务是要借助于对生态系统和生物圈的认知，寻找能使工业体系与生物生态系统协调运行和相互匹配的途径；借助于生态科学、自然科学和工程科学，研究工业体系的整体和长期的发展。

工业生态学完全推翻了末端治理的观念，并就工业技术问题提出以下三个主要观点：

（1）无碍环境的清洁技术与其他技术之间的区分将不复存在，因为只要优化物质与能量流，所有的技术都会趋于越来越清洁。

（2）工业体系需要在总体上朝着成熟的生态系统方向演进，企业应在分析整体工业系统的基础上进行规划和选择技术，对于各自孤立的企业，则无论多么优化、多么清洁，都是不够的。

（3）环境问题涉及所有技术，同样也涉及科技政策，包括对国际经济竞争力背景下的关键技术的判断。

工业生态学还没有标准的定义。加拿大新苏格兰省哈利法克斯达尔荷西亚大学的雷蒙·柯特曾作了一番统计，有关工业生态学不同的定义达20种之多。但在关于工业生态学的三大基本要素方面有共同的认识：

（1）工业生态学是一种关于工业体系的所有组成部分及其同生物圈的关系问题的全面的、一体化的分析方法。

（2）工业生态学研究的范围，是工业体系的生物物理基础，即与人类活动相关的物质和能量流动与储存的总体。

（3）科技的动力，关键技术的发展进化，是工业体系的一个决定性因素，有利于把现有的工业体系转换为可持续发展的体系。

传统的工业体系是一些相互不发生关系的线形物质流的叠加，每一道制造工序都独立于其他工序。其运行方式，简单地说就是开采资源和抛弃废物，这是环境问题的根源。按照传统的工业体系不可能实现可持续发展，只有通过一种更为一体化的工业生产方式来代替简单化的传统生产方式，才能实现可持续发展，这就是工业生态系统。

为了将工业体系真正转变成为可持续的形态，就必须以完全循环的方式运行。在这种形态下，不再区分资源与废物。对一个有机体来说是废物，但对另一个有机体却是资源，只有太阳能是来自外部的支援。这就是第三级生态系统（图 1-1）。在这样的一个生态系统之内，众多的循环借助太阳能，既以独立的方式运行，也以互联的方式进行物质交换。理想的工业生态系统应尽可能接近第三级生态系统。

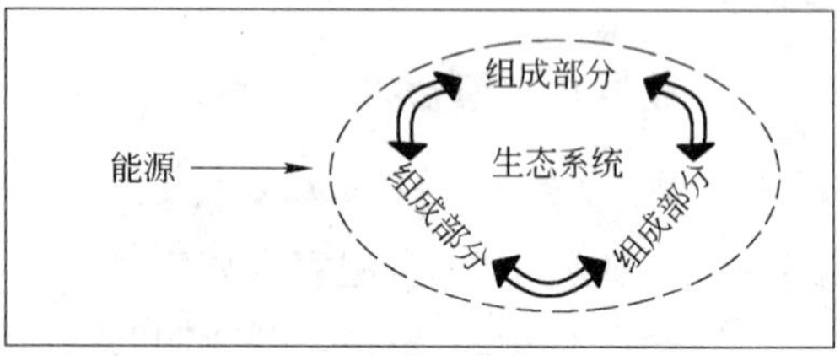

图 1-1　第三级生态系统示意图

一个工业生态系统包括四类主要行为者：资源开采者、产品制造者、消费者和废物处理者。较理想的系统将通过集约再循环，使系统内不同行为者之间的物质流远远大于出入系统的物质流。

1.1.3 环境治理新观念

环境问题的传统观念认为解决方案是采取措施来治理环境，也即末端治理。这是自 20 世纪 60 年代以来，工业化发达国家广泛采用的技术手段。但是，这些国家的经验表明，生产过程末端治理不是有效的解决方案。工业生态学认为，在节约资源的同时又减少污染源及其污染物的处理成本是可能的。在一些情况下，运用工业生态学方法可以把一道工序或一个企业所产生的废物，转换成其他工序或企业所需要的原料。因而，可以将费用昂贵的废物处理转变成企业的一个新的利益源。

减轻采矿工业对自然环境的破坏，充分回收利用有限的矿产资源，是世界范围内需要有计划地完成的一项重大环保任务和资源战略。工业生态学为全面解决环境污染和资源利用，以及提高矿山企业的竞争力，提供了理论方法和实施方案。

针对矿床开采造成地表塌陷、排放尾砂、排放废石和浪费资源等四大危害，可以按照工业生态学的理念，通过重构生产系统，结合开采过程消除环境污染和生态破坏，使矿山工程与生态环境融为一体；并使采矿过程和谐地纳入自然生态系统物质循环利用过程，形成产品清洁生产、资源高效利用和废物循环利用为特征的生态经济发展形态。这样，就可以从根本上解决传统开采方式所带来的资源浪费、破坏生态、污染环境及安全隐患问题。完成这一任务的解决方案是按照工业生态学的观点，把矿山充填作为矿床开采的一道必要工序，并且完全利用矿山固体废物进行充填。也就是说，在矿山工业系统中，利用采矿和选矿工序所产生的废物作为充填工序的原料。

1.2 无废开采

实现矿床无废开采的总体思想是按照工业生态学的理念，通过矿床开采工艺和技术的创新，最大限度地利用矿产资源和保护远景资源，最大限度地减少矿山固体废物的产出，最大限度地把固体废物转变成二次资源被重新利用和抑制地表塌陷，从根本上解决矿区环境与生态破坏问题。

1.2.1 固废流量模型

金属矿山在生产出工业产品的过程中，产出的固体废物主要为废石、尾砂（包括赤泥等其他尾废）。对于具体矿山来说，尾砂大至是一个常量，而废石量可以通过开采工艺进行适度控制。在矿床开采物流模型中，既要使产品最大化和固体废物产出量最小化，又要充分利用固体废物以减少流出量。

在矿床开采过程中，一方面会生成采空区，另一方面会产生废石和尾砂等固体废物。通过矿山充填新技术利用矿山固体废物充填采空区，既有效地处理了空区隐患，并为下一步骤的回采创造了作业条件，又能够将矿山固废转化成为资源被二次利用起来，使采空区和固体废物得到协同处理。因此，根据矿山生产流程，可构造矿山固体废物的流程见图1-2。由此可知，工业生态型的矿床开采模式的固体废物流量目标，就是要通过开采工艺的创新减少废石产出，通过充填技术的创新尽量利用废石和尾砂，实现固体废物流出量的最小化。

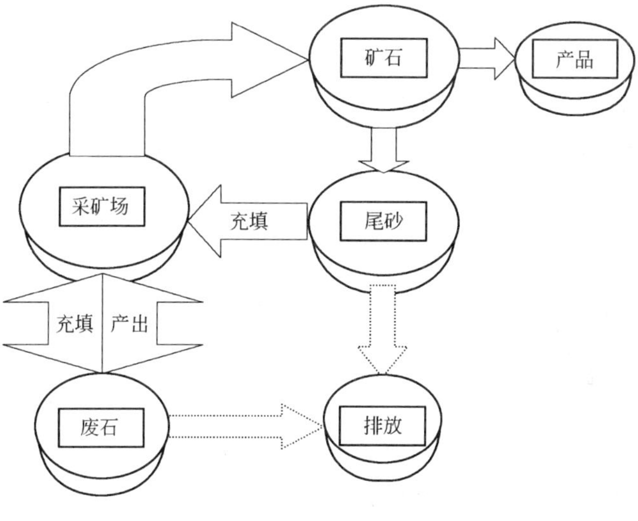

图 1-2 矿山固体废物流程

假设矿山生产过程中的矿石产出量为 Q_r，废石产出量为 Q_g，尾砂产出量为 Q_f，最终排放的固体废弃物总量为 Q_o，则矿山固体废物流量的数学模型可构造为如下最优化目标函数：

$$\min Q_o = Q_g(1 - P_g) + Q_f(1 - P_f) \tag{1-1}$$

式中 $Q_g = K_g \cdot Q_r$；

$Q_f = K_f \cdot Q_r$；

P_g，P_f——分别为矿山废石和尾砂的综合利用率；

K_g，K_f——分别为矿山废石和尾砂的产出率。

可见，无废开采模式的目标是 Q_o 的最小化。由式（1-1）可知，实现 Q_o 最小化，需要 Q_g、Q_f 最小，或 P_g、P_f 趋近于1，即实现最小的废石与尾砂产出率和最大的废石与尾砂利用率。

1.2.2 工业生态型开采

按照工业生态学的观点，工业生态型开采模式可定义为：以采矿活动为中心，将矿区资源利用、地球环境保护、安全与经济因素等相互联系起来，构成一个有机的工业系统；在采矿过程中，以最小的排放量和对地球环境的破坏量为代价，获取最大的资源量和企业经济效益；在采矿活动结束后，通过最小的末端治理使矿山工程与地球环境融为一个整体。

工业生态型开采模式的具体内涵，既要考虑到矿产资源的不可再生，因而矿床开采必须充分回采利用和保护矿产资源；又要考虑最大限度地减少矿山废石的产出量；还要考虑最大限度地将矿山废石、尾砂作为二次资源充分地利用起来充填采空区，以减少固废排放、避免地表塌陷，以保护地表环境。因此，这一开采模式包括三项基本要素：(1) 资源效率高；(2) 固体废物流出量小；(3) 地表不受破坏。

在经济因素方面，通过提高表内采矿回收率和降低采矿贫化率可以使矿山获得直接经济效益，特殊条件下可以减少地表构建筑物搬迁或改造节省支出。这是目前通常的认识和评价准则。工业生态型开采模式涉及矿区资源总量，包括表内资源的回采利用和远景资源的保护，以及地表生态环境和人文环境的保护。因此，有必要将资源总量和环境负荷纳入开采评价目标。即在进行矿床开采评价时，应将资源总量和环境负荷因素纳入评价体系，按照资源与环境效益损失率（损益率）的观点建立评价模型，进行最小损益率评价，即：

$$\min\rho = \frac{Q - (Q_1 - q)}{Q} \tag{1-2}$$

式中 ρ——矿床资源损益率；

Q——资源总量效益；

Q_1——采出资源效益；

q——环境负效益。

实现工业生态型开采模式的关键是在技术上能消除或减少矿床开采过程中带来负面效应的危害源，并且在经济上满足最小损益率原则（式1-2）。

矿床开采给矿产资源和生态环境带来的负面效应主要有四大危害源：资源损失、地表塌陷、排放废石、排放尾砂。其中第一项危及资源，后三项对地球环境造成重大危害。按照工业生态型开采模式的定义，应结合矿床开采工艺控制和消除危害源（图1-3）：通过保护性充填采矿工艺与技术，最大限度地回采矿产资源，并保护地表不塌陷破坏；通过低成本大宗量利用废石与尾砂的矿山充填技术、废石与尾砂的外部资源化技术，在开采过程中实现固体废物少排放或零排放。于是，在矿床开采过程中实现矿产资源充分利用与有效保护、矿区地表不塌陷、矿山固体废物少排放或零排放的目标；在矿山生产过程中可以保持矿区完整的生态系统和人文环境，矿床开采结束后只需少量甚至不需要进行末端治理。

原地溶浸采矿工艺可以显著减少废石与尾砂的产出和排放，露天与地下联合开采工艺可以减少废石剥离量和内部排放废石。但这类开采技术只能起到减少排放的作用，不能达到零排放和零污染的目标；而且需要具备合适的开采技术条件才能应用，因而所占比例小。具有普遍应用前景的技术方案是充填采矿工艺，尤其是胶结充填采矿工艺。充填采矿是工业生态型开采模式的工艺基础，在提高矿产资源的回采率、保护地表不受破坏和充分

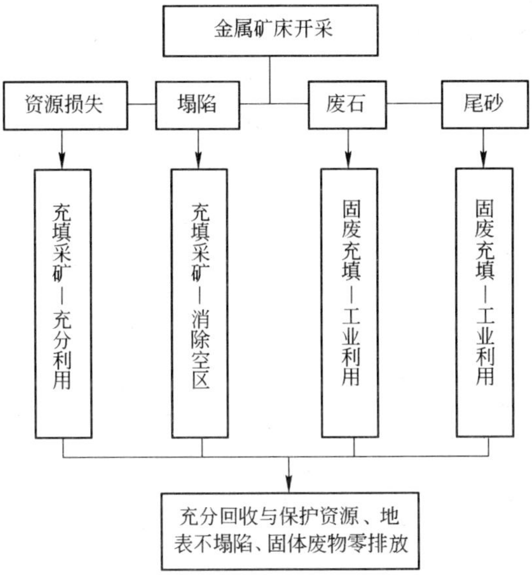

图 1-3　矿床开采危害源控制流程

利用矿山固体废物方面具有不可替代的作用。

充填采矿通过矿山充填能有效地充填采空区，充分回采资源，并通过固废充填技术将矿山固体废物作为内部资源被重新利用，因而可以实现资源与环境、安全、经济协调发展的综合目标：

（1）矿区地表得到有效保护，地表不塌陷、各类水体及植被等自然生态不受破坏；在矿床开采全过程直到闭坑后，地表开裂、地面塌陷和变形下沉等指标可以控制在相关规定以内。

（2）实现矿山固体废物减量排放或零排放，尾砂及掘进废石等固体废物实现资源化利用，不建或少建尾砂库及废石堆场。

（3）矿石资源得到充分回收利用，采矿回收率达 90% 以上，矿石中伴生有用成分和远景资源可以得到有效保护。

（4）矿区安全隐患得到有效控制，能有效处理井下采空区，抑制岩层移动，减少或消除尾砂库及废石堆场，使矿山闭坑后将不存在采空区塌陷、尾砂库与废石堆场垮塌及泥石流等地质灾害隐患。

国内外充填采矿技术的发展，已在分层充填采矿、分段充填采矿和阶段深孔嗣后充填采矿等工艺和技术方面取得重大进展。目前的充填采矿效率和采矿生产成本能为部分矿床类型实行新模式开采起到很好的技术支撑作用，充填采矿技术的进一步发展将能支持更多的矿床类型实行工业生态型开采模式。

1.3　矿山充填功能

常规的矿山充填只是作为采矿工艺或空区处理的一个工序，主要从经济目标或技术目标出发。但实际上的矿山充填，尤其是能充分利用矿山固体废物的矿山胶结充填，不但能在复杂条件下充分地回采矿产资源，而且能够减少矿山固体废物的排放和保护地表不受破坏。因而，按照工业生态学思想发展矿山充填技术的新观念，将以矿山固废充填作为矿山固体废物资源化、提高资源利用率、保护地表环境和远景资源的一个有效手段。通过矿山固废充填将不但在回收高品质矿产资源时使矿山获得更好的经济效益，而且能够提高资源效率，有效地回收难采矿床资源，减少对环境的破坏，从而促进采矿工业与资源、环境、安全、经济的协调发展。

概括起来，矿山充填具有四大主要功能：提高资源利用率、贮备远景资源、防止地表塌陷和充分利用固体废物。

1.3.1 充分回采资源

矿山充填的首要任务之一是充分回采矿石。众所周知，矿产资源相对于人类是不可再生的，因此，充分利用矿产资源这是当代人的首要任务。另外，对于一些高品级矿床的开采，从矿山企业的经营目标出发，也应该尽可能提高回采率，以便使矿山获取更好的经济效益。因此，出于充分回采矿产资源的目标主要有两种应用条件：复杂条件下矿床开采和高品级矿床开采。

1.3.1.1 复杂难采矿床开采

复杂难采矿床包括：(1) 矿岩不稳固难采矿床类型，必须采用胶结充填采矿法方可达到安全回采的目的，如金川镍矿、丰山铜矿、武山铜矿、烂泥沟金矿等；(2) 开采环境难采矿床类型，针对高应力矿床、高温矿床、富含水矿床或开采区内有重要建筑物、生态资源需要保护的开采环境，也需采用充填采矿法，如铜录山铜铁矿需保护古铜矿遗址，南京铅锌矿和李楼铁矿需要保护地表不遭受破坏，三山岛金矿和白象山铁矿富含地下水，鸡笼山金矿需保护地表建筑，因而均采用了胶结充填。(3) 矿体形态难采矿床类型，对于形态变化大或产状复杂的矿体，需要采用充填采矿法，如凡口铅锌矿和铜录山铜矿的倾斜中厚难采矿体，均采用了充填采矿法。这些条件均属技术范畴，若不采用充填则在技术上不可靠。

1.3.1.2 高品级矿床开采

采用充填采矿法开采高品级矿床主要是从经济的因素考虑，即通过胶结充填降低回采损失率和贫化率，以获得更好的经济效益。如金川镍矿的富矿、喀啦通克铜矿特富矿和凡口铅锌矿等，由于矿石品位高，则设计首选胶结充填采矿工艺；大厂铜坑锡矿、武山铜矿、小铁山铅锌矿和丰山铜矿等，原设计均采用崩落法回采，由于矿石价值较高，则通过技术改造采用了胶结充填采矿法。

1.3.1.3 矿山充填的经济模型

矿山充填需要支出费用，但通过矿山充填又可以降低采矿贫化率和采矿损失率，从而又能使矿山增加效益。因此，矿山充填的经济平衡条件主要由充填成本、采矿损失率指标、贫化率指标和矿石价值等因素决定。在高品级条件下，通过充填工艺均能使企业获得新增效益。

现选取充填综合成本 C(元/m^3)、每吨地质矿石量市场价值 P(元/t) 和采矿贫化率减量 D(%) 三个因素进行一般性分析研究。并假设采矿损失率的减量与采矿贫化率减量相同。则矿山充填的经济模型可构造为：

$$y = P \times D - \frac{C}{\gamma} + E \tag{1-3}$$

若令 $y=0$，则有：

$$C = \rho_o \times (P \times D + E) \tag{1-4}$$

式中 y——实行矿山充填后的矿山效益增量，元/t；

ρ_o——矿石体积密度，t/m^3；

E——通过矿山充填节省的吨矿末端治理费及构、建筑物搬迁费，元/t。

式（1-4）为矿山充填的经济平衡模型。若不考虑末端治理费及构、建筑物搬迁费，即令 $E=0$，并取矿石体积密度 ρ_o 为 $3t/m^3$，分别以 $C=60$、$P=200$ 和 $D=10\%$ 作为常数进行分析，则：

（1）设 $C=60$，可得吨矿 P、D 平衡点（见图1-4），即当充填成本为60元/m^3时，维持矿山效益平衡所对应的吨矿价值和采矿贫化率减量。

（2）设 $P=200$，则可得吨矿 C、D 平衡点（见图1-5），即当吨矿价值为200元/t时，维持矿山效益平衡所对应的充填成本和采矿贫化率减量。

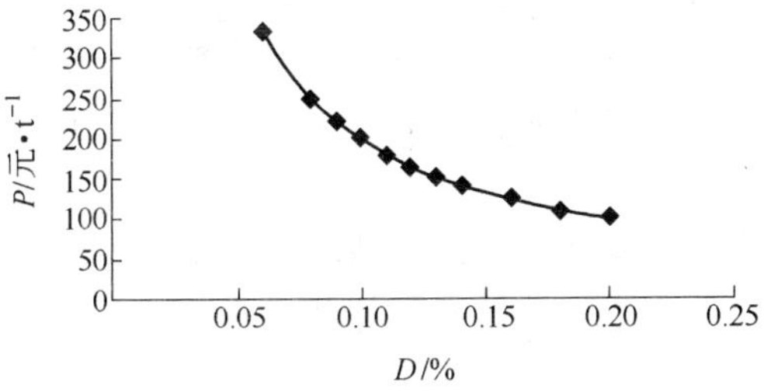

图1-4 充填体成本为60元/m^3时矿山效益平衡 P-D 散点图

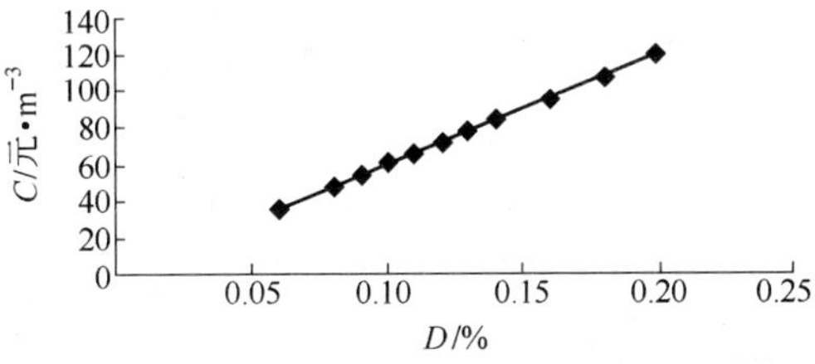

图1-5 吨矿价值为200元时矿山效益平衡 C-D 散点图

（3）设 $D=10\%$，可得吨矿 P、C 平衡点（见图1-6），即当采矿贫化率减量为10%时，维持矿山效益平衡所对应的吨矿价值和充填成本。

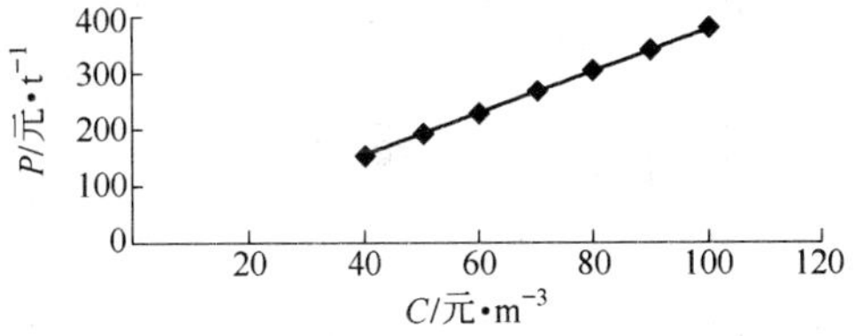

图1-6 贫化率减量为10%时矿山效益平衡 P-C 散点图

可见，在不考虑末端治理及构、建筑物搬迁费用和新增开采储量的探矿费用的条件下，当单方充填体成本为60元/m^3、吨矿价值为200元、采矿贫化率减量为10%时，矿山充填正好实现矿山内部经济平衡。即矿山充填的成本支出可以由降低采矿贫化率带来的矿山效益实现平衡。

国内外采矿实践表明，通过矿山充填使采矿贫化率降低10%是可以实现的；对于一些复杂矿床，充填采矿工艺与崩落采矿工艺相比较，采矿贫化率降低15%～20%一般也能实现。国内大部分金属矿床的吨矿价值都在200元/t以上，而相当一部分金属矿床，如品位较高的黄金矿床，镍、锡、铅锌矿床，铁矿床以及多金属矿床等，其吨矿价值均可达300

元以上。通过开发充填新技术，合理地组织矿山充填工作，将矿山充填成本控制在60元/m^3左右是完全可以实现的。事实上充分利用矿山内部固体废物作为充填物料亦可以降低充填成本，这也正是基于工业生态学的矿山充填的经济优势。

在一些特殊条件下，矿山充填属于矿床开采的必要前提，如城镇或景区附近的矿山、“三下”开采和难采矿床开采等。当不进行矿山充填时，大量的末端治理工程，如采空区或塌陷区、尾矿库和废石堆的治理等均是不可避免的。在一些条件下还有其他费用开支，如构、建筑物的搬迁等等。这时，矿山充填的经济条件更加宽松。因此，在相当广泛的范围内具备矿山充填和矿山固体废物循环利用的经济条件，为推广应用矿山充填奠定了很好的经济基础。

1.3.2 远景资源保护

随着可持续发展战略在全球范围内的推行，矿产资源的合理开发不再仅仅局限于充分回收当代技术条件下可供利用的资源，而应该充分考虑到远景资源能得到合理保护。当代被采矿体的围岩极有可能是远景资源，能在将来得到应用。但按照目前通常的观念，这些远景资源是不计入损失范畴的，因为它们在现有技术条件下不能被利用，或根本还不能被认识到将来的工业价值。因而，在当代采矿活动中很少考虑远景资源在将来的开发利用，事实上在远景资源还不能被明确界定的条件下也难以综合规划。因此，在开发当代资源的过程中，远景资源往往受到极大破坏，如崩落范围的远景资源就很难被再次开发，或即使能开发也增加了很大的技术难度。

由于胶结充填可有效地抑制围岩的破坏，为将来开发远景资源创造了良好的开采环境和技术条件。因此，可以说矿山胶结充填是当代人在不能界定保护目标的条件下，保护远景资源行之有效的技术途径。

以上是指对围岩中可供将来利用的远景资源的保护，而另一种同样值得保护的、有可能成为远景资源供将来利用的有用物质是选冶废物，即选矿尾砂和冶炼炉渣。在这些当代废物中既含有在当代技术条件下还难以经济合理地得到利用的矿物质，也有当代技术还认识不到的有用矿物质。显然这些废物堆置于地表既不符合环境保护的要求，况且也很难得到长期保护，在生产过程中和闭坑后尾砂库溃坝事件已时有发生。若将这些废物作为胶结充填料回填到井下采空区，则是一种最可靠、也最经济的保护方式，可使人类在发展的将来随时进行二次开发利用；同时也处理了废物、净化了当代环境。

1.3.3 防止地表塌陷

采矿工业在索取资源的同时，也会因开采而在地下形成大量采空区，即矿石被回采后，遗留在地下的回采空间。无论是崩落采矿法的顶板崩落，还是空场法的采空区失稳塌陷或顶板强制崩落，都会造成大量土地和植被遭受破坏。用充填法开采矿床时，回采空间随矿石的采出而被及时充填，是保护地表不发生塌陷、实现采矿工业与环境协调发展的最可靠的技术支持。

1.3.4 固体废物利用

目前的工业体系实际上是一个获取资源和排放废物的过程。采矿活动是向环境排放废弃物的主要来源，其排放量占工业固体废物排放量的80% ~85%。可见，现在的采矿工业模式显著增加了地表环境的负荷，不能满足可持续发展战略。采用自然级配废石胶结充填、高浓度全尾砂胶结充填和赤泥胶结充填等新技术，具有充填效率高、可靠性高和采场脱水量少的工艺性能，可输性好和流动性好的物料工作性能，胶凝特性优良的物理化学性能，充填体抗压强度高和长期效应稳定的力学性能，而且能够充分利用矿山废石和尾砂作为充填物料。因此，矿山充填可以将矿山废弃物作为资源被重新利用，达到尽可能地减少废物排放量的目标。

1.3.5 工业生态型充填

矿山充填均具有充分回收资源、保护远景资源和保护地表不塌陷三大功能，但只有同时具备了利用矿山固体废物功能的充填方式，即完全具备四项功能的矿山充填方式，才属于工业生态型充填。由于金属矿山的固体废物源主要为废石、尾砂或其他尾矿废弃物，故利用矿山废石、尾砂或其他尾废物作为充填材料的充填方式，可称为工业生态型充填。废石胶结充填、尾砂胶结充填以及其他尾废胶结充填等属于典型的工业生态型充填，鉴于均利用了矿山固体废物作为充填材料，可以统称为矿山废料胶结充填。

工业生态型充填可以提高资源利用率、保护远景资源、防止地表塌陷和减少固体废物向地表排放，随着人们对工业生态型充填模式与无废开采的认识的加深，采用充填采矿法进行开采的矿山将会越来越多，全尾砂胶结充填和废石胶结充填等矿山废料胶结充填理论与技术，将得到进一步的快速发展和推广应用。

1.4 充填技术评述

矿山充填具有显著的工业生态学意义，这正是通过矿山充填可以实现矿山环境保护的关键原因，以至于越来越受到国内外采矿工业界的重视。近十多年来，国内和一些采矿工业发达的国家均致力于研究开发高效低耗的充填技术，以满足大力推广应用充填采矿工艺，进而达到提高资源效率、保护远景资源和自然环境的目的。废石胶结充填技术、高浓度全尾砂胶结充填技术和膏体泵送胶结充填技术，均是近年在此理念的推动下发展起来的胶结充填方式。

国内充填工艺与技术的发展，自20世纪50年代以来，经历了废石干式充填、分级尾砂水力充填、碎石水力充填、混凝土胶结充填、磨砂胶结充填、分级尾砂或天然砂胶结充填等传统充填工艺与技术阶段，以及90年代以来废石胶结充填、全尾砂胶结充填、赤泥胶结充填和膏体泵送充填等充填新工艺与新技术阶段的发展过程。但直到90年代，胶结充填采矿工艺仍然难以大量推广，充填采矿法的比重难以提高。其主要原因是传统充填工艺与技术的效率低、成本高、劳动强度大。如混凝土胶结充填的制备与输送工艺难度大，材料配合要求严格，效率低；传统的尾砂胶结充填输送浓度低，采场脱水严重污染井下作业环境，流失水泥；磨砂胶结充填不但具有尾砂胶结充填的弊端，而且其磨砂成本高。这些因素均严重制约了胶结充填采矿法的推广应用。

1.4.1 充填技术进展

矿山充填技术是为了满足采矿工业的需要发展起来的。矿山充填虽然已达数百年的历史，但早期的充填是从矿工排弃地下固体废物开始的，那时并不是矿山开采计划的一个组成部分。有计划地进行矿山充填并有记载，则是近百年之内的事。其中采用充填的最早记载之一，是关于1915年澳大利亚的塔斯马尼亚芒特莱尔矿和北莱尔矿应用废石充填的记载。然而，真正在矿山充填方面取得较大的进展，在国外是近60年以来的事，而在国内则是近40年以来的事。国内外矿山充填技术的发展均经历了四个发展阶段，但国内的发展要比国外滞后10~20年。在后阶段，通过国内组织的科技攻关，因而其差距已逐步缩小。

第一阶段：国外在20世纪40年代以前，以处理废弃物为目的，在完全不了解充填物料性质和使用效果的情况下，将矿山固体废物送入井下空区。如上述澳大利亚北莱尔矿在20世纪初的废石充填，以及加拿大诺兰达公司霍恩矿在30年代将粒状炉渣加磁黄铁矿充入采空区。

国内在50年代以前，均是以处理废弃物为目的的废石干式充填工艺。废石干式充填采矿法曾在50年代初期成为国内主要的采矿方法之一，1955年在有色金属矿床地下开采中占38.2%，在黑色金属矿床地下开采中竟达到了54.8%。但废石干式充填因其效率低、生产能力小和劳动强度大，满足不了采矿工业发展的需要。因而，自50年代后期以后，随着效率较高的崩落采矿法与其他采矿技术的发展，国内干式充填采矿法所占比重逐年下降，到1963年在有色矿山担负的产量仅占0.7%，几乎处于被淘汰的地位。

第二阶段：20世纪40年代至50年代，澳大利亚和加拿大等国的一些矿山开发并应用了水砂充填技术。从此开始将矿山充填纳入采矿计划，成为采矿系统的一个组成部分，并且对充填料及其充填工艺开展了研究。这一阶段主要是借助水力将尾砂充入井下采空区，充填料的输送浓度较低，料浆质量分数一般在60%~70%，需要在采场大量脱水。因而，必须脱除尾砂中的细泥部分以控制渗透速度，并确定了以100mm/h的渗透速度作为工业标准。应用水砂充填的矿山已较多，澳大利亚的布罗肯希尔矿和加拿大的一些矿山均广泛应用了这一工艺。

国内矿山从60年代才开始应用水砂充填工艺。1965年在锡矿山南矿为了控制大面积地压活动，首次采用了尾砂水力充填采空区工艺，有效地减缓了地表下沉。湘潭锰矿亦从60年代开始采用碎石水力充填工艺，以防止矿坑内因火灾，并取得了较好的效果。70年代在铜录山铜铁矿、招远金矿和凡口铅锌矿等矿山应用了尾砂水力充填工艺，80年代则已在国内60余座有色、黑色和黄金等金属矿山的开采中广泛应用了水砂充填。

第三阶段：20世纪60年代至80年代，研究与应用尾砂胶结充填技术。由于非胶结充填体无自立能力，难以满足采矿工艺高回采率和低贫化率的需要，因而在水砂充填工艺得以发展并推广应用后，开始发展采用胶结充填工艺与技术。代表矿山有澳大利亚的芒特艾萨矿，于60年代采用尾砂胶结充填工艺回采底柱，其水泥添加量为12%。随着胶结充填技术的发展，在这一阶段已开始深入研究充填料的性质、充填体的稳定性、充填体与围岩的相互作用，以及矿山充填用的新型胶凝材料。

国内初期的胶结充填均为传统的混凝土充填，即完全按建筑混凝土的要求和工艺制备和输送胶结充填料。其中凡口铅锌矿从1964年开始采用压气缸风力输送混凝土进行胶结充填，充填体水泥单耗为240kg/m^3，金川龙首镍矿亦于1965年开始应用戈壁料作为充填集料的胶结充填工艺，并采用电耙接力输送，其充填体水泥单耗量为200kg/m^3。这种传统的粗集料胶结充填的输送工艺复杂，且对物料组配的要求较高，因而一直未获得大规模推广使用。在70年代至80年代，几乎被细砂胶结充填完全取代。细砂胶结充填于70年代开始在凡口铅锌矿、招远金矿和焦家金矿等矿山获得应用。这一时期的细砂胶结充填以尾砂、天然砂和棒磨砂等材料作为充填集料，胶凝材料为水泥。集料与胶凝材料通过机械搅拌制备成料浆后，以两相流管输送方式输入采场进行充填。因细砂胶结充填兼有胶结强度和适于管道水力输送的特点，因而于80年代得到广泛推广应用。到90年代，以分级尾砂、天然砂和棒磨砂等材料作为集料的细砂胶结充填工艺与技术已臻成熟，并已在凡口铅锌矿、小铁山铅锌矿、康家湾铅锌矿、黄沙坪铅锌矿、南京铅锌矿、铜录山铜铁矿、丰山铜矿北缘、武山铜矿、白银公司深部铜矿、安庆铜矿、凤凰山铜矿、建德铜矿、金川二矿、锡矿山南矿与北矿、鸡笼山金矿、鸡冠嘴金矿、岭南金矿、招远金矿、三山岛金矿、牟平金矿等二十多座矿山应用细砂胶结充填。其中鸡冠嘴金矿为江砂充填，招远金矿为海砂加尾砂充填，金川二矿和建德铜矿为棒磨砂充填，其他均为分级尾砂胶结充填。

第四阶段：20世纪90年代以来，随着采矿工业的发展，原充填工艺已不能满足回采工艺的要求和进一步降低采矿成本以及环境保护的需要。因而在充填料浆特性方面发展了高浓度充填、结构流或似结构流充填、膏体充填，在充填物料方面发展了废石胶结充填、全尾砂胶结充填和矿山固废自胶结充填等新技术。国外有澳大利亚的坎宁顿矿，加拿大的基德克里克矿、洛维考特矿、金巨人矿和奇莫太矿，德国的格隆德矿，以及南非、美国和俄罗斯的一些地下矿山都在近年来应用了这些新的充填工艺与技术。国内则分别在凡口铅锌矿、南京铅锌矿、张马屯铁矿、杜官庄铁矿、冬瓜山铜矿、莱新铁矿、草楼铁矿、吴集铁矿、阿舍勒铜矿、烂泥沟金矿、铜坑锡矿、丰山铜矿、金川镍矿、铜录山铜矿和湖田铝土矿等矿山投产应用。

高浓度充填是指充填料到达采场后，虽有多余水分渗出，但需要渗出的水量较少、渗透速度很低、浓度变化较慢的一种充填方式。制作高浓度的物料包括天然集料、破碎废石料和选矿尾砂。对于天然砂和分级尾砂的高浓度充填料，一般是指质量分数达到70%以上的充填料浆。

结构流或似结构流充填，是指充填料浆的组成及浓度满足一定要求，料浆性态发生重大变化，在管道输送过程中不存在垂直方向的速度梯度而呈结构流态，充填料浆在管道和采场中不产生分级离析现象，在采场不脱水。

膏体充填则是充填料浆的稠度增高，呈膏状，形成典型的结构流体，其胶结充填体具有良好的强度特性。

废石胶结充填是以废石作为充填集料，以水泥浆或水泥砂浆作为胶结介质的一种在采场不脱水的高质量充填方式。

全尾砂胶结充填是指尾砂不经分级脱泥，将全粒级尾砂用作矿山充填集料的充填方式。这对于尾砂产率低或需要实现尾砂零排放目标的矿山具有十分重要的意义。

固废自胶结充填是利用矿山固体废物自身潜在的活性，通过添加活化剂激化其活性，在不加水泥等胶凝材料的条件下形成胶结充填体的充填方式。

1.4.2 充填新成就

充填工艺进入第四个发展阶段，已使胶结充填技术日臻完善，并获得推广应用。20

世纪90年代以来的充填技术成就主要体现在充填材料、充填工艺和充填体力学等方面。

1.4.2.1 充填材料

充填材料方面所取得的突出成就是利用工业废物替代水泥作为胶凝材料，炉渣、粉煤灰部分取代水泥已被国内外矿山广泛接受。最新的充填材料成就是完全取代水泥胶凝材料的替代材料，主要包括赤泥胶凝材料、高水固化胶凝材料和矿渣胶凝材料等。

A 赤泥胶结充填材料

由长沙矿研究院开发的赤泥胶结充填料，是利用赤泥的活性研究开发的一种低成本和性能优良的胶结材料。

由于烧结法特殊的生产过程，从而使赤泥的化学成分、颗粒级配及物理力学等性能方面具有许多特点，对于矿山充填最具重要利用价值的特性之一，是赤泥的潜在水硬活性。

针对赤泥的潜在活性特点及物理特性，可采用加热活化、添加活性激化剂等方法，使赤泥的活性得到激化和提高。其中添加活性激化剂的方法对矿山充填更具重要意义，它可使赤泥不经煅烧而直接加以利用。同时由于矿山充填过程中的充填料均以浆状输送至井下，含有一定水分的赤泥可满足技术要求，省去了能耗大、成本高的烘干过程。

赤泥活性激化剂使赤泥中原存在的自由水转变为结晶水、胶凝水，最终使赤泥凝结硬化。正是由于赤泥的上述物化特性，构成了被开发为矿山充填用胶凝材料的技术基础。

赤泥胶结充填料的矿山充填性能远优于水泥胶结充填料，主要表现于：

（1）由于赤泥比表面积大、颗粒内部毛细孔发育，其保水性能好，料浆不脱水浓度低，赤泥全尾砂料浆质量分数为58%时不脱水，比水泥全尾砂料浆质量分数为78%才达到不脱水的质量分数降低了20个百分点；

（2）由于赤泥含有大量黏粒及胶粒，故料浆稳定性好，赤泥全尾砂料浆在流动性很好的低浓度条件下，亦能保证料浆的稳定性，料浆不产生离析，充入采场具有很好的流平性，这一性能对于窄长的充填工作面及缓倾斜工作面的充填接顶具有十分重要的意义；

（3）破坏后的愈合能力强，当赤泥胶结充填体产生微裂破坏后，能愈合而重新获得强度，并且其强度还继续增长；

（4）赤泥胶凝材料与全尾砂的胶结性能优良，高强赤泥胶凝材料与全尾砂按1∶4配合的混合料浆试块28天的单轴抗压强度，是42.5级硅酸盐水泥与全尾砂按1∶4配合的混合料浆试块28天单轴抗压强度的2.7倍。

B 高水固化胶结充填材料

高水固化材料由中国矿业大学开发成功，主要包括高铝水泥、石灰、石膏、速凝剂、解凝剂、悬浮剂等组分，一般加入全尾砂作为填料。高水固化材料具有固水能力强、单浆悬浮性和流动性强、凝固速度快、强度增长速度快等特点，可以将高比例的水迅速凝固成具有一定承载能力的固体。其体积比含水率可高达70%以上，一小时凝固强度可达0.5~1.0MPa。在需要快速固结的条件下具有优势。

C 矿渣胶结充填材料

利用矿渣作为充填材料，已被多数矿山接受，其中也包括粉煤灰等。由长沙矿山研究院率先开发的铁渣胶凝材料则可以完全取代水泥作为胶凝材料，并且充填效果优于水泥胶凝材料。铁渣的主要矿物组分为硅酸钙和铝酸钙等。添加石灰等活性激化剂并粉磨至水泥细度后，即可加工制备成矿山充填用胶凝材料。试验表明，矿渣胶凝材料完全替代水泥与全尾砂配合，在同等配比条件下，充填料浆试块的单轴抗压强度大幅度提高。按1∶8与全尾砂配合，其试块单轴抗压强度可达2MPa以上。另外，矿渣胶凝材料的生产成本仅为水泥成本的40%～60%。

1.4.2.2 充填工艺

充填工艺成就主要包括高浓度全尾砂胶结充填工艺及装备、废石胶结充填工艺及装备和膏体泵送充填工艺等。

A 高浓度全尾砂胶结充填

所谓全尾砂胶结充填是以没有进行分级脱泥的全粒级尾砂作为充填集料的一种胶结充填方式。高浓度全尾砂胶结充填则是以结构流或似结构流状态进行输送和采场充填的全尾砂胶结充填方式。20世纪90年代初，长沙矿山研究院在国内率先开展高浓度全尾砂胶结充填工艺与技术的试验研究，并且在其后的十余年内持续开展工程化研究，进入21世纪以来推广应用于20多座矿山。

全尾砂胶结充填方式可以利用全部尾砂作为充填料，因而适用于充填料来源不足、在地表不能建尾砂库、尾砂中含有害物质需要处理或尾砂中含有将来可供利用的有用物质需要保存在井下的矿山条件。但必须在结构流或似结构流的高浓度状态下进行充填，全尾砂充填才具有工业应用价值。

全尾砂胶结充填料的主要特点是细粒级颗粒含量大，其表面积大大增加，构成一种具有触变性质的标准分散系。常规搅拌方法难以使这种充填料中的微细颗粒尾泥和水泥混合均匀。实践表明有30%的水泥得不到充分利用。因此，须按照胶体化学和流变学原理采用新的活化搅拌技术，即通过双轴搅拌机进行一次搅拌后的料浆，进入高速搅拌机再次进行活化搅拌，才能制备出高质量的全尾砂胶结混合料。经研究表明：（1）通过活化搅拌后的全尾砂充填料浆表现出良好的流动性，且相对离析率低；（2）经双轴搅拌机制备的全尾砂料浆质量分数只能达到67%～72%，而活化搅拌机制备的料浆质量分数可达83%，且仍能自流输送；（3）活化搅拌后的全尾砂胶结充填料试块14天、28天和90天的单轴抗压强度分别增加了30%、40%和35%。90年代由长沙矿山研究院开发的第一代全尾砂活化搅拌机，应用于凡口铅锌矿的全尾砂充填系统，目前已发展到第三代产品，成功地应用于20多座矿山。

国内采用的全尾砂充填料输送工艺有自流输送、泵压输送和井下增压输送三种输送方式。高浓度充填料的自流输送倍线较小，一般只能在合适的条件下采用。泵压充填的输送倍线可通过调整输送泵的输送压力进行控制，其变化区间较大。井下增压输送是在自流充填系统的井下输送管线上安装增压装置后提高输送倍线的工艺。长沙矿山研究院研制了一种不需要分配阀的增压装置。这是根据矿山充填的高差特点，充分利用充填系统中料浆的自然压头，在井下充填管线的适当位置对充填料浆进行增压的一种正排量输送装置。该装置采用了全新的无阀结构，主要由三通管、输送缸、活塞和动力执行部分组成，借助料浆的自然压头实现无阀配料，从结构上对输送泵进行了重大创新。这种增压装置可在自流输送系统的基础上，对高浓度的充填料浆实行远距离输送。

B 废石胶结充填

20世纪90年代，长沙矿山研究院结合丰山铜矿和铜坑锡矿开发了废石水泥浆胶结充填和废石砂浆胶结充填。废石胶结充填的实质，是以矿山的掘进废石或破碎废石作为充填集料，以水泥浆或水泥砂浆作为胶结介质，经直淋混合后充入采空区的工艺与技术。包括废石水泥浆胶结充填方式和废石砂浆胶结充填方式。其特点是在矿山内部充分利用矿山废石，可以实现矿山采掘废石的减量排放或零排放。

废石水泥浆胶结充填方式一般采用自然级配的废石料作为充填集料，废石与水泥浆分流输送到井下，通过水泥浆直淋混合后，采用无轨设备或矿车运输充填料，借助充填料的自重直接充入采空区。该充填方式既继承了粗集料胶结充填体具有较高力学强度（或水泥单耗少）、无需采场脱水的优点，同时也克服了普通混凝土胶结充填方式的物料配合要求高、需经机械混合和输送难度大等缺点。因而具有较广泛的适用范围，无论是大采场或小采场、大规模充填或小规模充填均可应用。特别是有井下掘进废石和露天矿剥离废石可供利用时，其矿山效益尤为显著。废石水泥浆胶结充填还具有应用灵活的优势，当充填规模较小时，其充填系统相当简易，基建投资很低，因此尤其适合于中小规模充填。

废石砂浆胶结充填方式的基本特点是以砂浆包裹废石形成胶结充填体。所谓包裹，包含有两层意义：其一为砂浆包裹单个废石，形成坚固的胶结充填体；其二则是废石位于采场中央而四周被砂浆包裹，形成一种“外强中干”的具有整体支撑能力和自立能力的胶结整体。废石粒径一般小于300mm，砂浆一般为细砂浆。废石与砂浆分流输送到井下，同时下放到采场形成胶结充填体。由于充填体中的部分砂浆被废石替代，因此可显著降低充填成本。该工艺一般适用于大采场充填。

废石胶结充填采取废石与浆料分流输送，在井下通过浆料直淋废石的方式进行混合。直淋混合方式不需要庞大的机械搅拌系统，且制备能力大。废石料通过自重输送或机械输送，避免了管道输送粗集料工艺对集料级配要求高和易堵管的缺陷。

C 膏体泵送胶结充填

20世纪90年代，中国有色工程设计研究总院和长沙矿山研究院开展了膏体泵送充填工艺与技术的试验与研究。

膏体充填料是一种充填到采场后不析水的物料集合体。充填物料被制备成膏体状稠料，借助正压排量泵输送到井下采空区。为了制备成可泵性良好的稠料，则物料配合有比较严格的要求。目前工业上常用的配方是粗物料＋细物料＋超细物料。膏体泵送充填可获得体积密度高和含水量少的高质量充填体，在井下不需脱水，易实现自动控制。因而自80年代后期在德国的格隆德矿应用成功后，在国内也得到应用和发展。

膏体泵送充填中的首要问题，是充填混合料的可泵性和稳定性。其泵送特性取决于混合物料的密度、粒级组成和颗粒形状等物理特性。但实际应用中能予以控制的参数只有混合物的用水量和粗细物料之比值。泵送充填料的稳定性受控于细物料的流变特性，细泥部分及其矿物组成对其流变特性具有决定性影响。当充填料中细物料含量大于40%，而其中$-20\mu m$的超细物料含量达到20%时，可使混合物料具有很高的抗沉淀能力，其稳定性好，在管道内存留一段时间仍然可以泵送，并且在压力作用下可于管壁内侧形成一层润滑薄膜，显著降低输送阻力。

稠度和流速决定泵送物料所需比压，而稠度取决于单方用水量和粗细物料的混合比。在坍落度较小的稠混合物料中，粗颗粒含量的增加将改善其流动性；而在坍落度较大的稀混合物中则产生相反作用。

国内的泵送充填系统以引进德国泵为主。也在小规模充填条件下采用国产泵。

1.4.2.3 充填体力学

A 充填体作用机理

国内学术界在充填体对围岩的作用方面的认识，可归纳为：

（1）充填体主要起限制采场围岩的变形和位移作用，但它不能改变围岩及未采矿柱内的应力场分布规律。

（2）对矿柱提供水平压力，改善矿柱的受力状态，从而提高了矿柱的承载能力，同时充填体也可以防止矿柱的剥落和坍塌。

（3）减少能量释放速度，提高地下结构抵抗动载荷的能力，控制岩爆或地下工程结构发生突然破坏。

国内学者结合金川镍矿研究了充填体的作用机理，提出了充填体的三种作用原理：应力吸收与转移、应力隔离和共同作用。

B 胶结充填体强度确定方法

胶结充填体强度是配合充填料、评价充填作用效果的重要指标，并且对充填成本的影响十分显著。就目前来看，我国确定胶结充填体强度的方法较多，观点有异。常用的方法有类比法、经验公式法、物理模拟法、数学力学模型法、弹性力学分析法、楔体稳定分析法、有限元等数值分析法、概率统计分析法、实验室试验分析法等。

C 充填体监测

充填体与围岩体之间的相互作用十分复杂且难以模拟，因此，国内金属矿山很重视对充填体的现场监测，对研究充填体的质量和充填体稳定性具有一定的指导作用。在锡矿山、金川二矿、安庆铜矿、凡口铅锌矿等矿山进行充填体稳定性监测时，采用的监测仪器有：压力盒、应力计、应变计、收敛计和声发射仪等。

1.5 充填技术应用

目前，国内应用的充填方式主要有分级尾砂充填、全尾砂胶结充填、废石胶结充填、膏体泵送胶结充填、磨砂胶结充填、赤泥胶结充填、高水固化胶结充填和少量的天然砂胶结充填与干式充填。

1.5.1 分级尾砂充填

分级尾砂充填是我国应用最为广泛的充填方式，绝大部分充填矿山均建有分级尾砂充填系统，包括分级尾砂胶结充填和非胶结充填。这一充填工艺和技术已相当成熟，其输送料浆的质量分数为65% ~70%。

分级尾砂的利用粒径一般为37μm，要求料浆的渗透速度大于10cm/h。分级尾砂的利用率一般在50%左右。

1.5.2 全尾砂胶结充填

20世纪90年代初，长沙矿山研究院在凡口铅锌矿研究建成了我国第一套全尾砂胶结充填系统，但是工业化应用时间不长，其后随着活化搅拌技术和全尾砂贮仓沉降脱水技术的开发和不断成熟，全尾砂胶结充填的应用不断增加，发展迅速，于2004年以后，长沙矿山研究院先后在南京铅锌矿、莱新铁矿、草楼铁矿、吴集铁矿、杜官庄铁矿、烂泥沟金矿和开阳磷矿等矿山试验研究了结构流全尾砂胶结充填工艺，并成功投入规模化工业应用；中国有色工程设计研究总院在冬瓜山铜矿研究设计了全尾砂胶结充填系统，投入规模化工业应用。而膏体泵送充填工艺、赤泥胶凝材料、铁渣胶凝材料和高水固化材料的发展又为全尾砂充填技术的推广应用拓展了应用前景。

凡口铅锌矿的全尾砂粒级组成为粒径小于74μm的含量为62%～83%、粒径小于37μm的含量为42%～64%；全尾砂渗透系数为0.25～0.38cm/h。全尾砂胶结充填系统由脱水装置、搅拌装置和井下输送管路三部分组成，共有两段脱水和两段搅拌。充填系统的脱水流程是将质量分数为15%～20%的选厂尾砂浆进行浓密和真空过滤脱水，滤饼含水率20%。充填系统的关键设备是：高效浓密机、CWZ-Ⅱ型振动放料机、双轴桨叶式搅拌机和高速强力搅拌机。其中高效浓密机槽体直径为ϕ9m，底流质量分数为45%～55%；强力活化搅拌机转子转速为1470r/min，圆筒形外壳直径为500mm，长度为400mm，生产能力为40～60m^3/h。制备好的胶结充填料通过ϕ125mm管路自流进入充填钻孔，然后利用自然压头进行自流输送。钻孔从地表126m水平直通井下采场。井下管路转弯半径为700mm。

长沙矿山研究院结合南京铅锌矿研究成功的全尾砂胶结充填，属于国内率先投入规模化工业应用的结构流全尾砂胶结充填工艺和技术。研究采用了卧式砂仓、沉缩脱水和结构流自流输送等新工艺和技术。来自选厂的低浓度全尾砂直接进入卧式砂仓，采用沉缩脱水、分层排水、本仓贮存、平行气流造浆及活化搅拌的短流程工艺制备全尾砂胶结充填料，将全尾砂脱水、造浆和贮存各工序集中在一个装置内完成。砂仓中的全尾砂颗粒在自重和絮凝作用下沉缩，沉砂质量分数达到70%左右；砂仓上部的静置水经适度净化后供选厂循环利用；高浓度全尾砂不再转运，本仓贮存备用；砂仓内沉缩尾砂通过平行气流进行流态化造浆，料浆被充分混合均匀后排入搅拌设备，通过活化搅拌使全尾砂与水泥充分活化混合，形成结构流体胶结充填料。该流程将传统的多段全尾砂脱水、转运与滤饼再次造浆的离散长流程转化为集中在一个装置内完成的短流程，取消了滤饼转运和再次加水造浆工序，不但大幅度减少设备、能耗和占地，更重要的是保证了流程的可靠性和快速利用全部尾砂。结构流全尾砂自流充填方式有效地解决了两相流全尾砂充填料在输送和采场充填过程中料浆产生离析分级的技术瓶颈，又比膏体泵送充填方式大幅度降低了能耗。

1.5.3 废石胶结充填

国内成规模应用废石胶结充填的矿山有丰山铜矿、铜坑锡矿、龙首镍矿、吉林镍矿、金山金矿、望儿山金矿、新桥硫铁矿等，而部分应用的矿山则较多，如凡口铅锌矿、金川二矿和白银公司深部铜矿等均部分利用井下废石进行胶结充填。其中铜坑锡矿和深部铜矿为废石砂浆胶结充填，其他矿山为废石水泥浆胶结充填。

废石胶结充填往往采用自然级配的破碎料、掘进废石料作为充填集料。如丰山铜矿采用露天矿剥离废石经破碎到-100mm后的自然级配废石或自然级配的掘进废石作为充填集料；龙首镍矿采用戈壁集料经破碎后的自然级配料作为充填集料；铜坑锡矿采用-300mm

的破碎废石作为充填集料，均能满足工艺要求。

大规模废石胶结充填主要采用直淋混合的工艺制备胶结充填料。这一工艺不但简化了混合工序，大幅度降低了制造成本，而且可实现大规模连续充填。如丰山铜矿采用水泥浆直淋混合工艺，铜坑锡矿采用块石和砂浆同时向采场下料的直淋混合工艺，均取得了很好的效果。

胶结充填料浆体通过管道输送到井下采场。废石集料一般采用多种输送方式，如自溜输送和皮带机、矿车等机械输送方式进行联合输送。分流输送工艺对充填料的输送特性没有特殊要求。因而，分流输送的意义还在于为实现最佳用水量配合和简化集料的配合要求奠定了工艺基础。

1.5.4 膏体泵送胶结充填

国内于20世纪90年代在金川二矿率先建成了膏体泵送充填系统，相继有山东湖田铝土矿和铜录山铜矿也建设了膏体泵送充填系统。其中金川二矿和铜录山铜矿采用德国充填泵，湖田铝土矿采用国内沈阳泵。

构成金川二矿区膏体充填料浆的物料有：分级尾砂、棒磨砂、普通硅酸盐水泥和粉煤灰。大量的工业试验证明：要保证膏体料浆在金川二矿区的充填管路条件下具有可泵性，并能实现膏体料浆在采场的顺利流动，膏体非胶结料浆的坍落度应该在15～20cm之间；膏体胶结料浆的坍落度应该在18～24cm之间。在满足膏体可泵性和充填体强度要求的前提下，其膏体料浆的配合参数和输送参数为：分级尾砂与棒磨砂之比为1∶1；水泥添加量220kg/m^3；粉煤灰添加量220～250kg/m^3；膏体非胶结料浆质量分数为79%～81%；膏体胶结料浆质量分数为77%～79%；充填系统料浆流量为70～80m^3/h。

铜录山铜矿的膏体充填料由全尾砂、水淬炉渣和水泥组成。炉渣颗粒较小，+5mm含量不多，不经破碎而直接筛分利用－25mm原渣作为粗集料。全尾砂和炉渣按6∶4的混合料浆质量分数为87%，坍落度16～20cm；全尾砂和炉渣加水泥混合成膏体的质量分数为84%，坍落度15～18cm。选用德国Schwing公司生产的KSP80HD高压双缸液压活塞式输送泵，泵缸内径ϕ230mm、行程2000mm，设计输送能力40～50m^3/h，泵压10MPa。两条膏体输送管路从地表经225m垂直钻孔至坑内－185m中段，管路最大长度1150m。

1.5.5 磨砂胶结充填

磨砂胶结充填工艺的应用已逐步减少，成规模应用的矿山主要有金川二矿、龙首镍矿、武山铜矿和建德铜矿。

20世纪80年代在金川二矿和龙首镍矿建成了磨砂高浓度自流充填工艺系统。目前金川二矿、龙首镍矿、三矿分别建有5套、2套、2套高浓度磨砂自流胶结充填系统，年充填量达到150万立方米。

金川镍矿用于胶结充填的材料主要为－3mm棒磨砂、与棒磨砂粒度相当的河砂、－5mm冶炼水淬渣、+30μm分级尾砂、粉煤灰等。主要参数为：砂浆质量分数76%～79%；砂浆流量90～120m^3/h。

1.5.6　赤泥胶结充填

赤泥胶结充填于90年代在山东湖田铝土矿应用成功。并在山东莱芜铁矿开展了赤泥全尾砂胶结充填工业试验，其试验效果良好。

山东湖田铝土矿应用的赤泥胶结充填，其主要组分包括赤泥、粉煤灰、石灰和减水剂。赤泥密度2.79～2.93g/cm^3，赤泥浆质量分数40%～55%。选用粉煤灰作为充填料掺和料，其作用是吸收赤泥浆中多余的水分，提高充填料浆浓度。又由于粉煤灰颗粒较均匀且呈球状，与赤泥制备成混合浆后，有利于管道输送。粉状生石灰活性钙含量60%。

采用主、副双管道输送工艺。主管道用于输送赤泥粉煤灰浆，副管道用于输送石灰浆。两种料浆在井下主、副管道的排出口附近经气流混合器进行混合，最终排入采空区，形成不需脱水的膏状物料，凝固后成为较高强度的充填体。充填料浆质量分数为60%。充填体体积密度1.5g/cm^3。赤泥粉煤灰浆输送阻力（ϕ150mm钢管）3.1kPa/m，石灰浆输送阻力（ϕ150mm钢管）4.0kPa/m。

赤泥全尾砂胶结充填是以赤泥胶凝材料与全尾砂混合配制成胶结充填料的充填方式。该技术结合莱芜铁矿开展了工业试验，其充填料组分包括赤泥、石灰浆和全尾砂。充填制备站通过调节液压砂浆泵活塞换向频率来控制赤泥浆及石灰浆的输送量，通过调节中间砂仓底部圆盘给料机的螺旋阀开度控制全尾砂给料量。赤泥浆、石灰浆和全尾砂三种充填料组分连续供给搅拌桶后，制备成58%～60%的充填料浆。然后通过充填钻孔及井下充填管道自流输送至采空区进行充填。

1.5.7　其他充填技术

成规模应用高水固化胶结充填工艺的矿山主要有鸡冠嘴金矿和焦家金矿。其他如铜陵凤凰山铜矿、小铁山铅锌矿和武山铜矿等矿山在特殊条件下应用或用于充填接顶。

江砂、海砂等天然砂充填工艺，由于成本高，且不能利用矿山固体废物，因而其应用逐步减少，几乎淘汰。干式充填则由于劳动强度大、效率低，只在少数情况下配合低效率采矿工艺进行小规模应用。

参 考 文 献

[1] 周爱民，等．矿山充填技术的发展及其新观念[C]．第四届全国充填采矿会议论文集．昆明：中国有色金属采矿学术委员会，1999：1～5.

[2] 中国矿产资源主要矿种开发利用水平与政策建议[R]．北京：国土资源部矿产开发管理司，2002.

[3] 张雷．我国可持续发展的矿产资源基础[J]．自然资源学报，1998(4)：7～10.

[4] 周爱民．基于工业生态学的矿山充填模式与技术[D]．长沙：中南大学，2004.

[5] 中国矿业信息．国土资源部采取措施严格控制矿山环境受破坏[R]．中国矿业联合会，2002(11)：1～2.

[6] Boger D V. Environmental Rheology and the Mining Industry[C], Sixth International Symposium on Mining with Backfill. Brisbane：1998, 15～20.

[7] 王亚平，鲍征宇，王苏明．矿山固体废物的环境地球化学研究进展[J]．矿产综合利用，1998(3)：5～9.
[8] 章庆和，苏蓉晖．有色金属矿尾砂的资源化[J]．矿产综合利用，1996(4)：4～8.
[9] 中国有色金属采矿情报网．有色金属矿山废碴（尾砂及废石）综合利用[R]．长沙：长沙矿山研究院，1992.
[10] 苏伦·埃尔克曼（S. Erkman)．工业生态学[M]．徐光元译．北京：经济出版社，1999.
[11] 周爱民，古德生．基于工业生态学的矿山充填模式[J]．中南大学学报，2004，35(3)：468～472.
[12] Cowling R. Twenty-five Years of Mine Filling：Developments and Directions[C]. Sixth International Symposium on Mining with Backfill. Brisbane：1998，3～10.
[13] Nantel J. Recent Developments and Trends in Backfill Practices in Canada[C]. Sixth International Symposium on Mining with Backfill. Brisbane：1998，11～14.
[14] Zhou Aimin. Mining Backfill Technology in China：An Overview[C]. Proceedings of the 8th International Symposium on Mining with Backfill. Beijing：2004，1～11.
[15] Skeeles B E J. Design of Paste Backfill Plant and Distributition System for the Cannington Project[C]. Sixth International Symposium on Mining with Backfill. Brisbane：1998，59～64.
[16] 周爱民，等．奥地利与德国充填采矿技术[R]．长沙：长沙矿山研究院，1990.
[17] Zhou Aimin，Yao Zhongliang. A Study on Characteristic of Cemented Fill with Red Mud[C]. Proceedings of the 8th International Symposium on Mining with Backfill. Beijing：2004：203～209.
[18] 谢长江．高炉水渣在张马屯铁矿充填中的应用[J]．中国矿业，1998，7(2)：31～34.
[19] 刘同有．镍闪速炉水淬渣胶结充填配合比优化选择与分析[J]．中国矿业，2000，9(6)：19～22.
[20] 韩克峰．高炉水渣细磨产品在全尾砂胶结充填中的应用[J]．金属矿山，2001(7)：45～47.
[21] 何哲祥，谢开维，张长青．活化搅拌技术及其在矿山充填中的应用[J]．黄金，2000，21(9)：18～20.
[22] 高泉．高浓度全尾砂胶结充填料胶结机理研究[J]．矿业研究与开发，1995，15(2)：1～4.
[23] He Zhexiang，Zhou Aimin，Shi Shengyi. Research and Application of Total Tailings Backfill at Zhangmatun Iron Mine[C]. Sixth International Symposium on Mining with Backfill. Brislane，1998：221～225.
[24] 谢开维．张马屯铁矿全尾砂胶结充填的试验研究[J]．矿业研究与开发．1998，18(4)：8～10.
[25] He Zhexiang，Zhou Aimin. Research and Application of Squeezed-Transport Technique and Equipment for High-Density and Paste Backfill[C]. The 7th International Minefill Conference. Washington，2001：157～162.
[26] 周爱民．碎石水泥浆胶结充填料直淋混合工艺与参数[J]．中国有色金属学报，1998，8(3)：529～534.
[27] 周爱民，何哲祥．粗骨料胶结充填新技术研究[J]．有色金属（矿山部分），1998(4)：2～6.
[28] 姜凡均，陈鼎初．块石胶结充填新工艺的模拟试验[J]．矿业研究与开发，1993，13(1)：9～13.
[29] 刘湘平．块石胶结充填在我矿的应用[J]．有色金属（矿山部分），1994(5)：10～13.
[30] 王新民．块石胶结充填工艺的试验研究[J]．化工矿物与加工，1996，5(7)：19～22.
[31] 周爱民．泵送充填的发展应用与展望[C]．首届全国青年采矿学术会议，吉首：中国有色金属学会采矿学术委员会，1991：17～19.
[32] 杨立根，姚中亮．赤泥浆体泵送胶结充填采矿方法研究[J]．矿业研究与开发，1996(16)：18～22.
[33] 刘乃锡．铜录山矿膏体泵送充填工艺的实施及其设备[C]．第四届全国充填采矿会议论文集．昆明：中国有色金属采矿学术委员会，1999：16～20.
[34] 许新启．我国全尾砂高浓度（膏体）胶结充填简述[J]．矿冶工程，1998，18(2)：1～4.
[35] 周爱民，廖全佳．碎石水泥浆充填采矿方法的研究与应用[J]．金属矿山，1997(9)：3～8.

[36] 王新民. 块石胶结充填新工艺在铜陵新桥硫铁矿的试验与应用[J]. 中国有色金属学报, 1997, 7(3): 10～13.

[37] 杨焕文. 管道自流输送高浓度棒磨砂胶结充填法在建德铜矿的设计与应用[J]. 中国矿业, 1994(1): 12～15.

[38] Liu Tongyou, Wang Peixun. Mining Backfill Technology and Its Application in Jinchuan Group Co., Ltd. [C]. Proceedings of the 8th International Symposium on Mining with Backfill. Beijing, 2004: 12～21.

2 胶结充填体机理

胶结充填体作为地下采矿工程中的人工构筑工程，是充填采矿法控制采场地压和区域地压的主要手段。在采矿过程中充填体可以作为采矿作业的支柱维护采场生产安全，同时作为采场的构筑工程，为下一回采工序创造作业条件。回采结束后，形成的大体积充填体能够平衡围岩变形，控制岩层移动。

根据采矿工艺的不同，胶结充填体具有多种力学作用和不同的受力状态。在两步骤回采工艺中作为支柱管理采场顶板，处于单向或多向受力状态。在上向连续回采工艺中，处于侧面临空的多向受力状态。在下向回采工艺中直接作为采场顶板，处于下方临空的多向受力状态。回采结束后，充填体整体或包裹矿柱处于三向受力状态。显然，胶结充填体在采矿过程中发挥了重要的力学作用。充填体的作用机理是发挥其力学作用的理论基础。

2.1 胶结充填体力学

胶结充填体的作用与其力学特性密切相关，可以说是力学特性指标的函数。因此，要研究胶结充填体的作用，首先需要掌握胶结充填体的相关特性。

长沙矿山研究院桑玉发等研究人员结合矿山开展了 1.0m × 1.0m × 1.5m 的大型胶结充填体试体的现场三轴压缩试验。其中，Ⅰ号试体为尾砂胶结体，Ⅱ号试体为废石胶结体，Ⅲ号试体为废石砂浆胶结体。通过实验，系统地研究和揭示了胶结充填体在单轴、双轴和三轴受压条件下的应力应变特性，以及由各种监测仪器反映的综合特性。

试体构筑在距地表 100m 的井下硐室中，顶、底板为矽化灰岩（$f=12\sim20$）。试体模型采用八架长 160cm 的 18 号槽钢和六架长 160cm 的 14 号槽钢组成反力框架（图 2-1）。测量变形的标杆为 ϕ16mm 的无缝钢管，其一端埋设在充填体中。用磁性表座将测表固定在表架上。采用四块叠合的 96cm × 96cm × 6cm 钢枕施加纵向载荷，出力系数为 0.78，极限出力为 10MPa。纵向载荷组合传力板总厚度为 6.8cm，高标号混凝土封顶。侧向采用 150cm × 150cm × 7cm 的钢枕对称加载，传力钢板厚 10mm。

单、双轴试验加载方式均采用分级一次加载，加载荷级为 0.2 ~ 0.4MPa。三轴加载时，首先各向同时分级加载至静水压力，然后逐级增加纵向载荷（σ_1），其中在弹性范围内，逐级一次循环加载，然后分级加载直至破坏，加载荷级为 0.4MPa。加载时逐级读取变形量。

2.1.1 受压变形

实验表明，三个胶结充填体试体在三轴受压条件下具有相似的应力-应变关系曲线

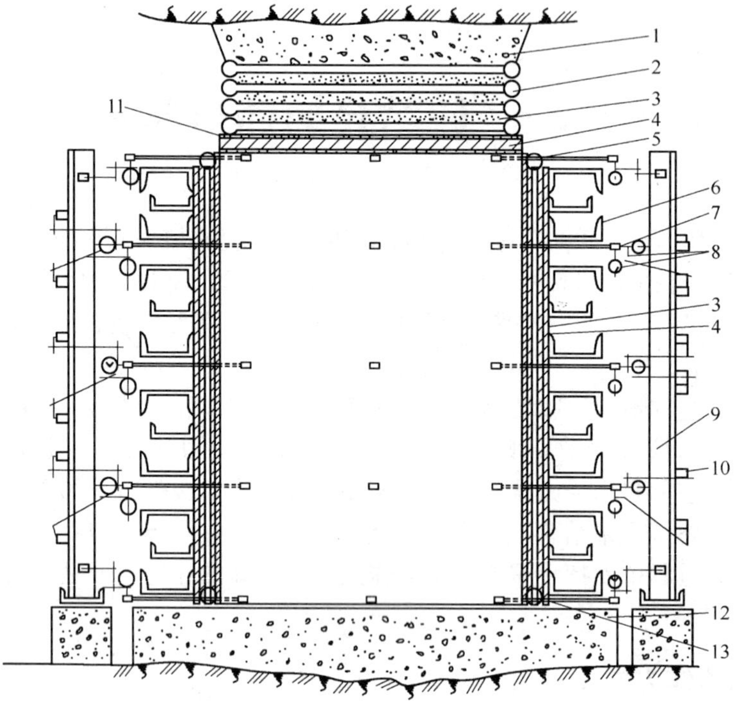

图 2-1 井下大型胶结试体安装图

1—封顶混凝土；2—纵向加力钢枕；3—砂浆（1∶5）；4—传力钢板；5—侧向加力钢枕；6—槽钢反力框架；7—变形测杆；8—百分表；9—槽钢表架；10—磁力千分表座；11—测杆基点；12—混凝土基座；13—钢板

（图 2-2），受力后的变形破坏均遵循四个阶段：弹性阶段、屈服阶段、塑性阶段、破坏阶段。

（1）弹性阶段Ⅰ：应力-应变曲线呈直线；试体中孔隙被压实，原有裂缝的性质基本不变，变形基本可以恢复；随着试体中尾砂含量的增加，弹性阶段明显降低；表明尾砂粒度较细，增加了充填体的塑性。

（2）屈服阶段Ⅱ：当加载应力超过比例极限后，应力-应变曲线偏离直线，进入屈服阶段；试体中的黏结裂隙扩展和新生裂隙；该阶段的后期变形速度迅速增长，显示出更大的塑性。

（3）塑性阶段Ⅲ：在屈服阶段以后，应力-应变曲线趋向平缓，进入塑性变形阶段；试体的变形速度加快，应力和变形趋于不稳定。

（4）破坏阶段Ⅳ：塑性变形阶段快结束时，应力-应变曲线往往上翘，呈现应变硬化的塑性破坏；继续泵油加压时，应力反而降

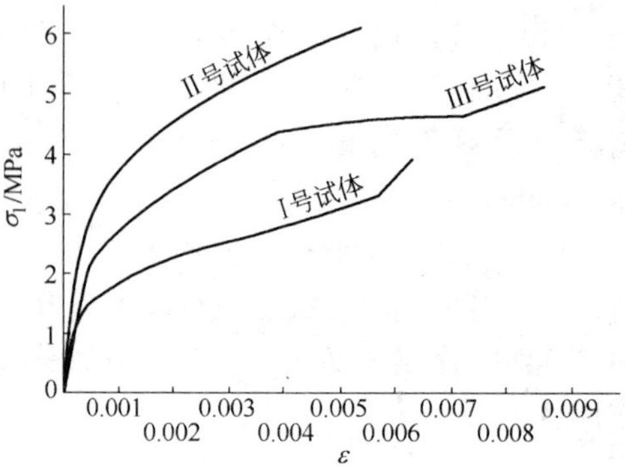

图 2-2 井下大型胶结试体三轴试验应力-应变关系

低，表明试体已经破坏，不再受力。

试体的破坏形迹表明，破坏裂隙的分布取决于试体不均质的薄弱点的位置。因此，裂隙呈现极不规则状态。

试体各部位的变形值有一定差异，其中上、下部受端部约束的影响，应力-应变曲线在临近破坏时明显上翘，显示出变形硬化的特征。试体的破坏无明显的贯通裂隙，这种充填材料在三维应力条件下，具有较强的塑性。

试体的变形特征表明了胶结充填体的作用特性，即胶结充填体在达到屈服点之前，具有弹性支撑作用；过屈服点之后，则具有让压支座的作用。

对于尾砂胶结充填体、废石胶结充填体和废石砂浆胶结充填体等不同胶结充填体类型，其应力-应变曲线各阶段的静力特征值，反映出压缩变形特征值存在很大差别（表2-1）。G. E. Blight 和 I. E. Clarke 也曾针对刚性充填料与软性充填料在三轴和单轴受压条件下的受压变形进行了研究。同样表明刚性充填料的压缩率远远小于软性充填料，单轴受力状态下充填体的压缩率远大于三向受力条件（图2-3）。

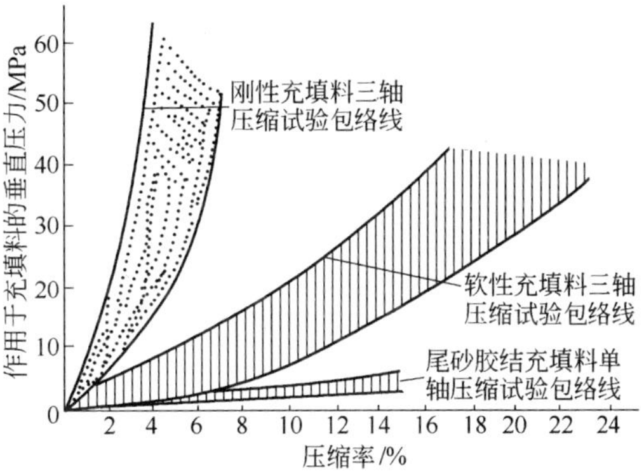

图 2-3 不同充填体类型的压力-压缩率

表 2-1 大型胶结试体三轴试验静力特征点应力及应变数值

试体	σ_2 /MPa	σ_3 /MPa	弹性阶段Ⅰ			屈服阶段Ⅱ			塑性阶段Ⅲ			破坏阶段Ⅳ	
			σ_1 /MPa	$\varepsilon_{\text{Ⅰ}}$	$\frac{\sigma_{1\text{-Ⅰ}}}{\sigma_{1\text{-Ⅳ}}}$	σ_1 /MPa	$\varepsilon_{\text{Ⅱ}}$	$\frac{\sigma_{1\text{-Ⅱ}}}{\sigma_{1\text{-Ⅳ}}}$	σ_1 /MPa	$\varepsilon_{\text{Ⅲ}}$	$\frac{\sigma_{1\text{-Ⅲ}}}{\sigma_{1\text{-Ⅳ}}}$	σ_1	$\varepsilon_{\text{Ⅳ}}$
Ⅰ号	0.32	0.32	1.37	3.4×10^{-4}	30.9	1.91	11.5×10^{-4}	43.2	3.18	33.5×10^{-4}	75.8	4.42	63.0×10^{-4}
Ⅱ号	$\mu(\sigma_1+\sigma_3)$	0.42	2.61	2.5×10^{-4}	38.6	4.93	21.8×10^{-4}	72.9	5.76	32.5×10^{-4}	85.2	6.76	56.3×10^{-4}
Ⅲ号	0.52	0.52	2.61	2.8×10^{-4}	44.6	4.59	36.0×10^{-4}	78.4	4.93	39.1×10^{-4}	84.3	5.85	84.5×10^{-4}

2.1.2 测试特性

在胶结充填体试体中埋设多种观测仪器（图2-4、表2-2），对胶结充填体的综合力学特性进行了测试研究。其中声波换能器为50KC夹心式，测线长400~850mm。在试体的中部按收、发射换能器相对埋设，声波测试方向与纵向应力（σ_1）相垂直。声波的测定采用示波兼数字显示的SYC-Ⅱ型岩石声波参数测定仪。换能器视电阻率电极组对称埋设在试体两面。每组三道，用自记和数字显示两种方法记录。

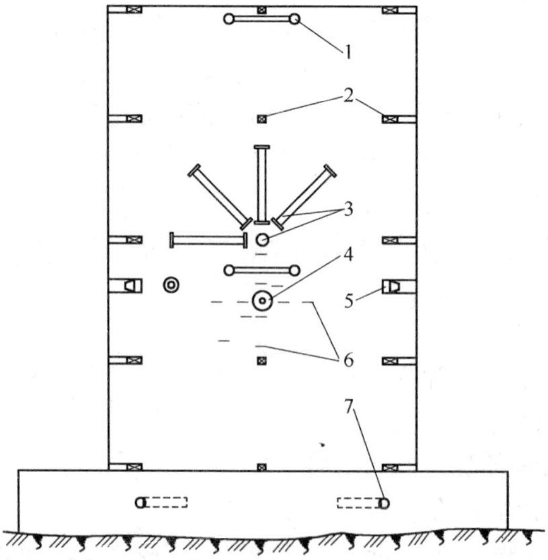

图 2-4　井下大型胶结试体三轴试验仪器埋设

1—测力液压枕；2—变形测杆；3—遥测应变计；4—光应力计；
5—声波换能器；6—视电阻率电极；7—地音仪测孔

表 2-2　井下大型胶结试体三轴试验观测仪器

试　体	液压枕/台	遥测应变计/支	光应力计/个	声波测线/条	视电阻率电极/组
Ⅰ号	2	1	1	2	0
Ⅱ号	1	5	—	2	2
Ⅲ号	1	—	1	4	2

受压试验过程中的声波、视电阻率、遥测应变计、液压枕和光弹应力计等仪器的测试数值，反映了这些仪器在胶结体现场测试中的定量特征，也揭示了充填体的综合力学特性。由于针对现场胶结充填体往往是通过这些仪器进行观测，因而这些观测特征对于评价现场充填体的力学特性具有十分重要的实际意义。

2.1.2.1　声波特性

胶结试体随着加压载荷级的变化，其声波传播特性发生变化。这一特性表现在声波振幅 A_p 和声速 v_p 的变化中。通过对 σ_2、σ_3 两个方向的声波及振幅的综合测试，取得压缩波（纵波）的速度及振幅的变化规律。将这一变化规律与应力-应变曲线相比较，可以更准确地判断试体的变形及破坏规律。同时，亦可监测试体的性态变化及试体的破坏。

试验研究表明，波速的变化受试体中孔隙和裂隙状态的影响。当试体中的孔隙和黏结裂隙被压密时，则声速增高，反映了试体的弹性性能的增强。当裂隙新生、扩大和张开时，声波的传播产生绕射或折射。因此，造成声波走时的增加，而视在声速降低。振幅特性则反映弹性波在传播过程中能量的变化。当承受载荷的介质产生裂隙时，声波在裂隙面上发生反射和折射，使能量失散。当裂隙压密闭合，其粒子间距缩小，弹性波折射散失的能量减小，振幅增大。当裂隙张开、扩展时，增加了波行程路径上的反射面，使透射波的能量减少，造成接收波幅度降低。可见，在试体受荷过程中，声速和振幅的变化直接反映了胶结试体性态的改变。声波参数变化图像与试体的变形曲线均具有相近的特征点（表2-3）。

表 2-3 声波参数变化曲线特征应力值

试 体	特征曲线	特征曲线对应各变形阶段终点应力值/MPa			
		弹性阶段Ⅰ	屈服阶段Ⅱ	塑性阶段Ⅲ	破坏阶段Ⅳ
Ⅰ号	σ_1-ε_1	13.7	19.0	3.18	4.42
	σ_1-A_p	13.6	不明显	2.92	4.42
	σ_1-v_p	16.2	不明显	3.70	4.42
Ⅱ号	σ_1-ε_1	26.1	44	5.72	6.76
	σ_1-A_p	26.1	不明显	5.46	6.76
	σ_1-v_p	31.4	不明显	6.24	6.76
Ⅲ号	σ_1-ε_1	26.1	41	4.93	5.85
	σ_1-A_p	26.1	不明显	5.20	5.85
	σ_1-v_p	28.50	不明显	不明显	5.85

表2-3的声波参数变化曲线特征应力值还表明，由于声速对裂隙感应的滞后，其特征点应力值高出17%～39%。而振幅与变形在各特征点都有较好的重合性。这就说明，声波参数特征点不仅可以用于判断胶结充填体的静力特征点，而且还可用以确定胶结充填体的工作性态。

根据声波参数的变化，试体的屈服变形与塑性变形过程之间，在声波参数变化曲线上无明显的分界点。因而，可将试体静力过程的声波反应特征划分为三个有明显变化的阶段：

第一阶段：对应试体的弹性变形阶段。声波的静力特征表现为振幅保持常量或略有增加，其波动范围为5%～12%。表明充填体随载荷的增加，原有包裹集料的黏结裂隙被压密，裂隙无新生。反映了试体的最佳弹性性能阶段。

第二阶段：对应试体的屈服变形和塑性变形阶段。随着载荷的增加，声速和声波振幅参数均下降。表明试体微裂隙（砂浆裂隙）的增生、扩展和相互连接，造成反射面增多。声波因反射和折射而造成能量散失增大，此时，试体的变形特征表现为屈服和塑性变形状态。

第三阶段：对应试体的破坏阶段。其特征为振幅 A_p、声速 v_p 等参数大幅降低。振幅呈明显的波动变化，波动幅度为2%～14%。这一过程中接收到的声波信号减弱、波形畸变，直到信号消失；试体的裂隙时而压密，时而张开，直至裂隙张大，试体破裂。在该阶段中，试体的侧向变形极大，泊松比甚至超过0.5。这些实验现象均反映了充填体出现破坏的声波传播特征。

试验测得试体的声波参数值和动力学参数表明，声速的变化为9.7%～22.0%；振幅的变化为79%～95%（表2-4）。

表 2-4　胶结试体声波参数及动力参数

试 体	测 线	v_p/m·s^{-1}			A_p/cm			$\bar{v}_p$	$\bar{v}_s$	μ_d	E_d
		v_{pmax}	v_{pmin}	变化/%	v_{pmax}	v_{pmin}	变化/%	/m·s^{-1}	/m·s^{-1}		/MPa
Ⅰ号	1	3079	2760	10.4	3.3	0.7	79.0	3046	1577	0.314	14900
	2	2964	2677	9.7	15.0	0.8	95.0	2943	1621	0.314	
Ⅱ号	1	4065	3043	22.0	2.9	0.3	90.0	3622	1925	0.168	34300
	2	3651	3087	15.4	4.4	0.4	91.0	4047	2500		
Ⅲ号	1	2913	2430	16.6	3.4	0.4	88.3	2875	1803	0.176	37500
	2	2511	2093	16.7	11.4	1.7	91.2	2511	1455		

2.1.2.2　视电阻率特性

胶结试体在受力变形过程中视电阻率的变化明显，规律性强，可以用来描述充填体的变形破坏规律。

A　视电阻率变化规律

视电阻率ρ_s的变化过程与声波测试结果相似，亦可划分为三个阶段：平直段、下降段和加速下降段（图2-5）。

各阶段的特征表现如下：

第一阶段：对应试体的弹性变形阶段。在此阶段中，由于试体中原有的黏结裂缝和砂浆裂缝的压密，体积收缩，使导电截面减小。但对电阻率的影响不大，表现为其数值随载荷增长变化不大或略有增高。

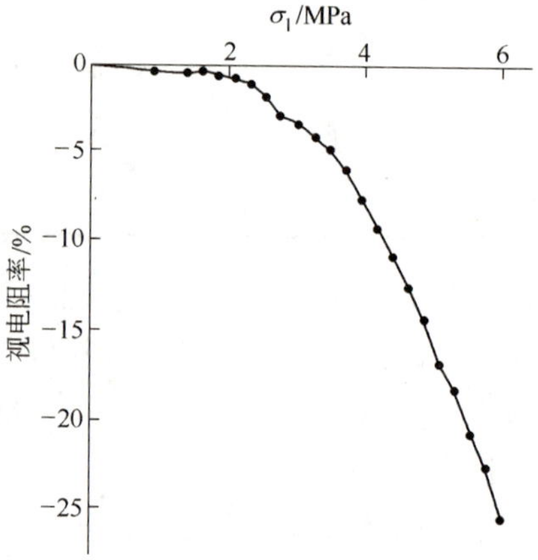

图 2-5　胶结试体视电阻率变化曲线

第二阶段：砂浆裂隙和黏结裂隙的增生和扩展阶段，对应试体的屈服和塑性变形阶段。由于裂隙的新生和扩展，试体中水分重新分布，致使电阻率随应力的增长而降低，变化速率也随之加快。

第三阶段：试体的破坏阶段。过塑性变形终点后，裂隙进一步扩展并呈非稳定传播，黏结裂隙和砂浆裂隙相互连接形成导电良好的水膜通路；使电阻率加速下降，直到试体破坏而下降到最低值。

各阶段视电阻率总的变化率下降幅度达22.3%～29.5%（表2-5）。当载荷在1/3的破坏应力之前，视电阻率变化不大，变化率和变化速率皆小于1。当载荷在1/3～2/3的破坏应力区间，视电阻率呈明显下降趋势，平均变化率达6%，变化速率加快至5。当载荷超过2/3破坏应力以后，视电阻率加速下降，平均变化率达21%，变化速率由5增加至18，均为第二阶段的3倍以上，预示着试体的破坏。

B　视电阻率变化与应变的关系

比较图2-5视电阻率的变化曲线与图2-2应力-应变曲线的关系，几乎互成镜像。胶结充填体试体的视电阻率与变形的变化关系极为密切。初始阶段，试体的变形不大，视电阻率的变化也不大。随试体变形的增长，视电阻率明显下降。可见两者具有明显的对应关系。

表 2-5 胶结试体各阶段视电阻率的变化值

试 体	测 道	总变化率 /%	平稳段		下降段		加速下降段	
			变化率 /%	变化速率 /Ω·m·s^{-1}	变化率 /%	变化速率 /Ω·m·s^{-1}	变化率 /%	变化速率 /Ω·m·s^{-1}
Ⅱ号	1	26.7	0.8	0.4	5.0	3.4	20.9	15.6
	2	28.9	0.3	0.7	6.4	3.0	22.2	17.2
	3	28.3	1.6	1.0	5.0	3.8	21.7	17.2
Ⅲ号	1	22.3	0	0.1	4.6	4.0	17.7	15.8
	2	31.7	1.6	1.4	8.0	7.8	22.1	21.4
	3	29.5	1.4	1.5	6.4	7.0	21.7	19.8
平 均			1.0	0.8	5.9	4.8	21.0	17.8

用视电阻率的变化率 $\frac{\Delta\rho_s}{\rho_s}$ 相对应变量 $\frac{\Delta L}{L}$ 的比值来衡量二者的关系（图 2-6），可见视电阻率的变化率远超过应变量。视电阻率的变化率相对应变量的变化达 $10^2 \sim 10^3$ 数量级。并且小应变时对应的比值大，大应变时对应的比值小，趋于饱和回升。

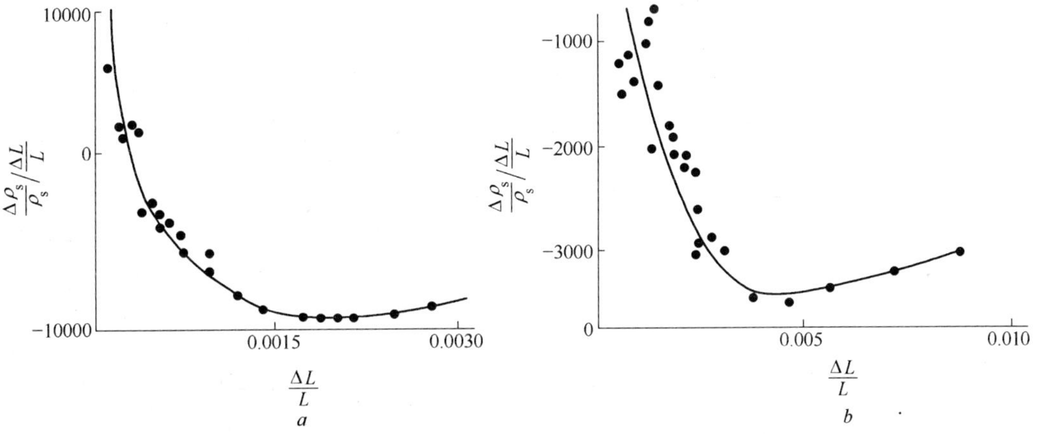

图 2-6 胶结充填试体 $\frac{\Delta\rho_s}{\rho_s}\Big/\frac{\Delta L}{L}$ 和 $\frac{\Delta L}{L}$ 对应关系

a—Ⅱ号试体 $\frac{\Delta\rho_s}{\rho_s}\Big/\frac{\Delta L}{L}$ 和 $\frac{\Delta L}{L}$ 对应关系；b—Ⅲ号试体 $\frac{\Delta\rho_s}{\rho_s}\Big/\frac{\Delta L}{L}$ 和 $\frac{\Delta L}{L}$ 对应关系

比较胶结试体的应力-应变曲线、声波参数变化曲线和电阻率变化曲线，三者具有相同的特征应力值。可见视电阻率测试方法与声波测试技术一样，可在评价胶结充填体稳定性的现场观测中应用。

2.1.2.3 遥测应变计特性

A 应变计的静力反映特征

图 2-7 反映了试体中部的应变计测试变形特征。这一变形特征与试体三轴试验应力-变形关系曲线相似（图 2-2），亦可划分为四个阶段。每个阶段具有明显的应变值特征点

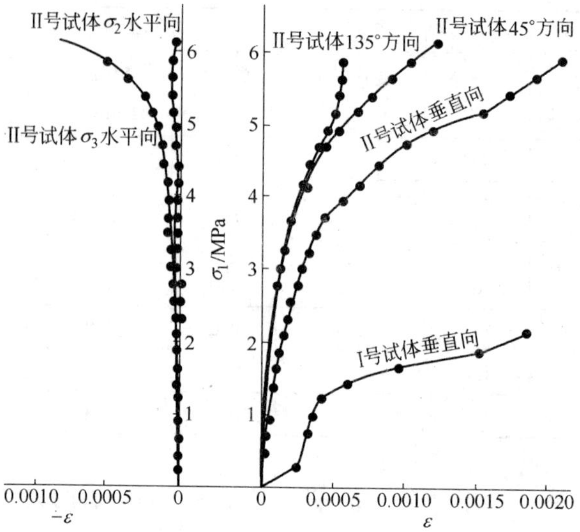

图 2-7　胶结试体平面应变条件下应力-应变曲线

（表 2-6），因而可根据现场应变计观测值确定胶结充填体的状态。

表 2-6　胶结试体变形阶段特征应变值

试　体	应力计布置方向	各变形阶段终点应变值 ε			
		弹性阶段Ⅰ	屈服阶段Ⅱ	塑性阶段Ⅲ	破坏阶段Ⅳ
Ⅰ号	垂直向	217×10^{-6}	394×10^{-6}	1413×10^{-6}	1638×10^{-6}
Ⅱ号	垂直向	152×10^{-6}	785×10^{-6}	1525×10^{-6}	2100×10^{-6}
	σ_2 水平向				-60×10^{-6}
	σ_3 水平向	-21×10^{-6}	-255×10^{-6}		-840×10^{-6}
	与 $\sigma_2$45°向	75×10^{-6}	337×10^{-6}	882×10^{-6}	1160×10^{-6}
	与 $\sigma_2$135°向	69×10^{-6}	267×10^{-6}	471×10^{-6}	528×10^{-6}

B　水平变形特征

图 2-7 和表 2-6 表明 σ_2 方向应变很小（小于 60×10^{-6}），基本符合无应变条件。与单轴、双轴条件相比较，在静水压力条件下的水平变形呈现压应变（图 2-8）；过静水压力后转为拉应变。这与现场观测的结果相似，说明在胶结充填体一侧矿房拉底的过程中，其采场结构造成胶结充填体出现了静水压力条件，使水平方向出现压应变过程。

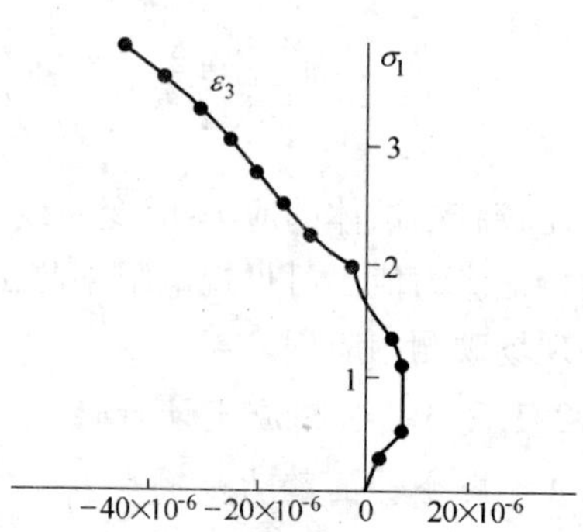

图 2-8　遥测应变计水平方向变形曲线

C　应变计组合分析

在平面应变 $\sigma_2=\mu(\sigma_1+\sigma_3)$ 条件下，弹性范围内 45°和 135°的变形值十分相近，且等于 1/2 垂直变形值。在塑性变形阶段则出现较大的差异。

过屈服阶段后，电阻比的平衡偏差达到 32（表 2-7），超出了允许偏差范围。这时，试体已远远超出弹性连续条件，使应变计组失去组合分析的可能性。

表 2-7 胶结充填体试体应变计组电阻比偏差

纵向应力范围/MPa	最大电阻比偏差	最大电阻比偏差	平均电阻比偏差
0 ~ 2.60	3	0	1.5
2.60 ~ 5.21	10	0	3.8
5.21 ~ 6.76	−32	1	21.4

将上述试验结果与现场测试值相比较，可合理解释胶结充填体的变形特征。

2.1.2.4 油压枕测力计特性

A σ_1-q 关系曲线特征

由垂直应力 σ_1 和测力计表压力 q 的试验关系（图 2-9），表明 σ_1-q 的关系大致可划分成三个阶段：测力计开始受压阶段、σ_1-q 线性变化阶段和试体破坏阶段。

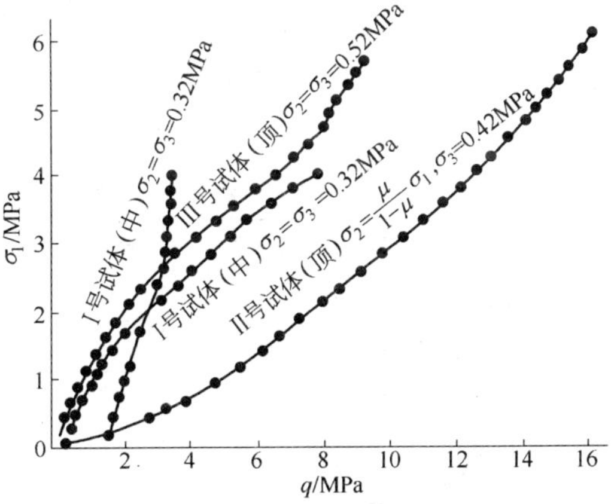

图 2-9 油压枕测力计 σ_1-q 曲线

（1）测力计开始受压阶段：曲线形态呈非线性。该段曲线的变化形态，取决于测力计与其周围充填体之间的空隙和施加的预压力条件，并由此引起测力计的承压面逐渐接实，使比例系数（q/σ_1）发生改变。

（2）σ_1-q 呈线性变化阶段：在测力计开始受压阶段以后，测力计表面与周围的胶结物全面接触，进入测力计正常的测试工作状态，表现出在胶结充填体的弹性和屈服阶段内呈现线性关系。但是，由于试体的端部效应，造成埋设于试体端部的测力计和中部的测力计对垂直应力的反映有较大的区别，其比例系数（q/σ_1）在试体顶部为 1.6 ~ 2.3，在试体的中部为 0.76。

（3）试体破坏阶段：由于试体中裂隙的增多，使得 σ_1-q 的关系发生改变，出现上翘现象。

B 各种应力状态下 σ_1-q 曲线形状

针对Ⅰ号试体和Ⅱ号试体所作的单轴、双轴、对称三轴和真三轴等四种应力状态条件的试验表明，同一试体中埋设于同一部位的油压枕测力计的 σ_1-q 曲线近似平行。这就表明了围压作用对垂直压力与油压枕读数的关系影响很小。Ⅰ号试体中部油压枕测力计的出力系数为 0.76，与压力机率定所得的出力系数 0.74 比较接近。

2.1.3 力学参数

A 弹性参数

弹性参数可根据试体在弹性范围内循环加载的应力-应变曲线求得（图 2-10），包括试

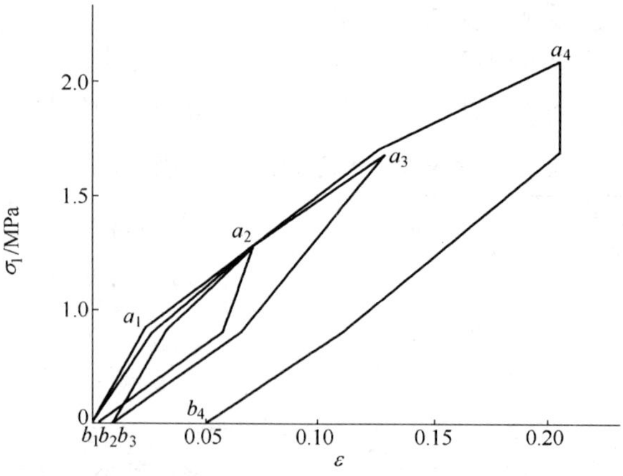

图 2-10　试体弹性范围内循环加载曲线

体的切线弹性模量与割线弹性模量值（表 2-8）。低标号胶结充填体试体的弹性参数值较低，显示出较大的塑性。

表 2-8　胶结充填体试体的弹性参数值

试体编号	切线弹模/MPa	割线弹模/MPa	弹性模量/MPa	动弹模①	动静弹模对比	$\varepsilon_{弹}/\varepsilon_{总}$	泊松比
Ⅰ号	4050	5060	5560	14900	2.64	88.8%	0.304
Ⅱ号	8990	9620	13300	34300	2.65	72.8%	0.24

①动弹模为声波测得值。

B　极限强度和极限变形值

试验中以 σ_1 不能继续增长的压力值和变形值作为极限强度和极限变形值（表 2-9），但此时的试体并不出现压崩破坏现象。因此，极限强度和极限变形的试验值，对采矿来说尚有一定的安全系数。

表 2-9　试体的极限强度和极限变形值

试体编号	极限强度/MPa	极限变形值	试体编号	极限强度/MPa	极限变形值
Ⅰ号	4.42	6.3×10^{-5}	Ⅲ号	5.85	8.4×10^{-5}
Ⅱ号	6.76	5.3×10^{-5}			

2.1.4　破坏特征

由胶结充填体试体的综合应力-应变关系曲线（图 2-11），以及声波和视电阻率的静力反应特性，可以揭示胶结充填体的变形及破坏特征。

在各种应力状态条件下，各试体的 σ_1-ε_1 关系曲线具有相似的特征。均从弹性变形阶段，经过屈服过程，进入塑性变形阶段，最终试体呈现塑性破坏。

可见，胶结充填体具有较强的塑性，其变形与破坏特性为：当载荷超过屈服阶段后，介质显示较大的塑性变形能力，并且无“压崩”现象而呈现塑性破坏。由此可以认为胶结充填体具有的力学功能是：当胶结体达屈服点之前，具有弹性支撑作用；过屈服点之后则具有“让压支座”的作用。

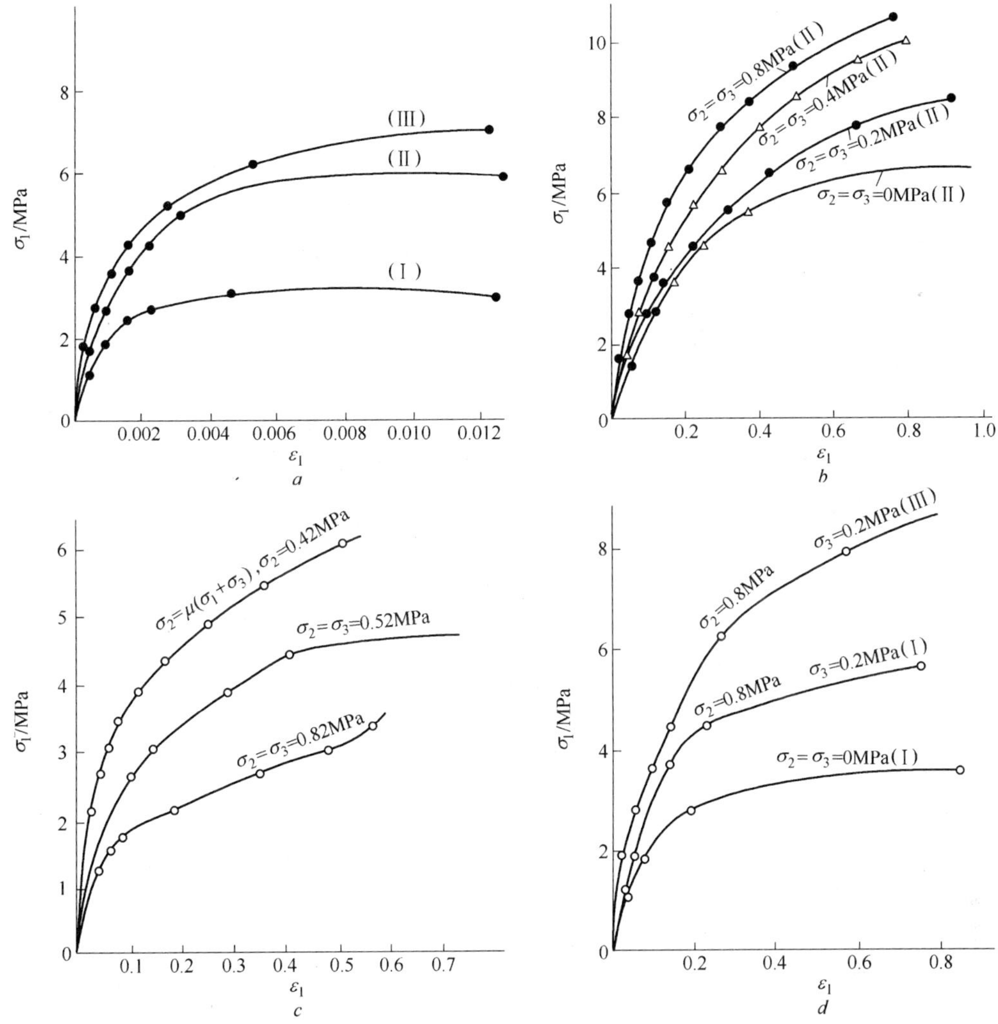

图 2-11 充填体的 σ_1-ε_1 曲线

a—三种配比的单轴条件；*b*—小试体轴对称条件；*c*—大型试体三轴条件；*d*—小试体真三轴条件

三轴试验还表明，随围限压力的增长，胶结充填体的弹性模量、屈服点和强度均增高。在试验的低围限压力的作用下，其三轴侧压力系数达4.5~6.0。

在低围限压力条件下，胶结体的莫尔强度曲线、莫尔圆顶点连线（最大剪应力迹线）、空间锥面强度曲线均近于直线（表2-10）。

表 2-10 强度曲线参数

强度条件	莫尔强度		莫尔圆顶点连线		空间锥面条件		三轴侧压力系数 k
	C/MPa	φ/(°)	C/MPa	φ/(°)	C/MPa	φ/(°)	
参　数	0.4~0.7	40~60	0.1~0.4	39~50	0.12~0.136	7~9	5~6

随着围压的提高，胶结充填体的强度增加。在试验的低围压条件下，其强度较单轴条件提高近一倍。可见，胶结充填体的三维应力状态很重要。

2.2 胶结充填体承载

2.2.1 采场岩体性态

充分了解采场充填前后岩体性态的变化，对分析充填体的作用环境和充填体的作用效果均非常有用。岩体声波参数的改变，能够很好地反映岩体性态的变化。下面结合长沙矿山研究院在部分矿山的实验中对回采过程中岩体声波的观测结果，分析回采和充填过程中岩体性态的变化。

2.2.1.1 *矿柱岩体性态变化*

沿矿柱主应力方向声速最高，反映矿柱岩体承压受力状态比较明显；沿最小主应力方向声速最低，说明矿柱岩体开裂破坏。

矿柱岩体中声速随孔深的变化规律，反映了承载矿柱岩体的松动状况和应力状态。根据孔口至孔底声速 v_p 的变化，可将矿柱岩体划分为爆破破坏区、压力松弛区和承压集中区三部分。

当矿房采后被胶结充填，充填体将作为回采矿柱的承压支柱。根据矿柱岩体中测得的声速描述岩体松动区的分布，基本反映了矿柱岩体的破坏随距离开挖面深度的变化规律（图 2-12）。图 2-12中 *OA* 段为声波低速区（v_p =2500 ~4000m/s），属爆破影响的岩石松动区。但 *OA* 段声速波动较大，有时测孔孔口速度反而很高，反映了爆破对岩体影响的不均一。*AB* 段声速平缓上升（v_p = 4000 ~ 6000m/s），属压力松弛区，其深度为0.8 ~1.2m；*BC* 段声速较高、声速稳定（v_p = 6000 ~ 6200m/s）属岩体承压中心部位的应力升高区，岩体完整。

沿倾斜采场各断面的声速分布规律为采场上段声速低，下段声速高，说明上段岩体受压松弛程度较大。

2.2.1.2 *矿柱岩体状态和稳定性*

图 2-13 反映了声速和振幅随孔深的变化规

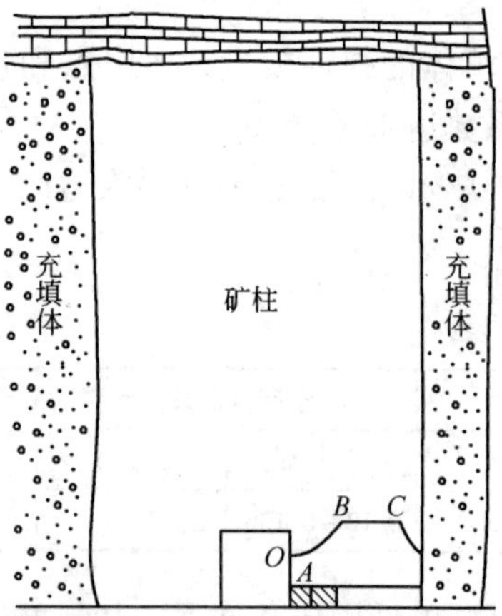

图 2-12 矿柱中声波分布示意图

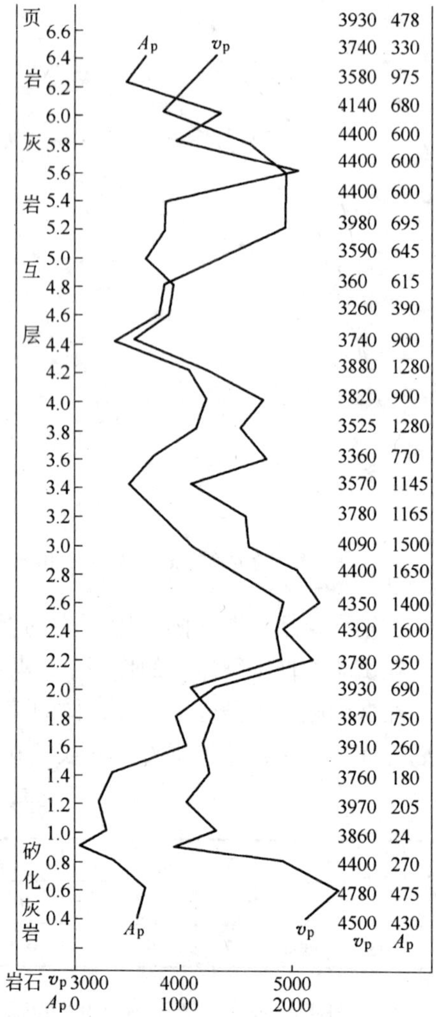

图 2-13 v_p、A_p 随孔深的变化

律，其吻合性较好，具有四个明显的低速区：即0.9m、3.4m、4.4m和6m。这一测试结果中0.9m、3.4m和4.4m三处速度和振幅值都低，波谱复杂，各种波叠合畸变严重，可能为脱层部位。第四个低速区（6m）尽管速度和振幅都低，但无后两项现象，属于软弱层，不是脱层部位。

将声波测试结果与充填接顶后埋设的电阻式脱层仪的观测结果相对照，在4.4m处有压缩位移，说明脱层是开采过程中产生的。

在充填体形成前，其周围岩体均产生不同深度的松弛区（1.0~1.5m）。这种条件成为胶结充填体与围岩的接触条件。

2.2.2 采区地压规律

采用充填采矿法开采矿床过程中的采区地压变化规律，反映于待采矿块和胶结充填体在回采过程中的应力变化过程。采区的应力变化过程大致可分为四个阶段。下面结合两步骤回采的充填采矿过程进行分析。

2.2.2.1 *回采矿房过程*

两步骤回采的充填采矿工艺中，第一步骤回采矿房时，保留矿柱以保证采场和采区的安全生产。在第一步骤回采过程中产生的应力重新分布现象，称为区域地应力的第一次重新分布过程。这个应力重新分布过程，充分地表现在矿柱的应力变化中。现场监测的应力变化曲线表明（图2-14），在矿房拉底过程中，其相邻矿柱的应力急剧升高（图2-14 0—Ⅰ段）；受矿房回采和其他矿房拉底的影响，在矿房回采过程中相邻矿柱的应力亦有所增加（图2-14Ⅰ—Ⅱ段）；当矿房回采结束后进行胶结充填的过程中，应力趋于稳定（图2-14Ⅱ—Ⅲ段）。在这一阶段的应力重新分布过程造成的矿柱应力集中，明显地表现在矿房的拉底过程中。拉底过程的应力变化量为这一阶段应力总变化量的62%~67%（表2-11）。开采实践表明，在矿房拉底过程中，其相邻矿柱中的巷道往往会出现开裂和片帮现象。

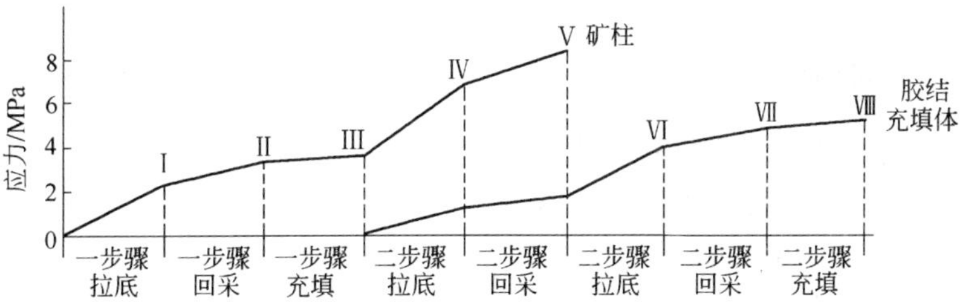

图2-14 应力集中与采矿作业工序关系

表2-11 矿房回采过程中矿柱的应力变化值

项 目	拉 底	回 采	总变化量
应力变化量/MPa	2.0~4.0	1.0~2.5	3.0~6.0
占总变化量的比例/%	62~67	33~38	100

在第一步骤矿房回采过程中，矿房采场顶板下沉和脱层破坏是回采过程中的另一个重要特征。声波测试和脱层观测结果表明，在顶板上2.1m和4.4m的深度为脱层位置。这

表明了在胶结充填体形成之前，在顶板岩层中就已经形成了一定范围的脱层破坏区。这一特征揭示了胶结充填体的载荷性质，与原岩矿柱有着重要区别。

由于应力集中的结果，造成第二步骤待采矿柱的性态发生变化。这种变化是决定第二步骤安全回采的重要条件。

2.2.2.2　胶结充填过程

在胶结充填过程中，矿柱岩体中的的应力变化趋于稳定（图 2-14 Ⅱ—Ⅲ段）。这表明区域岩体的第一次应力重新分布过程，至充填作业时达到稳定。

2.2.2.3　回采矿柱过程

第二步骤回采矿柱时，又一次引起区域地应力的重新分布，这是采区的第二次应力集中过程。这时，矿房采后形成的胶结充填体起着人工支柱作用。这一过程的应力重新分布充分地反映在胶结充填体、待采矿柱和周围岩体的应力变化中。

图 2-14 Ⅲ—Ⅳ段各种仪器观测值的变化规律，体现出如下两个重要特征：其一，在相邻胶结充填体一侧矿柱的拉底过程中，其待采矿柱的应力急剧增加，而胶结充填体的应力增长却相对较小；其二，当胶结充填体另一侧矿柱拉底时，胶结充填体的应力较一侧拉底时有较大的增长。这一方面表明了该阶段应力集中过程主要表现在拉底阶段；同时揭示了在第二步骤回采过程中，待采矿柱仍然承担上覆岩层的载荷。

在这一回采阶段中，区域岩体被挠动范围增大，围岩体的应力明显增高。当采区矿柱全部拉开后，顶板岩层的移动范围较大，可随着岩层移动达到地表。矿柱回采过程是区域岩体急剧扰动阶段。

2.2.2.4　尾砂充填过程

在矿柱采后进行充填的过程中，应力再次趋于稳定（图 2-14 Ⅶ—Ⅷ段）或稍有降低。这表明第二次应力集中过程，在充填阶段达到稳定。此时，胶结充填体处于尾砂体的包裹之中，进入长期破坏过程。

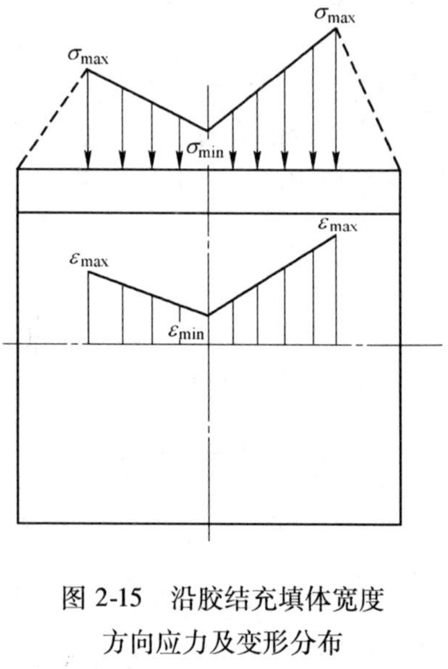

图 2-15　沿胶结充填体宽度方向应力及变形分布

2.2.3　充填体应力状态

在第二步骤回采过中，胶结充填体起着支撑采场顶板的支柱作用。针对缓倾斜矿体两步骤回采工艺的监测实验表明，胶结充填体的抗力和变形具有如下规律：

（1）沿胶结充填体宽度方向的应力及变形分布呈中间小两边大的“波形”分布状态（图 2-15）。实测的应力集中系数 $\sigma_{max}/\sigma_{min} = 3 \sim 5$（表 2-12）。

表 2-12　胶结体宽度方向应力及应变值

项　目	应力值/MPa			应变值		
	σ_{min}	σ_{max}	$\sigma_{max}/\sigma_{min}$	ε_{min}	ε_{max}	$\varepsilon_{max}/\varepsilon_{min}$
数　值	0.35 ~ 1.96	0.66 ~ 6.54	3 ~ 5	40×10^{-6}	200×10^{-6}	5

（2）胶结充填体的垂直方向为压应变（表 2-12），其值最大；沿走向（即胶结充填体

的宽度方向）的应变次之；在胶结充填体的长轴方向（即沿倾向）应变最小；中间截面上应变接近于零，可见胶结充填体中间截面为平面应变状态。

（3）对于缓倾斜和自流充填条件，充填体的中、下部接顶较上部密实，出现中、下部胶结充填体的压力和变形较大的一般规律（图2-16）。

（4）沿胶结充填体的垂直方向，中、下部变形较大（图2-17），上部变形较小。

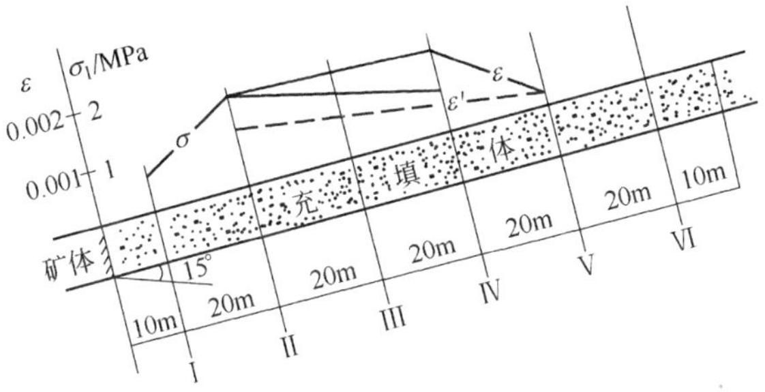

图2-16 沿胶结充填体倾斜方向变形及压力分布

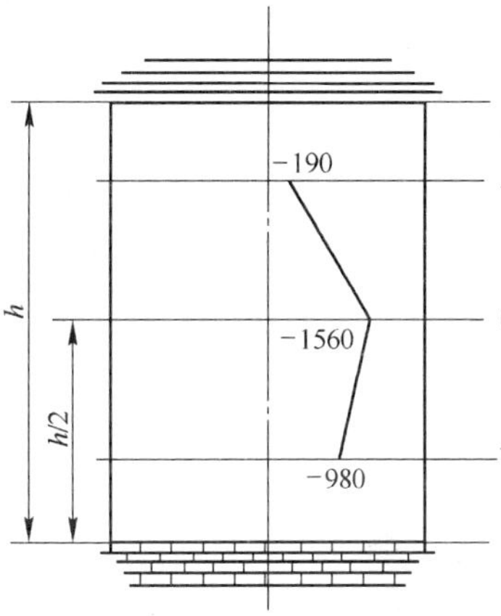

图2-17 胶结充填体垂直方向的应变值

现场观测研究表明，在胶结充填体边部的应力较高（表2-13），高于胶结充填体的单轴抗压强度。其中一些部位接近试验的三轴强度值，表明胶结充填体的边部存在一定的破坏区。而在胶结充填体的中间部位，其应力一般较小。表明在开采结束后，除局部破坏外，胶结充填体的中心部位具有一定的强度。因此，在采区回采结束后，胶结充填体仍具有相当的支撑能力。

表2-13 钢弦测力计测定的胶结充填体应力值 （MPa）

中间部位			两侧部位		
最小值	最大值	平均值	最小值	最大值	平均值
0.35	6.24	1.56	0.25	6.54	3.18

2.3 胶结充填体力学作用

胶结充填体的力学作用机理是指胶结充填体在地下采场中的力学机制。它包括胶结充填体自身的受力特点、变形性质、破坏机理、充填体对矿柱的作用、充填体对采场围岩的作用及相互关系、充填体对顶板覆盖岩层的作用及其相互关系等诸多方面。长期以来，充填体的力学作用机理一直是国内外许多学者和工程技术人员研究的一个重要课题。一般认为，胶结充填体在采场内属于被动性支护结构，它不能对围岩或矿柱施加主动支撑力，而是借助于围岩或矿柱的变形而被动受力，以被动反作用的形式作用于围岩或矿柱，从而达到控制地下采场地压的目的。本节将重点阐述胶结充填体对围岩、矿柱的作用机理。

2.3.1 作用机理

胶结充填体对围岩的作用包括充填体对采场顶板岩层、上盘岩层和下盘岩层的作用。

由于不同的矿床赋存条件以及采场围岩性质、充填材料种类和采矿方法等方面的差异，其作用机理存在差别，要在理论上对胶结充填体与围岩的作用机理作一个统一的分析是比较困难的。但可以认为，当胶结充填体在体积被压缩较小的情况下，可承受较大的压力，即抵抗采场围岩变形的能力较大。

当采场开挖后，由于应力重新分布，在围岩表层一定范围内产生了弱化区，充填体的充入则可以使这部分岩体的开挖表面处的残余强度得到提高，从而改善围岩特性。这种作用机理与对矿柱的作用机理一致。

胶结充填体对围岩的作用主要是支撑、让压和阻止围岩的变形（或位移），对围岩表层残余强度的改善则是次要的。对于大面积充填体而言，它还可以达到控制大面积地压活动的作用。可以认为，胶结充填体对围岩的作用过程是一个支撑与让压过程（图2-18）。

当采场开挖结束后，围岩即产生瞬时弹性变形（ε_e）和塑性变形（ε_p），由于充填工艺在时间上的滞后性，围岩还会产生流变现象（ε_R）。因此，围岩的总应变量（ε_t）由以下几部分组成：

$$\varepsilon_t = \varepsilon_e + \varepsilon_p + \varepsilon_R \tag{2-1}$$

式中，ε_R 是一个随时间 t 而增大的量，其变形特点与围岩的岩性有关。考虑到采场充填一般是在其开采后一段时间才形成，可以认为围岩弹性和塑性变形已经完成。

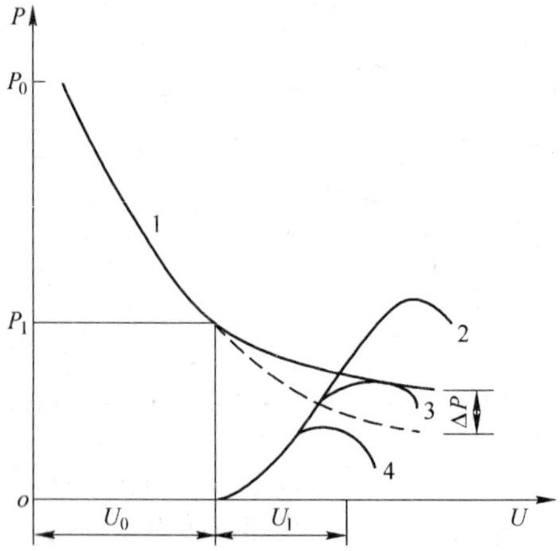

图 2-18 胶结充填体与围岩相互作用关系

1—采场顶板围岩卸压变形曲线；2—$\sigma > \Delta P$ 时充填体受力变形曲线；3—$\sigma = \Delta P$ 时充填体的受力变形曲线；4—$\sigma < \Delta P$ 时充填体的受力变形曲线

假设 $t = t_0$ 为采场开挖到充填接顶时间，充填接顶之前的总应变为 ε_0，相应的充填前的围岩位移为 U_0，充填后的充填体与围岩协调产生的位移为 U_1（图2-18）。充填体在变形过程中被动地支撑围岩，若不考虑岩层与充填体交界面上的相对剪切滑动力，则在交界面的垂直面上形成一对作用与反作用力，分别作用于充填体和围岩上。当围岩的变形量达到 U_0 时，在采空区周围一定范围的岩体内形成了一个应力降低区，即卸荷区，其应力降低值为 P_0-P_1。这时充填体与围岩接触并对围岩发生作用。由于充填体的支撑作用，围岩的位移曲线的发展趋势得到了改变。虽然围岩进一步变形和卸压，但变形量与卸压值减小。在充填体对围岩发生作用后，围岩卸压所减少的值为 ΔP，这也是充填体提供的支撑反力。可见，这时围岩作用于充填体上的力只是很小的一部分。这种作用力与充填体的被动支撑力大小相等作用相反。根据充填体的支撑特性可知，对于不同的充填体，ΔP 的大小与作用效果不同。

当充填体的单轴抗压强度 $\sigma > \Delta P$ 时，充填体的受力变形关系曲线为图 2-18 中的曲线2。这种情况下充填体能提供足够的被动支撑力来支撑围岩，并能形成共同作用点，ΔP 的值也相对较大。若这种情况下开挖相邻的矿柱，充填体被揭露后，其受力从三维状态转化为二维或单轴状态，充填体仍有足够的强度而处于稳定状态。

当充填体的单轴抗压强度 $\sigma < \Delta P$ 时，充填体的受力变形曲线为图 2-18 中的曲线 4。这时由于充填体的强度较低，难以给围岩提供有效的支撑作用，充填体受压破坏，ΔP 的值也相对较小。如果这种情况下开挖相邻的矿体，被揭露的充填体将会因破坏而垮落。因此，对于分步开采的矿体，一步骤回采后的充填体不能用这种质量的充填体进行充填，否则将无法保证其揭露后的自立稳定性。

当充填体的单轴抗压强度 $\sigma = \Delta P$ 时，是上述两种情况的临界点，充填体的强度正好等于围岩达到应力平衡施加给充填体的作用力。充填体处于极限平衡状态。但这种平衡为不稳定平衡，微小的挠动都将使其失去平衡。因此，在采矿工程中，也不能让充填体处于这种受力状态。

在生产实践中，由于矿山充填工艺或充填管理等方面的原因，造成采场充填不接顶的现象较为普遍。对于充填体不接顶的危害性以及此时充填体所发生的作用，一直是采矿工程师们所关注的问题。下面就不接顶充填体的作用效果作简单的探讨。

当充填体与采场顶板岩层之间的空顶高度较小，上覆岩层由于 ε_R 性质其位移值达到 U_0 之后，能与充填体接触并形成相互作用的关系，则充填体能提供支撑力，阻滞岩层的持续位移。当岩层与充填体相互作用产生位移量 U_1，使岩层达到平衡状态之后，岩层将不会产生松脱地压。那么，可以认为这种不接顶空区不会造成地压危害。

当充填体不接顶空间高度较大，上覆岩层在卸压变形过程中长时间得不到充填体的有效支撑，因而产生松脱地压。或者即使上覆岩层在经过一段时间之后能与充填体有效接触，得到充填体的支撑，但在达到共同作用的平衡位置之前，岩层已产生了松脱地压。在这两种情况下的岩层，实际上已产生了破坏。若不接顶空间条件导致产生上述两种松脱地压情况，将会造成较大的危害。

当上覆岩层经过 U_0 位移值之后与充填体接触并得到有效支撑，但继续变形量大到 U_1 时正好处在产生松脱地压的临界状态，这种不接顶高度为最大安全不接顶高度。另外，对于不同的岩层，在开挖后均有一个安全暴露面积，在这个开挖面条件下，不会产生松脱地压，则充填体是否接顶并不是十分关键。

2.3.2 作用模型

胶结充填体与围岩作用的力学模型，其实质是在已有的岩体和充填体力学特性的基础上，进行一些简化，抽象出可以表征胶结充填体与围岩作用机理特征的力学模型。借助于数学方法推导，从而描述胶结充填体与围岩的作用关系。

图 2-19 为充填体与围岩相互作用关系的力学模型。该模型将充填体与围岩的相互作用关系视为两种不同介质的共同作用，吸收原岩开挖所释放的能量；围岩与充填体两种介质之间的相互关系，由简化后的串联模型表示。设 a 为围岩的总位移，u 为充填体的位移，整个系统的荷载来自于更大范围之外的原地应力。

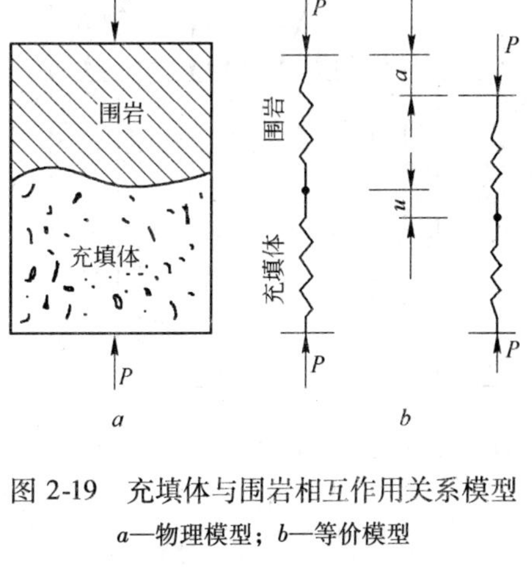

图 2-19 充填体与围岩相互作用关系模型
a—物理模型；*b*—等价模型

在单轴加压的初期，两种介质受压变形，当压力超过充填体的峰值强度后，充填体开始破裂，且进入弱化阶段，直到完全失去承载能力。将此相互作用关系进一步推广到复杂应力状态（三维受力状态），对充填体作单轴和三轴受压作用的全应力-应变曲线，则可以得到如图 2-20 所示的荷载位移 *P-U* 图。将围岩的 *P-U* 曲线平移与充填体相交，得到图 2-20 的 1、2、3 三个位置。

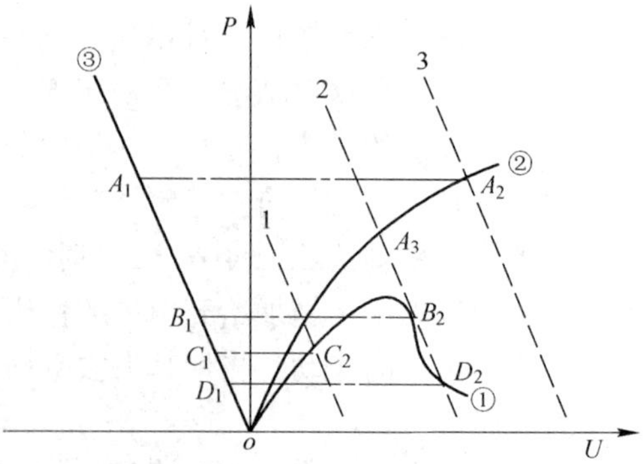

图 2-20　复杂应力状态下的 *P-U* 曲线关系
①—充填介质单向受力变形曲线；②—充填介质三向受力变形曲线；③—围岩介质三向受力变形曲线

当充填体与围岩相互作用所处的应力较低，两者相互作用处于位置 1 时，应力水平均未超过充填体的单轴或三轴极限抗压强度，所以不会导致充填体产生破坏。随着应力的增加，围岩与充填体相互作用处于位置 3 时，与曲线②交于 A_2 点，在三向应力状态下充填体是稳定的。但在此时释放围压，则充填体处于单向受压状态，这时充填体不能提供足够的强度，充填体将产生破坏。一种特殊情况是当围岩与充填体相互作用处于位置 2 时，如果保持全位移变化不大，而使围压降为零，则充填体的应力状态将从 A_3 点经 B_2 点降至 D_2 点，即从 B_2 点向 D_2 点产生“突跳”现象，从弱化点 B_2 突变到破坏点 D_2。

2.3.3 破坏机理

胶结充填体的应力状态有两个明显特征：其一是沿胶结充填体的宽度方向，应力呈非均匀分布（图 2-21）；其二是垂直胶结充填体长轴的平面上，为平面应变状态。由于胶结充填体的标号较低，当矿柱拉开后其表面即可能出现裂隙或破坏，并且随着开采的进行而扩展。所以，胶结充填体的破坏由外层向中心部位发展。胶结充填体的一般工作状态为塑性变形区包裹弹性变形区的二元工作状态（图2-21）。

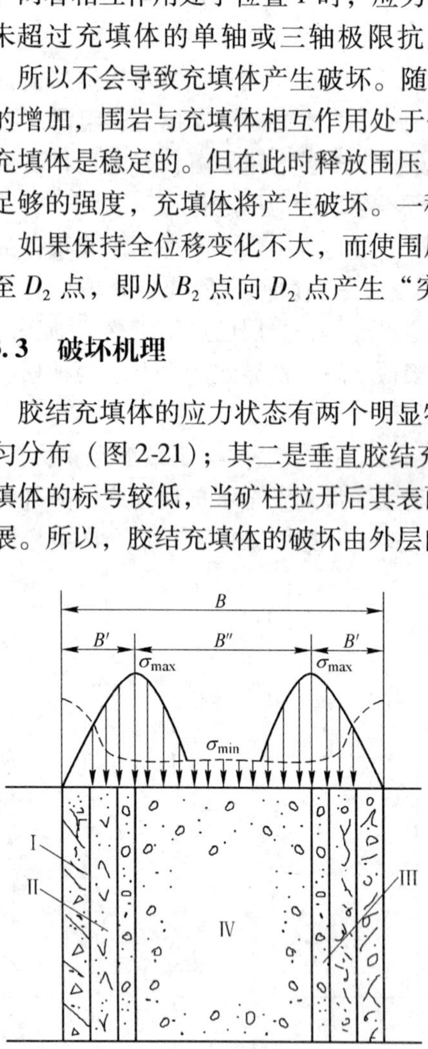

图 2-21　胶结充填体的应力分布状态特征
Ⅰ—破坏区；Ⅱ—塑性区；Ⅲ—屈服区；Ⅳ—弹性区

当胶结充填体两侧矿柱刚刚拉开后，沿胶结体的宽度方向，表面应力最大，向深部逐渐降低（图 2-21 虚线所示）。由于胶结充填体的单轴抗压强度很低，表面层迅速破坏，应力峰值（σ_{max}）向胶结充填体中心部位转移，形成图 2-21 实线应力分布状态。显然，其峰值点以外的区域为非弹性变形区，其中心为弹性变形区。根据胶结充填体静力试验获得的变形破坏特征表明，胶结充填体从弹性状态转化为破坏的过程，其间要经过屈服和塑性变形两种性态的变化。因此，对于胶结充填体的平衡状态，其性态也必然呈现出：表层破坏区、塑性区、屈服区和弹性中心区。显然，胶结充填体失去弹性支撑能力的极限状态，即弹性中心区全部消失，在胶结充填体的全宽度上进入塑性变形状态。此时，胶结充填体转入“让压支座”的作用。

可见胶结充填体的破坏过程，就是破坏区从胶结充填体表面向中心逐步转化的过程，最终结果是在胶结充填体的全宽度上处于塑性变形状态（图2-22）。

2.3.4 稳定性判断

胶结充填体在全部宽度上转为塑性状态的临界条件为：弹性中心区 $B''=0$，或者 $B=2B'$（图2-21）。为了便于分析图2-22的应力平衡状态，割取部分胶结体表示为图2-23。

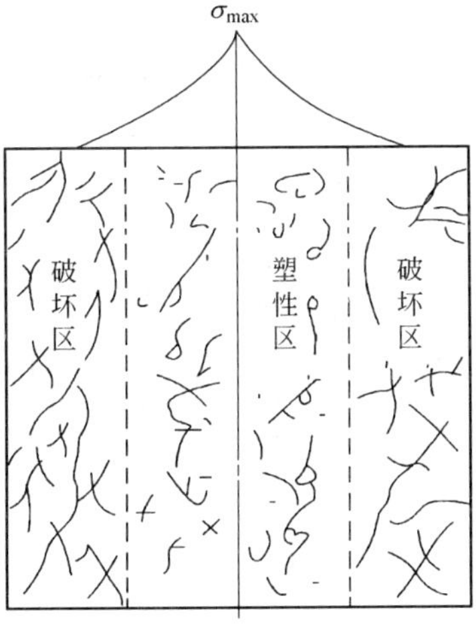

图2-22 全宽度转入塑性变形的胶结体的应力分布

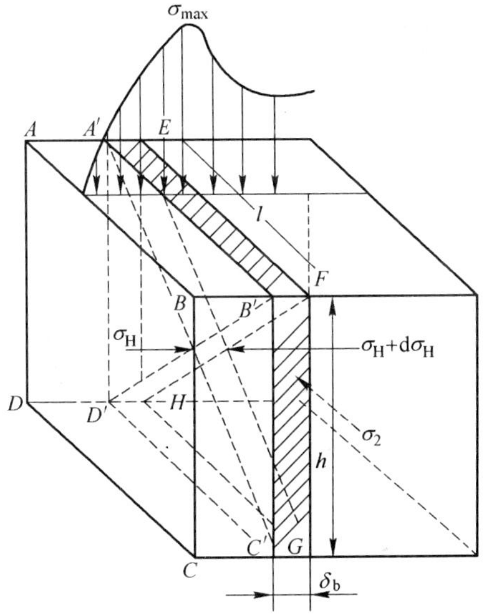

图2-23 单元条带体的力学平衡条件图

图2-23中 $ABCD$ 面为胶结充填体的自由表面；$A'B'C'D'$ 面为弹性区与非弹性区的交界面。单元体 $A'B'C'D'EFGH$ 为交界面处极薄厚度的单元条带体：其厚度为 δ_b、长度为 l、高度为 h。在此单元体边界上作用的力为：垂直向为 σ_v、沿胶结体单元长轴向的力为 σ_2、在 $A'B'C'D'$ 面上作用水平力 σ_H，其对应面 $EFGH$ 上，为方向相反的水平力 $\sigma_H+d\sigma_H$。

根据应力平衡条件和塑性状态临界条件 $B=2B'$，可得出在胶结体全宽进入塑性变形状态时的表达式：

$$B=\frac{h}{2\tan\varphi\cdot\tan\beta}\ln\left[\frac{\tan\varphi\cdot l}{C(l+h)}\sigma_{vmax}+l\right] \tag{2-2}$$

式中 C——胶结充填体内聚力；

φ——胶结充填体的内摩擦角；

$\tan\beta$——三轴侧压力系数；

l, h——分别为胶结充填体的长度和高度。

由式（2-2）可知，胶结充填体的临界宽度 B 与峰值应力 σ_{vmax} 成对数关系。图2-24给

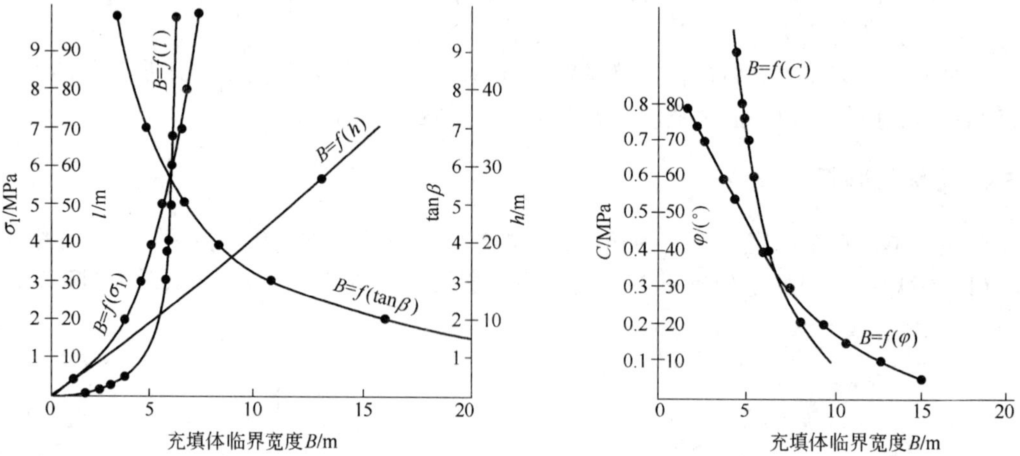

图 2-24 胶结充填体各项参数间的相关关系

出了胶结充填体各项参数间的相关关系曲线。

由图2-24表明，胶结充填体的临界宽度 B 随其高度 h 的增加而增大，近似线性关系；矿房的长度在10m以内对宽度 B 的影响较大，当长度超过20m时，实际上对宽度无影响；宽度 B 随 C、φ 和 $\tan\beta$ 的增加而降低。当这些参数处于较低值时，对宽度 B 的影响较大，在达到一定数值后对其影响显著降低。

参考文献

[1] 桑玉发．论金属矿山重大地压问题及科学成就[C]．中国岩石力学与工程学会第五届学术会议论文集．1998.

[2] 李庶林，桑玉发．应力控制技术及其应用[J]．岩石力学与工程学报，1997，18(1)：90～96.

[3] 唐绍辉，桑玉发，等．用分维研究采场顶板失稳的声发射过程[J]．中国金属学报，1997，9.

[4] 桑玉发，等．凡口铅锌矿充填体状态及稳定性研究报告[R]．长沙：长沙矿山研究院，1996.

[5] 刘同有，等．充填采矿技术与应用[M]．北京：冶金工业出版社，2001.

[6] Farsangi P, Hara A. Consolidated rockfill design and quality control at Kidd Creek Mines[J]. CIM Bulletin, 1993, 973: 68～74.

[7] Farsangi P, Hayward A, Hassani F. Consolidated rockfill optimization at Kidd Creek Mines[J]. CIM Bulletin, 1996, 1001: 129～134.

[8] 桑玉发，杨国章，等．胶结体混凝土大型试体现场三轴压缩试验研究报告[R]．长沙：长沙矿山研究院，1979.

[9] 桑玉发，等．胶结体混凝土三轴压缩条件下声传播特性的试验研究[C]．中国声学会声波检测会议论文集，1980.

[10] Blight G, Clarke I. Design and properties of still fill for lateral support[J]. Mining with Backfill. Proc of Intrna. Luea: 1983.

[11] 桑玉发．岩体声波测试技术在地压研究中的应用[J]．冶金安全，地压专辑，1987.

[12] 包东曙，张兴仁，关胜兰．遥测应变计在混凝土胶结壁变形测量中的应用[R]．长沙：长沙矿山研究院，1980.

[13] 杨立根，等．液压枕工作原理及其在锡矿山的应用[R]．长沙：长沙矿山研究院，1980.

[14] 宋育仁，康怡星，等. R-50 型光弹性应力计的研制及其在锡矿山的应用[R]. 长沙：长沙矿山研究院，1980.
[15] 桑玉发，等. 应用声测技术监测 VCR 法凿硐室围岩性态变化[R]. 长沙：长沙矿山研究院，1984.
[16] 唐绍辉. 声发射技术在采场冒顶监测中的应用[D]. 长沙：中南工业大学，1998.
[17] 曹庆林，桑玉发，等. 采场冒顶灾害的声发射预报技术[J]. 中国有色金属学报，1996(2).
[18] 桑玉发，等. 采场顶板稳定性监测及声发射定位技术的研究[R]. 长沙：长沙矿山研究院，1990.
[19] 桑玉发. 缓倾斜矿体开采与地压研究[J]. 有色金属国外版，1982(1).

3 矿山固体废物特性

实现矿床无废开采的矿山充填目标，是要充分利用矿山的固体废物，结合开采过程实现矿山固体废物的减量排放乃至零排放，避免或减少矿山环境的末端治理工程。金属矿床开采过程产出的固体废物为废石、尾砂或其他排弃废物，以及与矿业开发密切相关的磷石膏、冶炼炉渣等。为了科学、高效地利用矿山固体废物作为充填材料，实现矿山废料胶结充填，本章讨论这些固体废物的相关特性。

3.1 废石

矿山废石是矿床开采过程中排放的主要固体废物源之一，主要有井下掘进废石、回采过程中的剔除废石以及露天采场剥离废石。根据开采工艺不同，其废石的产出率差别很大。露天开采的剥离废石产出率高，地下开采的采掘废石产出率较低。一般条件下的地下开采，采掘废石产出量为采出矿石量的10% ~20%，只是在极少数矿山，其采掘废石的产量达到采出矿石量的50%左右。故井下采掘废石只能作为充填料来源之一，不能完全满足充填量的要求。另外也表明，井下采掘废石可以通过矿山充填全部消耗，可以不需要外排地表。

每座矿山的岩石类型存在差异，产生的废石的性质也就不一样。废石料的粒级组成、矿物组分、物理特性和力学特性等性质，对充填料的工作特性和强度特性有一定的影响。

3.1.1 粒级组成

废石以一定粒径的散体形态被用作矿山充填的集料，其粒度组成反映了废石集料的级配特性。这种特性既取决于岩体的节理裂隙等构造特性和岩石的力学强度等指标，还与废石集料的产生过程及其加工制造工艺有十分重要的关系。对于掘进废石的自然级配，将取决于岩体构造特性与凿岩爆破工艺及其爆破参数；对于破碎废石的自然级配，则主要取决于岩石的力学特性与破碎工艺流程。

废石集料的粒度组成可采用四分法取样进行筛分测定。一般将试样拌匀后按四分法取50kg，在105 ~119℃烘干至恒重，将其冷却至室温时进行筛分。5mm以上的集料采用ϕ500mm金属筛，5mm以下的集料采用ϕ200mm的振动筛。然后对不同粒径段的筛余量或筛下量按重量进行分计和累计。

废石集料的级配特性对胶结充填体的强度指标、工作特性和工艺过程的相关影响程度很大。一般情况下，废石的粒度组成比废石的矿物组分含量、物理性能和力学指标等因素对胶结充填体的相关影响更为显著。

3.1.2 物化特性

废石的化学特性主要指岩石的矿物组分及化学成分，属岩石自身固有，可以采用矿物分析与元素分析的常用方法进行测定。

废石的物理特性包括密度、废石集料的堆积密度、孔隙率和吸水率等。废石密度为固有属性，废石集料的其他物理特性与其产生工艺有关。

（1）废石密度。废石密度是指单位体积废石的质量，可采用容器法测定。测定废石密度时，将被测废石破碎至0.25mm，置于105～110℃温度下烘干至恒重，取一定量的干试样置于一定容积的容器中进行测试。根据相关测试值按式（3-1）计算密度，取3次测试结果的平均值作为测定值。

$$\rho = \frac{m_1}{m_1 + m_2 - m_3}\rho_o \tag{3-1}$$

式中　ρ——废石密度，g/cm^3；

m_1——废石试样质量，g；

m_2——容器中注满水的总质量，g；

m_3——在容器中装入废石试样后注满水的总质量，g；

ρ_o——水的密度，g/cm^3。

（2）堆积密度和实堆积密度。堆积密度和实堆积密度属于废石集料的特性。堆积密度是废石集料包括颗粒内外孔隙及颗粒间空隙的松散集粒堆积体的平均密度，用废石总质量除以处于自然堆积状态的废石总体积求得。测定废石堆积密度时，将烘干的废石装满一定容积的容器，称出总质量减去容器的质量后为废石的净重。按式（3-2）计算出净重与容器容积之比即为堆积密度。取3次试验结果的平均值作为测定值。

实堆积密度包括废石颗粒内外孔及颗粒间空隙的经振实的废石堆积体的平均密度。实堆积密度的测试方法与堆积密度的测试方法相同，只是往容器中装入废石集料时需按3次装入，并按规定振动，直至装满为止。

$$\rho_v(\rho_s) = \frac{m_2 - m_1}{V} \tag{3-2}$$

式中　$\rho_v(\rho_s)$——废石堆积密度（实堆积密度），g/cm^3；

m_1——容器质量，g；

m_2——容器与干试样质量，g；

V——容器体积，cm^3。

（3）孔隙率。废石孔隙率可根据测得的密度和堆积密度按式（3-3）计算：

$$q = \left(1 - \frac{\rho_v}{\rho}\right) \times 100\% \tag{3-3}$$

式中　q——废石孔隙率，%；

ρ_v——废石的堆积密度，g/cm^3；

ρ——废石密度，g/cm^3。

（4）吸水率。废石吸水率是试样自由吸入水的质量与废石干质量之比值，由式(3-4)计算：

$$K_w = \frac{m_2 - m_1}{m_1} \times 100\% \tag{3-4}$$

式中　K_w——废石吸水率，%；

m_2——试样浸泡 12h 后，在空气中的质量，g；

m_1——试样在 105 ~ 119℃温度下烘干至恒重的质量，g。

废石的物理化学特性参数对胶结充填的工艺与充填体质量有较大影响，采用废石作为充填集料时，要求测定以上这些特性参数（表 3-1 ~ 表 3-3）。

表 3-1　几种废石的主要矿物成分含量①　（%）

岩石名称	CaO	MgO	SiO_2	Al_2O_3
花岗闪长斑岩	6.78	1.69	58.55	12.01
白云质大理岩	19.98	3.06	30.84	7.46

①丰山铜矿废石充填料试样测试值。

表 3-2　几种废石的主要元素含量①　（%）

岩石名称	Cu	Fe	S	Mo	Zn	Pb	As
花岗闪长斑岩	0.16	4.05	1.73	0.019	0.083	0.030	0.11
白云质大理岩	0.23	4.34	2.19	0.013	0.14	0.022	0.13

①丰山铜矿废石充填料试样测试值。

表 3-3　几种废石的密度、堆积密度、孔隙率、吸水率①

试样名称	密度 /$g \cdot cm^{-3}$	堆积密度 /$g \cdot cm^{-3}$	实堆积密度 /$g \cdot cm^{-3}$	孔隙率/%	吸水率/%
花岗闪长斑岩	2.75	1.50	1.81	45.43	
白云质大理岩	2.85	1.71	2.00	40.32	
混合料	2.56	1.65	1.85	36.68	2.89

①丰山铜矿废石充填料试样测试值。

3.1.3　力学特性

废石的力学特性包括岩石试块的单轴抗压强度、抗拉强度、弹性模量、泊松比、内摩擦角、内聚力等（表 3-4）。不同岩石类型具有不同的性能指标。由于岩石成因条件和相关影响条件的不同，因而即使是同种岩石类型，其力学指标仍有较大的变化区间。因此，针对每个矿床的岩石均需要进行取样试验，尤其是单轴抗压强度指标对充填体的质量影响较大，必须获得实际的试验参数。

表 3-4　几种岩石试块的力学特性

岩石类型	抗压强度/MPa	抗拉强度/MPa	弹性模量/MPa	泊松比	内摩擦角/(°)	内聚力/MPa
花岗岩	98 ~ 245	7 ~ 25	$(50 \sim 100) \times 10^3$	0.2 ~ 0.3	45 ~ 60	15 ~ 16
石英岩	150 ~ 340	10 ~ 30	$(60 \sim 200) \times 10^3$	0.1 ~ 0.25	50 ~ 60	20 ~ 60
大理岩	100 ~ 250	10 ~ 30	$(10 \sim 90) \times 10^3$	0.2 ~ 0.35	35 ~ 50	15 ~ 30
砂　岩	20 ~ 200	4 ~ 25	$(10 \sim 100) \times 10^3$	0.2 ~ 0.3	15 ~ 30	3 ~ 20
石灰岩	50 ~ 200	5 ~ 20	$(50 \sim 100) \times 10^3$	0.2 ~ 0.35	35 ~ 50	20 ~ 50
白云岩	80 ~ 250	15 ~ 25	$(40 \sim 80) \times 10^3$	0.2 ~ 0.35	15 ~ 30	3 ~ 20
页　岩	10 ~ 100	2 ~ 10	$(20 \sim 76) \times 10^3$	0.2 ~ 0.4	15 ~ 30	3 ~ 20

3.2 尾砂

本书所讨论的尾砂是指矿石浮选尾砂，并且是被充分回收了其中的有用矿物后必须排放的废弃物。金属矿山的尾砂是金属矿产资源开发利用过程中排放的主要固体废物，往往占采出矿石量的40% ~99%。尾砂的排放既占用土地，又造成生态环境的污染，是破坏矿山生态的主要废物源，同时还带来众多安全隐患。

应用尾砂作为矿山充填料，对充填体产生影响的主要因素是其粒度组成及其矿物组分的化学性质。对于每座矿山，这些性能指标都有所不同。尤其是对于不同的矿石类型，其差别相当大。因此，在具体应用过程中需要进行试验和分析。

3.2.1 粒级组成

尾砂的粒度组成对矿山充填的影响相当大，它与脱水工艺密切相关，更重要的是与胶结充填体的胶结性能和胶结材料的消耗量相关。尾砂的细度对结构流充填料的性能特性具有重大影响，其粒径及细粒级比率，将会影响结构流充填料的稳定性、可输性、孔隙率及其孔径分布。充填体的孔隙率会影响充填体的强度，而且其孔径分布也在胶结充填体强度的发展过程中发挥重要作用。充填料的需水量也会随尾砂料的细度而增大。因此，采用尾砂作为充填料时，对尾砂的粒度分析是不可缺少的。一般采用筛分法对粗尾砂进行粒度分析，采用激光测定仪分析细粒尾砂的粒度。

矿山尾砂一般按粒度分为粗、中、细三类，也按岩石生成方法分为脉矿尾砂和砂矿尾砂两类（表3-5）。

表3-5 常用的矿山尾砂分类方法

分类方法	粗		中		细	
按粒级所占含量 w/%	+0.074mm	-0.019mm	+0.074mm	-0.019mm	+0.074mm	-0.019mm
	>40	<20	20 ~40	20 ~50	<20	>50
按平均粒径 d_p/mm	极 粗	粗	中 粗	中 细	细	极 细
	>0.250	0.250 ~0.074	0.074 ~0.037	0.037 ~0.030	0.030 ~0.019	<0.019
按岩石生成方法	脉矿（原生矿）			砂矿（次生矿）		
	含泥量小，-0.005mm 的细泥 <10%			含泥量大，-0.005mm 的细泥 30% ~50%		

通过筛分试验获得全尾砂粒级分布，表3-6为国内部分充填法矿山的全尾砂粒级组成。一般还采用累计量为10%、50%、90%的粒径值 d_{10}、d_{50}、d_{90} 和平均粒径值 d_p 等特征值参数，来描述粒度的分布特性。

表3-6 国内部分矿山的全尾砂粒级组成

矿山名称	粒径与产率											
凡口铅锌矿	粒径/mm	0.297	0.196	0.152	0.088	0.074	0.053	0.037	0.027	0.019	0.013	-0.013
	分计/%	2.90	4.57	7.97	24.75	7.85	10.37	8.15	11.10	4.14	1.84	18.36
	累计/%	100	97.10	92.53	84.58	59.81	51.96	41.59	35.44	24.34	20.20	18.36

续表 3-6

矿山名称	粒径与产率											
南京铅锌矿	粒径/mm		0.40	0.30	0.20	0.15	0.10	0.071	0.04	0.02	0.01	-0.01
	分计/%		1.81	2.60	5.07	5.21	11.27	11.72	15.34	13.64	9.34	24.00
	累计/%		100	98.19	95.59	90.52	85.31	74.04	62.32	46.98	33.34	24.00
大红山铜矿	粒径/mm							0.074	0.037	0.018	0.010	-0.01
	分计/%							28.00	32.90	22.20	6.40	10.50
	累计/%							100	72.00	39.10	16.90	10.50
武山铜矿	粒径/mm				0.5	0.3	0.15	0.074	0.04	0.03	0.01	-0.01
	分计/%				0.54	3.21	27.19	24.91	14.34	11.22	9.05	9.54
	累计/%				0.54	99.46	96.25	69.06	44.15	29.81	18.59	9.54
铜录山铜矿	粒径/mm	0.128	0.096	0.064	0.032	0.016	0.008	0.004	0.003	0.002	0.001	-0.001
	分计/%	0.5	4.8	21.6	19.1	16.0	11.7	9.3	3.7	4.8	5.4	3.1
	累计/%	100	99.5	94.7	73.1	54.0	38.0	26.3	17.0	13.3	8.5	3.1
金城金矿	粒径/mm	0.45	0.28	0.18	0.154	0.125	0.098	0.076	0.05	0.02	0.01	-0.01
	分计/%	3.16	15.52	23.31	19.80	13.19	11.85	1.64	4.36	5.58	1.25	0.34
	累计/%	100	96.84	81.32	58.01	38.21	25.02	13.17	11.53	7.17	1.59	0.34
鸡笼山金矿	粒径/mm	0.128	0.096	0.064	0.032	0.016	0.008	0.004	0.002	0.0015	0.001	0.001
	分计/%	0.3	3.4	15.5	28.5	19.5	10.13	12.9	6.9	2.6	1.9	2.6
	累计/%	100	99.7	96.3	80.8	52.3	32.8	21.5	14.0	7.1	4.5	2.6
金川一选厂	粒径/mm			0.128	0.064	0.032	0.016	0.008	0.004	0.002	0.001	-0.001
	分计/%			0.4	20.4	12.8	8.8	17	12.5	7.6	6.1	3.6
金川二选厂	粒径/mm			0.128	0.064	0.032	0.016	0.008	0.004	0.002	0.001	-0.001
	分计/%			0.8	24.0	12.1	7.9	15.4	10.8	6.2	4.9	3.5
望儿山金矿	粒径/mm							0.2	0.105	0.074	0.053	-0.053
	分计/%							34.90	13.45	17.05	17.45	17.15
	累计/%							100	65.10	51.65	34.60	17.15

3.2.2　物化特性

尾砂的化学成分对充填料的物态特性和胶结性能均有影响，其中以硫化物含量对胶结充填体性能的影响最为显著。尾砂中较高的硫化物含量会增加尾砂的稠度，也会因其自胶结作用而使胶结充填体获得较高的强度。但由于硫化矿物的氧化会产生硫酸盐，硫酸盐的侵蚀可导致胶结充填体长期强度的损失。因此，对于硫化物含量较高的尾砂充填料，当采用水泥作为胶凝材料时，对充填体强度的负面影响很大。含有火山灰质的矿渣胶凝材料可以解决硫酸盐侵蚀而使充填料强度降低的问题。有关试验表明，采用含有火山灰质的矿渣水泥制备的高含硫尾砂胶结充填料，与普通水泥制备的高含硫尾砂充填料相比较，其强度可提高 40%。

尾砂的物理特性对充填体的性能也均有不同程度的影响，尤其在低浓度充填工艺条件下，尾砂的渗透性能甚至是评价尾砂能否作为充填材料的关键因素。

尾砂的物理化学性质包括矿物成分、密度、堆积密度、孔隙率、渗透系数和粒级组成等。

尾砂的矿物成分需要采用矿物分析方法测定。尾砂的物理特性可采用以下方法测定：

（1）容量瓶法测定尾砂密度。选用标准容量瓶称取瓶重，加水至标准刻度线称取瓶和水的总重；倒出部分水与一定量的干尾砂装入容量瓶，摇匀后加水至标准刻度，浸泡24h；若少量水分蒸发而导致液面下降，需再次加水至标准刻度；称取其重量，计算得到室温下尾砂的密度。

（2）定容称重法测定尾砂堆积密度。选用标准漏斗装入尾砂，下方放置一标准升桶，让尾砂自由下落，避免振动，桶满刮平后称重，计算得到尾砂堆积密度。

（3）定容称重法测定尾砂实堆积密度。选用标准漏斗装入尾砂，下方放置一标准升桶，让尾砂自由下落，不断振动压实，桶满刮平后称重，计算得到尾砂实堆积密度。

（4）卡斯基管测定尾砂渗透系数。由式（3-5）计算：

$$K = \frac{H}{t} f\left(\frac{S}{h_0}\right) \tag{3-5}$$

式中 K——尾砂渗透系数，cm/h；

H——试样高度，cm；

t——管中水位从 h_0 下降到 h_1 时所花的时间，h；

S——过流断面积，cm^2；

h_0——测定开始时的水面高度，cm；

$f\left(\frac{S}{h_0}\right)$——查表求得。

同类矿山尾砂的相关物理化学特性，一般可作类比参考（表3-7、表3-8）。但由于每座矿山的尾砂特性各异，因而在利用尾砂作为胶结充填材料时，均应测定其实际的物理化学特性。

表3-7　部分全尾砂试样主要矿物含量　（w/%）

试样来源	S	SiO_2	CaO	Fe	Al_2O_3	MgO
凡口铅锌矿 F1	7.19	34.09	14.82	5.99	4.57	0.68
凡口铅锌矿 F2	9.46	20.72	15.94	17.42	4.47	0.96
铜录山铜矿	0.24		25.06	13.22	2.72	4.05
阿舍勒铜矿	30.55	27.31	0.86	28.36	4.17	1.60
吴集铁矿	0.13	67.37	6.28	TFe 6.56	4.05	4.46
莱新铁矿	3.60	31.21	14.96	TFe 8.55	6.74	15.18

表 3-8　部分全尾砂试样物理特性

试样来源		中值粒径 /μm	平均粒径 /μm	−20μm 含量/%	密度 /g·cm⁻³	堆积密度 /g·cm⁻³	孔隙率 /%	渗透系数 /cm·h⁻¹
凡口铅锌矿	F1	72.00	85.00	20.02	2.85	1.36	52.28	2.12
	F2	73.00	92.00	19.60	3.07	1.36	55.70	2.40
	F3	52.00	75.00	24.53	3.20	1.19	62.81	0.25
	F4	53.00	84.00	24.14	3.20	1.49	53.30	0.38
铜录山铜矿		27.70	38.10		2.95	1.69	42.70	
阿舍勒铜矿		24.23	50.91	44.58	3.89			
吴集铁矿		46.82	59.68	24.31	2.71	1.07	60.69	
莱新铁矿		29.24	60.22	40.35	2.57	1.05	43.19	

3.2.3　沉降特性

3.2.3.1　最大沉降浓度

全尾砂料浆在静置沉降时能达到的最大浓度称为最大沉降浓度。该浓度是充填料浆特性变化的特征点，最大沉降浓度及其沉降速度是尾砂脱水工艺的重要参数。

一般采用直径 ϕ200mm，高 1000mm 的有机玻璃沉降筒进行沉降试验，测定全尾砂料浆的最大沉降浓度。测试时将搅拌均匀的全尾砂料浆注入沉降筒内，观测记录特征面下降的高度和时间（图 3-1），经数据处理后可得出料浆浓度、料浆密度随时间的变化过程及规律。沉降停止时所能达到的浓度为最大沉降浓度。

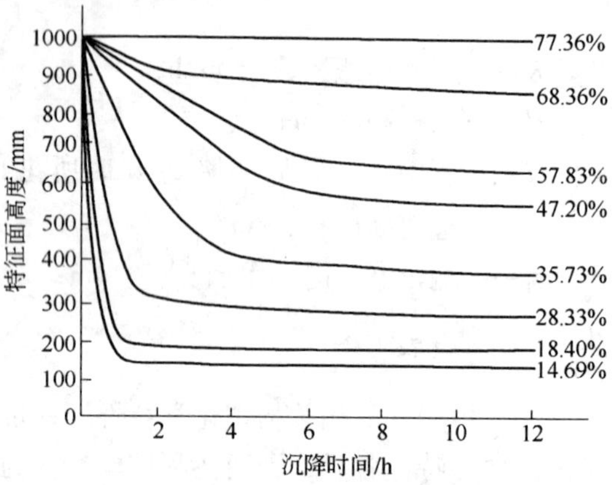

图 3-1　不同初始质量分数（w）状态下的 F2 试样沉降曲线

针对南京铅锌矿的全尾砂开展沉降试验发现的沉降规律：初始沉降的一段时间内，粗重颗粒快速沉降，较细颗粒缓慢下沉，更细的颗粒则悬浮于沉降筒上部，致使浆面与液面界限浑浊不清；粗颗粒沉降达到相互紧密接触状态后的继续压缩量较小，悬浮于沉降筒上部的细颗粒在相对较长的沉降时间可达到颗粒紧密接触状态；沉降 4h 后几乎达到最大沉降浓度。全尾砂平均粒径对最大沉降浓度的影响十分显著。

3.2.3.2　临界沉降浓度

临界沉降浓度是料浆中固体颗粒由沉降开始转为压缩时的浓度。

低浓度全尾砂料浆的沉缩分为两个过程：一是固体颗粒在水中的沉降过程；二是达到一定浓度后固体颗粒开始逐渐密实的压缩过程（图 3-1）。

大于临界沉降浓度的高浓度料浆，只有压缩过程而没有沉降过程。

压缩过程的特点是没有粗、细颗粒的离析分级，只有颗粒间隙减小和体积收缩，水被逐渐析出。因此，为防止胶结充填料的离析，其料浆浓度应大于临界沉降浓度。

3.3 赤泥

国内主要采用烧结法、联合法生产氧化铝。铝土矿、石灰石、碱粉等原料，根据其化学成分含量的相关要求进行配料、磨细，在回转窑中经1200~1300℃的高温煅烧。烧制成的铝氧熟料经过再次磨细，然后用稀碱溶液浸出有用成分 Na_2O 及 Al_2O_3，剩余物质则形成固相赤泥废物排放。

烧结法工艺流程中，根据铝土矿铝硅比的不同，每生产一吨氧化铝，约产生 1.5~1.8t 赤泥。赤泥经多次洗涤及过滤后，以浆状排至赤泥堆场。赤泥的排放对自然环境的污染已越来越严重，但目前一直没有大宗量处理的技术方案。

由于氧化铝的生产原料和生产工艺使得赤泥具有潜在活性，因而可以被加工成矿山胶结充填材料。可见赤泥被利用的优势在于其潜在胶凝作用，因此对矿山充填产生影响的主要特性是其化学成分和粒度组成，其中化学成分是主要影响因素。

3.3.1 矿物组分

赤泥中主要化学成分为 SiO_2、CaO、Al_2O_3 及 Fe_2O_3。经对 R_0 样品赤泥进行分析，四种成分之和的总含量达80%以上（表3-9、表3-10）。经电镜扫描及X射线衍射分析表明，在这四种组分中，又以 β-2CaO · SiO_2(β-C_2S)、4CaO · Al_2O_3 · Fe_2O_3(C_4AF)及类水钙石 CaO · SiO_2 · H_2O(1,2)(C · S · H)等主要矿物形态存在。β-C_2S 属水硬性胶凝矿物，由于 β-C_2S 颗粒不仅被 C · S · H 水化物所覆盖，而且形成了大量的水化物片状薄膜，从而极大地降低了 β-C_2S 与接触液面的反应速度，反应分子的渗透扩散十分缓慢。因而使赤泥的外在属性和火山灰质材料相近，自身仅具有微弱的或几乎不具有水化活性。

表 3-9 R_0 样品赤泥主要化学成分 （w/%）

化学组分		SiO_2	Al_2O_3	CaO + MgO	Fe_2O_3	Na_2O	K_2O	烧失量
新鲜赤泥	1号	19.32	6.35	45.2	9.06	3.2	0.35	8.81
	2号	19.11	7.13	44.9	7.71	3.3	0.37	
	3号	17.40	5.93	43.95	10.24	2.76	0.32	
堆存8年赤泥		16.97	5.00	35.86	8.15	2.08	0.20	26.25

表 3-10 R_0 样品赤泥主要矿物组成

矿物名称	β-C_2S	C_2SH_2	C_3AH_6 ~ $C_3AS_xH_y$	Fe_2O_3 · nH_2O	C_4AF ~ C_2F	C · S · H	$CaCO_3$	C · T	Na_2CO_3
含量 w/%	40	17	10	10	3.6	3.7	6.7	4	2.9

3.3.2 粒级组成

赤泥物理性能的最大特点是颗粒细小（表3-11~表3-13），其他主要物理性能特性指标为：

比表面积：5000~7000cm^2/g，为普通硅酸盐水泥的2倍左右；

堆积密度：0.7 ~ 0.9g/cm^3；

孔隙率：65% ~70%。

赤泥的另外两个重要物理特性是液限、塑限含水率高。这两个物理特性使得赤泥的水分蒸发困难，烘干热耗大、成本高、效率低。这种特性的形成原理，主要是由于浸出过程中 $Na_2O \cdot Al_2O_3$ 溶解后，在赤泥颗粒内部产生网孔状毛细结构所致。

赤泥浆料密度、质量分数及液固比见表 3-13。

表 3-11 R_0 样品赤泥的粒级组成

粒径/mm	0.091	0.056	0.042	0.030	0.010	0.005	0.001	-0.001
产率/%	22.93	3.98	2.59	5.76	29.36	14.88	12.94	7.56
累计/%	100	77.07	73.09	70.50	64.74	35.38	20.50	7.56

表 3-12 R_0 样品赤泥的物理性能参数

参数名称	密度/g·cm^{-3}	堆积密度/g·cm^{-3}	孔隙率/%	比表面积/cm^2·g^{-1}	液限含水/%	塑限含水/%
指　标	2.5 ~ 2.7	0.7 ~ 0.9	65 ~ 70	5000 ~ 7000	62	45.5

表 3-13 R_0 样品赤泥浆料密度、质量分数及液固比

密度/g·cm^{-3}	1.36	1.38	1.40	1.42	1.44	1.46	1.48	1.50	1.52	1.54	1.56	1.58
质量分数 *w*/%	40.2	41.8	43.4	44.9	46.4	47.8	49.2	50.6	51.9	53.2	54.5	55.7
液固比	1.49	1.39	1.31	1.23	1.16	1.09	1.03	0.98	0.93	0.88	0.83	0.79

3.3.3 潜在活性

烧结法特殊的生产过程，使赤泥的化学成分、颗粒级配及物理力学等方面具有许多特性。其中最具重要利用价值的特性之一，就是赤泥的潜在水硬活性。

赤泥的活性来自氧化铝生产流程中的烧结过程。铝土矿、石灰石及碱粉在烧结过程中发生以下主要化学反应：

$$Al_2O_3 + Na_2CO_3 = Na_2O \cdot Al_2O_3 + CO_2 \uparrow$$

$$Fe_2O_3 + Na_2CO_3 = Na_2O \cdot Fe_2O_3 + CO_2 \uparrow$$

$$SiO_2 + 2CaO = 2CaO \cdot SiO_2$$

同时还生成部分铝酸三钙、铁铝酸四钙等矿物。在熟料磨细浸出过程中，$Na_2O \cdot Al_2O_3$ 及 $Na_2O \cdot Fe_2O_3$ 均溶于溶液，而 $2CaO \cdot SiO_2$（简写 C_2S，即硅酸二钙）则以 β 相进入赤泥，成为赤泥中最重要的水硬性矿物。与硅酸盐水泥相同，硅酸二钙（C_2S）、铝酸三钙（C_3A）、铁铝酸四钙（C_4AF）均属于水硬性胶凝矿物。但由于铝氧熟料磨细后，赤泥即以固液混合态存在。固液间已发生一系列接触反应，形成部分硅酸钙凝胶及水化铝酸钙，从而使赤泥的外在属性与火山灰质材料相似，具有微弱的水化活性。实验室自然状态下的赤泥可在 1 ~ 2 个月内保持浆状而不凝固，经 3 ~ 6 个月后才凝固硬化。

由于赤泥具有潜在活性的特性，则可通过加热活化、添加活性激化剂活化等方法，使赤泥的活性得到激化和提高。添加活性激化剂的方法对矿山充填更具重要意义，它可使赤泥不经煅烧而直接加以利用。同时，由于矿山充填时充填料以浆状输送至井下，含有一定水分的赤泥可满足技术要求。因而，可省去热耗大、成本高的烘干过程。

最常用的赤泥活性激化剂有碱性激化剂石灰（CaO）和酸性激化剂石膏（$CaSO_4 \cdot 2H_2O$），均对赤泥的活性激化具有显著作用。在赤泥中加入 CaO 和 $CaSO_4 \cdot 2H_2O$ 后，β-C_2S晶粒吸附 Ca^{2+} 形成饱和溶液，且 Ca^{2+} 侵蚀破坏已生成的水化膜，直接和 β-C_2S 未水化的活性表面接触而生成新的 C · S · H 凝胶。与此同时，赤泥中的其他矿物和 C_4AF 也在 CaO、$CaSO_4 \cdot 2H_2O$ 作用下生成大量水硬性硅酸盐、铝酸盐胶凝体，从而使赤泥产生水化活性。赤泥的水化铝酸钙 C_3AH_6 等原有水化矿物，亦可在活化剂作用下生成早期强度较高的三硫型硫铝酸钙 $C_3A \cdot 3CaSO_4 \cdot 32H_2O$（钙矾石）及其他水化物。

上述反应使赤泥中原存在的自由水转变为结晶水、胶凝水，最终使赤泥凝结硬化。正是由于赤泥的上述物化特性，构成了赤泥作为矿山充填用胶凝材料的基础。

3.4 高炉矿渣

高炉矿渣又称矿渣或水淬渣，是炼铁过程中排放的固体废物。高炉炼铁时，除铁矿石及焦炭外，还需加入相当数量的石灰石或白云石作为熔剂。在高温下，石灰石或白云石分解所得的 CaO 或 MgO 与铁矿石中的杂质成分（主要是 SiO_2），以及焦炭中的灰分相互熔化在一起，生成主要矿物为硅酸钙（或硅酸镁）、硅铝酸钙（或硅铝酸镁）的熔融体。其密度为 2.3 ~2.8g/cm^3，远较铁水轻，因而浮在铁水上面，并从炼铁炉排渣口排出。经水急冷处理而形成松散的颗粒，称为粒化高炉矿渣，简称矿渣，又称水淬渣或水渣。

矿渣的化学成分主要为：

CaO 38% ~46%；SiO_2 26% ~42%；Al_2O_3 7% ~30%；MgO 4% ~13%

慢冷的矿渣结晶良好，基本上不具备水硬活性。而急冷的矿渣（水渣）则主要由玻璃体组成，其中有硅酸二钙（C_2S）、硅铝酸钙（C_2AS）等潜在水硬性矿物。

在矿渣中添加硅酸盐水泥熟料、石灰、石膏、普通水泥等活性激化剂，可发生水化反应，从而可加工成矿渣胶凝材料。

矿渣胶凝材料的水化过程可简化描述为：矿渣胶凝材料调水后，首先是熟料矿物发生水化反应而生成水化硅酸钙、水化铝酸钙、氢氧化钙等；氢氧化钙是矿渣中潜在水硬活性矿物 β-C_2S 等的碱性激化剂，它可解离矿渣玻璃体的结构，使玻璃体中的各类离子进入溶液，从而生成新的水化物，如水化硅酸钙、水化铝酸钙、水化硅铝酸钙（C_2ASH_8）及水化石榴子石等，当有石膏存在的条件下，还可生成钙矾石；这些水化产物的生成，使矿渣亦参与水化反应，共同使凝胶结构物产生凝结硬化。

参考文献

[1] 周爱民，等. 丰山铜矿分段碎石胶结充填采矿法试验研究报告[R]. 长沙：长沙矿山研究院，1996.

[2] 国家安全生产监督管理总局. 全国金属非金属矿山尾矿库调查的基本情况[R]. 北京，2005.

[3] Fall M，Benzaazoua M，Ouellet S. Effect of Tailings properties on Paste Backfill Performance[C]. Proceedings of the 8th International Symposium on Mining with Backfill. Beijing：2004，193 ~201.

[4] Zhang Qinli，Wang Xinmin，Tian Minghua. A Study on Influence of Sulphide Minerals on Strength of Backfill[C]. Proceedings of the 8th International Symposium on Mining with Backfill. Beijing：2004，224 ~226.

[5] Yilmaz E，Kesimal A，Ercikdi B. Strength Development of Paste Backfill Samples at Long Term by Using

Two Different Binders[C]. Proceedings of the 8th International Symposium on Mining with Backfill. Beijing: 2004, 281 ~285.

[6] Li P, Villaescusa E, Tyler D. Factors Influencing the Quality of Minefill for Underground Support[C]. Proceedings of the 8th International Symposium on Mining with Backfill. Beijing: 2004, 248 ~252.

[7] 尹慰农，等. 凡口铅锌矿全尾砂充填试验研究报告[R]. 长沙：长沙矿山研究院，1990.

[8] 周爱民，等. 铜录山铜矿露天与地下联合开采技术报告[R]. 长沙：长沙矿山研究院，2000.

[9] Wang Fanghan, Yao Zhongliang. An Experimental Study on Technology and Circuit of Unclassified Tailings Paste Filling[C]. Proceedings of the 8th International Symposium on Mining with Backfill. Beijing: 2004, 67 ~73.

[10] 周爱民，等. 高效低耗胶结充填技术[R]. 长沙：长沙矿山研究院，2001.

[11] 周爱民，姚中亮. 赤泥资源化开发前景——赤泥用作矿山充填工程材料[C]. 长城铝业公司技术创新院士行报告文集. 郑州：国家经贸委，2000，12.

[12] 姚中亮，等. 阿舍勒铜矿充填材料试验研究[R]. 长沙：长沙矿山研究院，2008.

[13] 姚中亮，等. 吴集铁矿高浓度结构流尾砂胶结充填试验研究[R]. 长沙：长沙矿山研究院，2009.

[14] 姚中亮，等. 莱新铁矿高浓度结构流尾砂胶结充填试验研究[R]. 长沙：长沙矿山研究院，2009.

4 固废胶结料强度

4.1 胶结料强度因素

矿山固体废物作为胶结充填料，其中废石和尾砂只能作为充填料的集料，赤泥则具有自胶结特性，可以作为胶凝材料。对于以废石和尾砂作为集料的胶结充填料，影响其胶结强度的主要因素有四个：胶凝材料用量、集料粒级组成、用水量和养护龄期。赤泥胶凝材料的胶结强度性能，则主要取决于赤泥存放期、激化剂和养护龄期等因素。

矿山胶结充填体属低标号混凝土，胶凝材料的用量远远没有达到饱和。因而，在矿山胶结充填过程中，胶凝材料用量对充填体的质量影响最大。随着胶凝材料用量的增加，充填体的力学强度增长很快。目前国内矿山主要以水泥作为胶凝材料（下面主要以水泥为例进行分析），占充填料的成本比例较高（表 4-1）。在保证一定强度的前提下，尽可能地降低水泥用量，可以有效地降低成本。

表 4-1 部分矿山固废胶结充填水泥用量

矿山名称		集料类型	水泥用量	R_{28}/MPa
奥地利布莱堡矿		废　石	50～60kg/m³	2.0～4.0
德国	格隆德矿	废石加浮选尾砂	3%～5%	2.0～5.0
	拉梅贝格矿	废　石	3%	2.0
土耳其乌卢达钨矿		废　石	5%	2.37
中国	丰山铜矿	废　石	103kg/m³	3.0
	铜坑锡矿	废石加磨砂	102kg/m³	3.23
	龙首镍矿	戈壁集料	15%	2.47
	金川二矿	尾砂加棒磨砂	220kg/m³	≥4.0
	凡口铅锌矿	全尾砂	灰砂比 1∶4～1∶5	2.4～3.8
	铜录山铜矿	全尾砂加铜炉渣	180kg/m³	3.3～3.6

集料的粒级组成是影响固废胶结充填体强度的另一个重要因素。在合适的级配条件下，较大的粒径集料可以获得较高的强度。在同等水泥用量条件下，废石集料的胶结充填体，要比尾砂集料的胶结充填体的力学强度高得多。合理的集料级配可以得到最好的密实效果，因而能得到较高的力学强度。对于废石集料，合理的含砂率能提高密实效果，可以通过添加细料改善集料的级配。但每座矿山所用的废石集料和尾砂条件不一样，最大粒径也不相同。所以，废石充填集料中是否加砂，以及合理的细砂加入量，需要根据矿山的具体情况而定。合理的细砂加入量还与充填料的最大粒径、集料的级配、砂料的贮存、运输方法等诸因素有关。

水量对充填体的强度影响很大，并且是一项技术含量高的因素。当进行充填料配合时采用合适的用水量，可以实现低成本、高质量充填。以往沿用混凝土学的基本理论，采用水灰比参数表征水量对充填体的影响。但由于矿山胶结充填料的水泥用量远远未达到饱和，在水灰比不变的情况下增加水泥用量时，其力学强度会显著提高。因而用水灰比指标已不能很好地表征矿山充填料力学强度与水量之间的相关关系。因此，采用每立方米充填料用水量指标来表征水量对充填体强度的相关影响更为科学合理。

一般说来，充填料用水量越大，胶结充填体的最终强度将会越低。但水量也不能太少，否则会使水泥的水化反应不完全，降低其胶结强度。

当然，充填料用水量还受到充填料输送工艺和采场充填工艺制约，要求充填料具有合理的输送性能。只有当输送工艺对充填料的可输性没有流动性要求时，如采用运输车辆输送废石胶结充填料，才能从充填料的力学强度出发实现最佳用水量配合。

胶结充填体的养护龄期与胶凝材料类型相关。但不论对于哪种胶凝材料，养护龄期越长其力学强度越高。不过当达到一定龄期后，充填体的力学强度值的增长量很小，趋于稳定。采矿工艺要求充填体强度快速增长的养护龄期越短越好。

4.2　废石胶结料配合

废石胶结充填料的主要组分为废石、水泥（或其他胶凝材料）和水，这三种组分的不同配合将获得不同的强度指标。废石胶结充填料配合的基本原则是要求获得成本尽可能低而力学强度尽可能高的效果。正如上述，水泥量是制约充填体强度的关键组分，同时也是主要的成本因素。水泥用量的基本原则，是在满足强度要求的前提下尽可能降低水泥消耗。集料的级配和用水量也将影响到充填体的强度指标，尤其是水量对充填体强度的影响非常显著。由于水的材料成本费相对低，对充填体强度的影响却相当显著，因此在充填料配合时往往进行重点控制。集料的级配效果好，可以获得好的强度指标。但若需增加配料工序才能达到改善级配效果的目的，则需要进行综合分析方可评价其优越性。

4.2.1　胶结体特性

废石集料的配合往往不会十分密实，使胶结充填体内部存在着一些孔隙和许多蜂窝状孔洞，因而它具有一些特殊的物理与力学性能。

（1）收缩性。废石胶结充填体的固结收缩要比细砂充填体小，而且绝大部分的收缩量在早期完成。这是因为废石胶结充填体中的孔隙大、干燥快。

（2）力学特性。废石胶结充填体的抗压强度比细砂胶结充填体高，但抗拉强度低，而且由于存在大量孔洞，集料之间是点接触，所以它的握裹力小。

（3）力学参数的统计特征。用于矿山充填的废石料一般为自然级配，其配合不密实。因而，废石胶结充填体力学参数的离散性大，这是一个较大的弱点。为了满足一定的安全度，就不得不增加标号，增加的幅度与离散率有关。

4.2.2　组分效应

4.2.2.1　水泥浆体

水泥只有和水混合形成浆体，通过水化反应硬化后，才能达到一定的胶结强度。

水泥浆体是由凝聚的水泥水化产物，如凝胶和氢氧化钙结晶，以及一些次要组分、未水化的水泥颗粒核芯、孔隙以及填充在孔隙间的水分所组成。因此，水泥浆体是由固相、液相、气相共同组成的矿物胶。它能把分散的集料胶结起来，经过凝结和硬化过程形成坚固的混凝体。而水泥浆体中水泥的水化程度、胶凝成分的质量和数量、孔隙的分布和数量对胶结体的结合强度有决定性的影响。

A 水泥浆体结构的形成

水泥浆体结构的形成过程，若简单地描述，可按物质的变化分为三个阶段，即潜化期、凝结期和硬化期。潜化期是指在正常条件下水泥和水接触以后很快就会发生化学反应的过程，一般在1h之内。不过这时的反应在表观上无法察觉，水泥浆体保持可塑性，处于潜伏的低活动状态。凝结期在1~24h之间，水化的水泥颗粒之间开始粘连。这期间的水泥水化产物交织成初期的网状结构，塑性逐渐降低。硬化期在24h以后，进一步形成刚性整体凝胶结构，力学强度随时间而不断增长。

B 水泥浆体的基本性态

潜化期的水泥浆体是不稳定结构，会有泌水现象，到凝结期就形成了基本结构，硬化期则是稳定结构。在这三种结构之间还存在两种过渡结构形态，即不稳定结构向基本结构的过渡结构，基本结构向稳定结构的过渡结构。

充分水化的水泥浆体中，主要物质是长纤维状CSH凝胶，约占70%，另有氢氧化钙结晶约占20%，钙矾石、低硫铝酸钙约占7%，其余则是未水化的水泥和次要组分。

新拌水泥浆的水泥颗粒堆聚成团，呈絮凝状态。这时，水泥粒子相互接触，但是粒子之间由一层很薄（小于1nm）的水膜相隔。这种网状絮凝结构的形成主要是ξ-电势和分子聚合力的复合作用，已具有一定的抗剪强度、抗拉强度和黏结强度。按照流变学概念，新拌水泥浆体接近宾汉姆体。

硬化后的水泥浆体中存在大量孔隙，而孔隙中又含有水分。孔隙包括较为粗大的毛细孔和较细的凝胶孔。

毛细孔的孔径为0.1~1.27pm，遍布于水泥浆体之中。毛细孔中的水分是游离水。水灰比越大，毛细孔越多，导致胶结强度降低。这就是用水量偏大使胶结充填体强度降低的主要原因。较细的凝胶孔的计算孔径为1.4~2.8nm，平均为1.8nm。水化的纯硅酸盐水泥凝胶孔约占凝胶总体积的28%，基本上是一个常数。

凝胶孔中的水分是吸附水。水泥水化产物中的化学结合水，则是固体的一部分。水泥的水化程度随时间加深，凝胶的数量和结构也发生变化，总的趋势是凝胶增多，搭接增强，浆体变硬。凝胶体积约为原来的未水化体积的2.2倍，填塞浆体中毛细孔隙，又使凝胶网状骨架增加。这就是水泥浆体随时间增长，水化程度深化，致使强度提高、孔隙率和渗透比下降的简单解释。

4.2.2.2 充填集料

充填集料是废石胶结充填体的主要组分，其质量比达90%左右。根据混凝土学的观点，在水泥浆体和集料的组合结构中，水泥浆体是分散介质，集料则是分散相。显然集料将构成充填体的骨架，并通过密集效应、构架效应、界面效应和混合效应对充填体的力学强度产生影响。

A 密集效应

混凝土科学的研究表明，最大的混凝土体积密度和最低的孔隙率可使混凝土获得最好的力学性能。对于非饱和水泥用量的充填体而言，充填体的体积密度将主要取决于集料的密集效果，而不能依靠水泥浆体填实集料中的孔隙以提高体积密度。就是说，应该尽可能按照几何学的原理，使各级分散的集料能相互嵌布形成密实的充填体内部骨架结构。按此原理要求，充填体中的小颗粒应刚好填满大颗粒间的空隙。最好的效果是小颗粒既不过多以至于产生楔塞和支撑作用，使得较大颗粒之间存在间隙或使颗粒分布不均匀；又不过少而使得大颗粒之间的空隙不能被填充满而形成较多的孔隙。所以，理想的集料级配应使充填体获得最大的体积密度和最小的孔隙率。这种级配集料可以使胶结充填体获得最高的力学强度指标。

B 构架效应

最大粒级的颗粒将构成充填体的基本骨架。这种刚性骨架的网络作用直接影响到充填体的强度、弹性模量、变形性能、整体性和均匀性，这就是集料的构架效应。显然，若完全由最大级粒径的集料构成这种基本骨架，则可获得较好的构架效应。过多的颗粒楔塞在这种基本骨架之间，将减弱这种构架效应。

C 界面效应

集料的表面特性，特别是集料的表面糙度和集料的总表面积，将显著地影响集料和水泥浆体的黏结强度，这就是集料的界面效应。当集料的总表面积增大，消耗的水泥将增多，同时也可提高水泥浆体和集料界面的黏结力。但在水泥耗量不增加时，则因表面积增大而使其黏结力减弱，强度降低。因充填体属贫混凝土类型，水泥用量很低，则选用较大平均粒径的集料可以获得较高的力学强度值。因而，其最大粒径一般宜大于35mm。但另一方面，在粒径较大的集料的表面上，容易截留多余水量，这对高标号混凝土是不利的，将会在界面上形成孔隙，使黏结力降低。然而对于低标号的充填体，则不利的影响程度减弱。尤其是大采场充填体所要求的主要是其整体承载性能，这种情况下的废石充填集料的最大粒径达到300mm也是允许的。

D 混合效应

废石胶结充填新工艺往往采用直淋混合技术制备胶结充填混合料，因而集料的级配对直淋混合效果具有重大的影响。当集料中细粒级含量太多，不利于浆料（水泥浆或砂浆）的渗入；当集料中细粒级含量太少，则不利于保留浆料。这两种情况均对混合效果不利。有利于混合的集料级配应该是允许浆料有一定的渗入深度，但又不至于使浆料流失。一般采用废石水泥浆充填工艺时，因水泥浆的流动性好，渗透力强，故集料的孔隙度可相应小一些；采用废石砂浆充填工艺，则要求集料的孔隙度较大，以利于砂浆能有效地混入集料之中。

4.2.3 充填料级配

4.2.3.1 级配理论

废石胶结充填料配合的目标，是以尽可能低的成本费用获得满足采矿工艺要求的最佳工作特性和力学性能指标。混凝土配合设计的经典理论，如富勒与保罗米的理想级配理论和魏莫斯的粒子干扰学说，均从物料的粒度和级配出发，以获得最大的堆积密度、最小的孔隙率和最大的强度值为目标。长沙矿山研究院采用自然级配的废石集料作为试样，开展了一系列废石充填材料的试验与研究，揭示出自然级配废石胶结充填料的集料级配与力学强度之间的一些相关规律。废石胶结充填集料的级配，可以借鉴这些经典的混凝土级配理论和废石胶结充填材料试验所取得的一般规律。

A 富勒的理想级配理论

20 世纪初，美国学者 W. B. 富勒等经过大量筛分实验，提出了最大堆积密度的理想级配理论，该理论认为混凝土的固体材料和水泥粉料必须连续地按粒度大小有规则地组合排列，并符合式（4-1）的关系：

$$(P-7)^2 = \frac{b^2}{a^2}(2a - d^2) \tag{4-1}$$

式中 P——材料通过筛孔 d 的比例；

d——筛孔孔径，mm；

a，b——椭圆曲线的横轴和纵轴，视集料种类而定，mm。

富勒后来将式（4-1）改进和简化为抛物线，其式为：

$$P = 100\sqrt{\frac{d}{D}} \tag{4-2}$$

式中 D——集料的最大粒径，mm。

瑞士的保罗米则为了体现集料种类的特性和混凝土稠度的不同，又提出了改进型抛物线模式：

$$P = A + (100 - A)\sqrt{\frac{d}{D}} \tag{4-3}$$

式中 A——常数，取决于混凝土的稠度和粗集料的种类，实质上为水泥和细砂的比例；

其他符号意义同前。

B 粒子干扰学说

20 世纪 30 年代，美国的 C. Weymouth 认为，混凝土在拌制过程中，较大粒径的粒际距离会受到较小粒径的干扰。干扰的原因，一是较小粒径的颗粒过多；二是较小颗粒的楔塞和支撑作用，都能使较大颗粒粒际距增大，使颗粒分布不均匀。因而他认为，最佳的混凝土级配应该是某一级集料的平均粒径加集料周围水泥浆的厚度之和，等于较大一级集料的空隙内径。此时小颗粒刚好填满大颗粒的间隙，而又不发生干扰现象，其体积密度最大。根据这一假设建立的级配方程为：

$$V_1 = \frac{V}{\sqrt[3]{\frac{t+D}{D}}} \tag{4-4}$$

$$t = D_1 + 2C$$

式中 D——较大一级集料的平均粒径，mm；

D_1——次一级集料的平均粒径，mm；

V——较大一级集料的绝对体积，mm^3；

V_1——次一级集料的绝对体积，mm^3；

t——较大一级集料的粒际间距，mm；

C——包裹集料的水泥浆体的厚度，mm。

C 废石胶结料级配模型

选用丰山铜矿露天采场的剥离废石，主要为花岗闪长斑岩和白云质大理岩，经破碎至 -40mm 后用作废胶结充填集料的试样（表 4-2），在最佳用水量条件下，结合水泥用量因素开展的废石充填料级配因素的强度试验（表 4-3），反映了掺砂改变废石级配效果对试块强度指标的影响规律。经对试验结果进行回归分析后获得 28 天龄期单轴抗压强度模型为：

$$R_{28} = 1.875 + 0.021C + 0.017P - 0.001P^2 \tag{4-5}$$

$$50 \leqslant C \leqslant 100 \qquad 0 \leqslant P \leqslant 18$$

式中 R_{28}——28 天的试块单轴抗压强度，MPa；

C——每 $1m^3$ 充填体水泥含量，kg/m^3；

P——自然级配废石集料中的掺砂率，%，试验掺砂为自然分级尾砂。

表 4-2 废石试样粒度组成

粒径/mm	40	30	20	15	10	5	2	0.9	0.45	0.28	0.15
分计/%	11.19	13.86	25.13	7.45	8.51	11.62	5.43	5.99	3.30	1.89	1.96
累计/%	100	88.82	74.96	49.83	42.38	33.84	22.70	12.27	11.28	7.98	6.09

表 4-3 废石胶结充填料试块抗压强度

序 号	水泥含量 /kg·m^{-3}	砂率/%	单轴抗压强度/MPa		
			3d	7d	28d
1	56	2.2	1.095	2.051	2.870
2	56	15.8	1.130	2.310	2.903
3	94	2.2	1.677	2.657	3.596
4	94	15.8	1.637	2.013	3.653
5	50	9	1.217	2.117	2.773
6	100	9	1.947	3.080	3.913
7	75	0	1.387	2.395	3.226
8	75	18	1.357	2.247	3.274
9	75	9	1.487	2.510	3.362
10	75	9	1.430	2.593	3.351
11	75	9	1.473	2.479	3.367
12	75	9	1.481	2.501	3.356
13	75	9	1.502	2.513	3.390

D 废石级配原则

式（4-1）~式（4-4）均是针对混凝土的全粒级提出的级配方程，包括了水泥粒级。但胶结充填体的水泥含量很低，因而这些级配方程可以作为废石胶结充填料理想的集料级配条件。而式（4-4）中的包裹集料的水泥浆体的厚度 C 可忽略不计。

矿山充填由于受成本的限制，按照理想级配配制集料是不现实的。故矿山充填过程中往往因地制宜地采用一些廉价的、但级配效果相对较差的集料，如自然级配的掘进废石或经破碎后的自然级配废石。当然，在集料加工成本不增加或增幅不大的条件下，调整破碎流程或经简单筛分，以改善集料级配效果，仍然是废石胶结充填技术所致力于研究的主要内容。

对于改善集料级配效果使成本有所增长的情况则存在最优化问题，即在加工集料使成本增加与改善集料级配效果后减少水泥耗量所节省的费用之间存在最优点。当然，还需综合考虑工艺的简易性与复杂性等因素。

式（4-5）表明在丰山铜矿 -40mm 自然级配的废石中掺砂，虽然能使充填料试块的单轴抗压强度有所提高，但其增值很小。综合考虑到增加掺砂工序将使工艺复杂化，宜采用自然级配的废石料作为充填集料。在工业生产过程中还可采用井下掘进废石直接作为充填集料。因此，在应用矿山废石作为充填集料时，存在着多种可选级配方案。

4.2.3.2 废石级配设计程序

废石胶结充填集料级配设计的一般程序，并不着重于各级集料的配合计算，而在于其配合试验与分析程序。这是与混凝土集料配合设计有很大区别的，也比混凝土集料的配合设计要复杂得多。一般可按如下程序进行：

（1）针对不同的破碎流程进行粒级筛分试验。破碎流程包括不经破碎、一段破碎、两段破碎（或三段破碎，较少采用），以及各段之间设或不设筛分工序。破碎流程不一样当然会对破碎后的废石粒度组成有较大的影响，可根据原材料的硬度和块度特性选择二至三种流程进行试验。

（2）利用不同自然级配的集料进行充填体试块力学性能指标试验，一般情况下可选择单轴抗压强度指标进行试验。试块试验要求各组的用水量和水泥用量相同。

（3）在自然级配的基础上进行掺砂后的试块单轴抗压强度试验。通过这一试验步骤，应寻找出水泥用量相同的条件下具有最高力学性能指标值的掺砂率，即在自然级配基础上的掺砂率。

（4）结合充填工艺和充填系统的基建投资进行经济分析和综合分析。最终选取的级配必须使矿山获得最佳经济效益。综合分析应考虑工艺的复杂性和可靠性。掺砂往往必须增加工序，如砂料的取料与加工、贮存、输送和添量控制等，使充填工艺复杂化。而系统越复杂，其可靠性程度相应降低，基建投资和经营成本也会相应增加。

以上 4 个步骤为一般程序，但若经级配理论分析和类比研究可以得出结论，亦可省去第（3）步。

由于每座矿山的废石条件和工艺条件都存在差异，因而第（4）步骤最为重要。对于具体的矿山条件来说，需要根据其集料来源通过配合试验和经济分析后方可确定其集料类型及其粒度组成。所以，对于矿山充填，很难采用一种通用的集料级配准则来统一地描述合理的级配所应满足的条件。在服从经济效益最优的总体原则下，不同的矿山原料条件和充填工艺条件下的合理级配可能各不相同。

丰山铜矿的废石料掺入外加砂可以提高充填体力学强度，但经过综合分析后，在工业应用中仍采用无外加砂的自然级配矿山废石作为充填集料。基德克里克矿在实际应用中采用流纹岩和安山岩破碎到 -150mm 后作为充填集料，要求 -10mm 粒级占 25% 的质量比。但一段破碎后的集料粒级级配并不满足要求，通过掺砂试验表明，在集料中掺入 5% 的冰河砂，其强度可提高 40%。但掺砂量达到 30% 时，其强度值将会降低到 66%。考虑到掺砂后强度增幅较大，而冰河砂在矿山附近可采集到，并且冰河砂粒径比尾砂粗，比冲积砂细，平均渗透速度 15cm/h，少掺量调制的水泥浆在输送时不会发生凝固，还可有效地充填到废石颗粒的空隙中。因此，基德克里克矿在部分采场的充填过程中，水泥浆料中掺入 5% 的冰河砂。

在丰山铜矿和基德克里克矿两个应用例中，前者废石集料的最大粒径为 40mm，-5mm的细粒级占 22.7%，级配比较合理，故加砂后使充填体的强度增幅较小；后者所用集料粒径更大，其中的空隙较多，故加砂后强度增幅较大。可见，由于矿山充填条件多变，制约因素复杂，在制定集料级配方案时，难以通过简单的理论计算即可确定，而需要结合具体的材料条件和工艺过程，进行试验和技术经济分析。当然矿山所积累的应用经验相当有用，可供借鉴类比。

4.2.4 用水量

水是充填料的一种不可缺少的组分，必须由它与水泥（或其他胶凝材料）混合后制成浆体，才能将松散集料胶结成一个整体。水对胶结体强度的影响还具有一个明显的特点，即几乎与成本无关。也就是说合理的用水量可以在不增加成本的条件下使充填体的力学强度提高。因此，采用最佳用水量往往是节约成本的重要因素。

对输送性能有一定要求的胶结充填料，水的作用不仅仅是将水泥水化，而且必须使充填料满足一定的输送性能。于是，其用水量往往大于获得最大力学强度值所需水量。废石胶结充填一般采用集料与浆料分流输送工艺，对输送性能无特殊要求，用水量的唯一目标是获得最大的胶结强度。因此，对于废石胶结充填工艺来说，最重要的是需要确定可使充填体获得最大力学强度值的最佳用水量。

研究表明，在一定的废石料条件下，对应一个水泥用量水平，随着水量由小到大的变化，充填体试块单轴抗压强度将有一个从小到大，再从大到小的变化过程（图 4-1）。最佳用水量随水泥用量的增大，在不考虑废石用量的改变引起吸水量的微弱变化时，将构成一条斜直线。不同的废石所具有的吸水能力不一样。显然，以强度为唯一目标的最佳用水量由水泥水化水量和集料吸水量两部分组成，其计算公式可构建为：

$$W = K_c C + K_g G \tag{4-6}$$

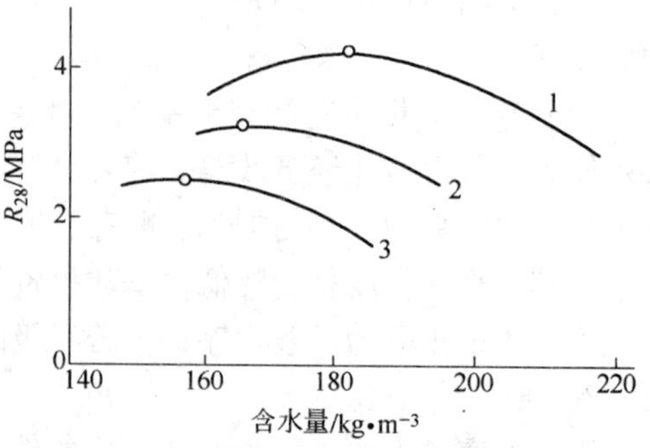

图 4-1 废石胶结充填体强度与用水量关系

1—水泥耗量为 100kg/m³；2—水泥耗量为 75kg/m³；3—水泥耗量为 50kg/m³

式中 W——使充填体获得最高强度值的单方用水量，kg/m^3；

K_c——水泥水化系数；

C——水泥用量，kg/m^3；

K_g——集料在全干状态下的饱和吸附水系数；

G——集料用量，kg/m^3。

在工业应用中，确定最优用水量最可靠的方法是针对确定的充填集料，按不同的水泥用量水平进行不同用水量的充填料试块强度试验，做出图4-1的最佳用水量曲线。但这种方法的试验工作量大，按式（4-6）计算最佳用水量可作为一种重要参考量。式（4-6）中的系数 K_c 对于各类水泥均有标准可循，因而只需要测定集料的饱和吸附水系数 K_g 即可。

水泥水化系数 K_c 可根据国家标准 GB 177—1985 水泥胶砂强度检验方法取0.44，也可通过实验测定。

集料的吸附水系数 K_g 则与集料的物理特性相关。集料的比表面积越大，其吸附水量越大，需要通过实验才能确定。如丰山铜矿自然级配废石集料的吸附水系数为0.07，因此，在丰山铜矿废石条件下的最优用水量计算公式可表示为：

$$W = 0.44C + 0.07G \tag{4-7}$$

当然，在不做系列试验时，采用式（4-6）计算出最佳用水量后，有选择性地做少量验证试验，也可减少试验工作量。

值得指出的是，上述用水量均是在集料为全干状态下的用水量，即 K_s 是集料为全干状态下的吸水系数。所以，在实际应用时应考虑到集料自身已有的吸水量。

4.2.5 水泥用量

水泥用量可以说是充填料配合设计的核心。水泥用量既是决定充填体强度的关键指标，又是影响充填成本的最重要因素。我国胶结充填成本相对较高，其中主要原因之一就是水泥耗量所占成本比例高达60%左右。因此，降低水泥耗量已成为我国胶结充填技术领域的一个主要研究课题。但减少水泥用量后会使强度指标显著降低，这是与工艺目标相反的。所以，合理配合的目标是应该以最低的制造成本使胶结充填体的力学性能满足采矿工艺要求。

为了实现这种合理配合，则需要解决两个主要问题：其一，采矿工艺所要求的最低力学强度值，这是目前矿山岩体力学致力于解决的课题；其二，则是充填体所能达到的最高强度指标。充填体的水泥用量计算模型就是要建立抗压强度与相关因素之间的关系，为配合设计提供计算水泥用量的依据。

根据丰山铜矿自然级配废石胶结充填料试块单轴抗压强度关于水泥用量和掺砂率双因素正交试验结果（表4-3）的相关研究表明，水泥用量与掺砂量对充填料试块强度的影响具有相对独立性，因而可以建立强度与水泥用量之间的关系式（4-8）。

$$\begin{cases} R_3 = 1.273 - 0.009C \\ R_7 = 2.309 - 0.015C \quad 50 \leqslant C \leqslant 100 \\ R_{28} = 1.875 + 0.021C \end{cases} \tag{4-8}$$

式中 R_3，R_7，R_{28}——分别为充填料试块 3 天、7 天和 28 天单轴抗压强度，MPa；

C——每 $1m^3$ 胶结充填料水泥用量，kg/m^3。

4.2.6 工艺因素

通过前面的讨论，已对废石胶结充填料的配合有了较为全面的认识，并且可据此进行配合设计。但在实际应用中，还有一些工程因素需要综合考虑。

（1）充填体强度。充填体的强度指标是充填料配合设计过程中确定水泥用量的前提条件。合理的取值应该是既能满足采矿工艺的要求，又不至于取值过高而多耗用水泥。但究竟以多高的强度指标才属于合理值，这是矿山岩体力学致力于研究解决的课题。并且采矿方法不同，其取值指标也不一样。因此，在实际应用中，应结合矿山岩体力学问题进行专题研究后确定充填体的强度指标。

（2）水泥浆浓度。采用废石水泥浆胶结充填工艺时，涉及水泥浆的浓度问题。一般地讲，当充填体的水泥用量、最佳用水量和废石集料的吸附水量确定下来后，水泥浆的浓度也就相应的确定了。但考虑到水泥浆的制备和直淋混合效果，则还是有必要综合分析。当水泥浆浓度过高，即使采用高效搅拌机也会在制浆过程中出现沉淀现象。当集料过于干燥，则直淋混合过程中遇到水泥浆时，由于吸水力太强，造成集料表层的浆体因水分太少而不能充分水化，导致强度降低。

因此，一方面应控制集料的用水量不宜太高，以免水泥浆浓度太高给造浆增加困难；另一方面则保持集料不过于干燥，以面干状态为佳，能达到良好的混合效果。

在水泥浆能够顺利制备的浓度条件下，一般不存在输送问题。若自流输送倍线不够，亦可借助泵送实现。

（3）输送工艺对集料级配影响。废石的输送往往充分利用自重因素。但重力输送过程中，由于废石的坠落冲击和互相碰撞而发生破裂，对集料级配的影响较大。因此，设计集料的级配组成必须考虑这一影响因素。

（4）自重充填对充填料级配影响。进行阶段采场充填时，充填料的落差大，采空区平面范围也较大。当充填料借助自重充入采场时，不但其集料块度受冲击力作用而发生破裂变细，而且充填料会在抛入采场的过程中产生分级。因而采场中充填体各区域的级配组成不同，水泥含量也不同，各区域的力学指标也不同。合理利用这一级配重组效应所造成的高强度区域的工程作用，可以降低充填综合成本。进行配合设计时必须充分考虑这一因素，扬长避短。

4.3 全尾砂胶结强度

4.3.1 胶结机理

全尾砂胶结充填料是指以不经分级脱泥处理的全粒级浮选尾砂作为充填集料的胶结充填料。

我们知道，分级尾砂充填是在管道两相流输送理论的基础上发展起来的，要求尾砂料浆的流动性好，其浓度应低于由两相流转为结构流的临界点。由于满足管道两相流的尾砂料浆含有较多的水分，需要在采场脱水，因而，要求充填料的渗透系数在 10cm/h 以上。

根据建筑混凝土材料理论，在砂浆中含有较多的细泥将很难与水泥充分混合，会使水泥耗量增加，所形成的胶结体的强度降低。因此，在分级尾砂充填料中不允许 -37μm 的细粒物料含量超过 30%，大量的细粒级尾砂需要分离后排往尾砂库。

显然，全尾砂作为充填料不符合上述要求。然而，结构流管道输送理论，以及物理化学理论和胶体化学理论，为全尾砂胶结充填工艺的发展奠定了新的理论基础。

当提高充填料浆浓度达到一定值，也即临界浓度时，料浆从两相流体转变为结构流体。根据管道水力输送的流体力学理论，为了获得结构流或似结构流体，最有效的办法则是启用细粒尾砂。因此，这为采用细磨浮选全尾砂制备可输送特性好的胶结充填料奠定了输送理论基础。

含有高比例细物料的全尾砂，存在大量的胶体颗粒，这种物质结构的特点是具有触变性。当全尾砂物料以固态存在时，物理化学作用的速度与物料颗粒的表面积成正比，即随着物料磨细程度而急剧增长。

从物理化学的观点来认识全尾砂和水泥等固体物料组成的混合料，属于一种具有触变性质的标准分散系。在相对静止状态下，混合料呈固态性质。在强力搅拌时，当作用于颗粒的机械冲击力超过分子之间的黏结力，充填料颗粒之间的内聚力将急剧减小；混合料浆中的固体颗粒便丧失其赖以组成整体介质的水膜，其固体分散体系被稀释而变成具有流动性（即液化）的溶胶状态；此时，混合料浆中的固体颗粒作激烈的伪布朗运动，使胶凝材料微粒分布均匀。与此同时，当充填料颗粒相互碰撞时，又会从颗粒表面剥落一些水化产物和结晶物，从而露出新的表面层继续产生新的水化作用，从而促使水化过程加强，活性得到更充分的利用，使水化反应完全。这就是全尾砂胶结料的物理化学与胶体化学原理，为实现全尾砂胶结充填奠定了胶结理论基础。

结构流全尾砂胶结充填料的胶结机理与分级尾砂的胶结机理完全不同。全尾砂胶结机理包括以下三个主要过程：

（1）沉缩。由于颗粒细、浓度高、料浆稳定性好，充入采场后没有粗细颗粒的相对运动，只是就地沉降和浓缩。

（2）水泥水化胶凝。水泥颗粒均化分散在全尾砂充填集料中，与水发生反应起到胶凝作用。

（3）泌水密实。在缓慢的泌水过程中，部分水逐渐被析出后，充填料颗粒间的密实度提高。

这三个过程决定了全尾砂胶结充填体具有以下三个重要特点：

（1）充填体内粒级分布均匀，水泥分布也均匀，没有粗、细颗粒的分层现象，因而充填体的整体性好，稳定性高。

（2）胶结充填料在固结硬化过程中具有泌水性，多余的水分被析出，不会存于充填料中使充填料长时间处于流体状态。

（3）多余的水是被逐渐析出的，所以不存在水泥流失问题。

4.3.2 活化机理

正如前述，全尾砂与水泥等固体材料组成的混合物料，是一种具有触变性质的分散系，在相对静止状态下，充填料呈固体性质。活化搅拌的作用机理就是通过高速搅拌和振动等机械作用，破坏全尾砂混合料颗粒赖以组成整体介质的水膜和分子之间的黏结力，将充填料浆的固体分散体系稀释成具有流动性的溶胶状态，使胶凝材料微粒均匀分布在充填料中，迫使水泥微粒互相碰撞，加速水泥颗粒的分散与水化。活化搅拌的作用机理和全尾砂混合料的触变稀释特性，为全尾砂胶结充填料制备成含水量少、流动性好和混合均匀的充填料浆奠定了理论基础。

在活化搅拌工艺中，双轴搅拌机常与高速活化搅拌机配套使用。全尾砂胶结料浆经双轴搅拌机进行初步搅拌后，再送入高速活化搅拌机进行强力活化。

双轴搅拌机通过改变搅拌叶片的送料流程，对充填料浆实行强制迂回搅拌，使黏性大的高浓度全尾砂充填料浆达到基体混合均匀，为下一步活化搅拌创造有利条件。

活化搅拌机工作时，转子杆以高速旋转。当全尾砂充填料浆进入到高速旋转的转子杆上时，由于转子杆以不同的线速度转动，与转子杆相互作用的充填料颗粒也具有不同的速度和运动方向。在高速旋转转子的强力作用下，成团颗粒被分裂，减小颗粒之间的黏着力，并且使水泥颗粒破裂，强化水泥的水化作用，从而改善充填料的强度特性和流动性，达到活化搅拌的目的。

试验结果表明，活化搅拌机转子转速、搅拌时间与充填料抗压强度及流动性存在显著的相关性。转子转速为1000～1500r/min制备的充填料浆，其试块抗压强度均有不同程度的提高。在灰砂比为1∶5、质量分数为75%～80%条件下，单轴抗压强度增长8.69%；当灰砂比1∶10时，单轴抗压强度平均增长12.91%。与常规搅拌设备的对比试验表明，28天龄期的单轴抗压强度提高了10%～24%，流动性提高4%～7.5%。经活化搅拌制备的全尾砂充填料混合均匀，其抗压强度变化率小于30%，可视为均质充填体；充填料流动性好，充填到采场后不需平场，而且表面光滑平整；充填体强度高，单位体积的水泥耗量可降低20%～30%。

4.3.3 强度因素

全尾砂胶结充填料的胶结强度取决于水泥的用量、料浆浓度、全尾砂的粒级组成和添加剂等因素。其中水泥的用量和料浆浓度起主要作用，搅拌工艺则具有关键作用。一般来说，因为全尾砂的物料粒度细，其表面积大，因而消耗的水泥量多，或者在相同水泥耗量的条件下，其强度低。

4.3.3.1 水泥量因素

全尾砂胶结充填料与废石胶结充填料的强度原理一样，当充填料中的水泥用量高，其强度必然高（表4-4、图4-2）。但是在同等力学强度下，全尾砂胶结充填料中的水泥耗量比废石胶结充填料更高。因此，水泥的添加量更是构成充填成本的主要因素，工程应用中必须通过试验来确定水泥的合理添加量，以保证既满足工艺要求，又能使充填成本最低。

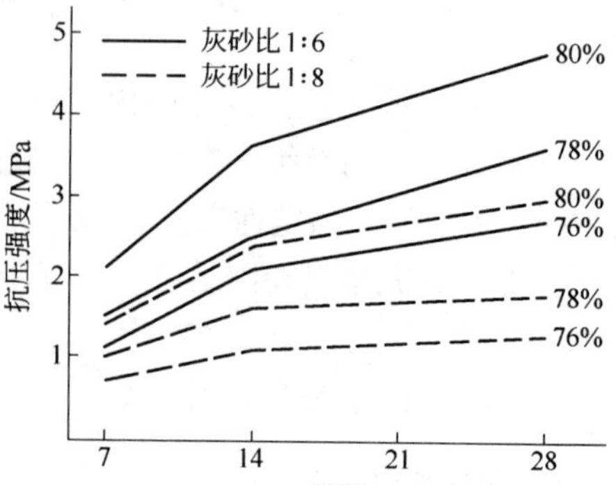

图4-2 铜录山铜矿全尾砂胶结充填料试块抗压强度

表 4-4 铜录山铜矿全尾砂胶结充填料试块强度

灰砂比	充填料质量分数/%	单轴抗压强度/MPa			灰砂比	充填料质量分数/%	单轴抗压强度/MPa		
		R_7	R_{14}	R_{28}			R_7	R_{14}	R_{28}
1:6	76	1.1	2.1	2.7	1:8	76	0.7	1.1	1.3
	78	1.5	3.0	3.6		78	1.0	1.6	1.8
	80	2.1	3.6	4.8		80	1.4	2.4	3.0

4.3.3.2 浓度因素

全尾砂胶结充填料浆需要通过管道进行水力输送，要求有足够的流动性。同时为了确保充填料浆在充填到采场后不出现分级、离析现象，在保有良好的流动特性的前提下，又要求充填料浆浓度高。一般的全尾砂充填料浆的水灰比在1左右，距离混凝土学中的饱和水灰比还有一定的距离。所以，提高全尾砂料浆的浓度，可以提高其力学强度（表4-4、表4-5）。原则上是在输送工艺可行的情况下，全尾砂充填料浆的浓度越高，对充填料的力学强度越有利。实际工业应用中一般以充填系统的最佳制备与输送浓度参数为依据尽量提高料浆浓度。

表 4-5 南京铅锌矿全尾砂胶结充填料试块强度

试块编号	充填料质量分数/%	坍落度/cm	灰砂比	试块体积密度/g·cm^{-3}	单轴抗压强度/MPa		
					3d	7d	28d
1	78.28	15.5	1:8	2.03	0.59	1.11	3.89
2	77.20	20.5	1:8	1.99	0.52	1.18	3.77
3	75.56	22.8	1:8	1.97	0.44	0.83	2.85
4	75.91	21	1:12	2.05	0.20	0.45	1.67
5	73.6	23	1:12	1.97	0.19	0.39	1.23
6	71.49	24.5	1:12	1.93	0.19	0.35	0.78
7	74.62	21	1:12	2.01	0.18	0.37	0.99
8①	74.62	23.5	1:12	2.02	0.18	0.41	0.99

①配方中添加木钙减水剂。

南京铅锌矿全尾砂胶结充填料试块强度试验表明，当料浆的质量分数为75%～78%、灰砂比为1:8、水泥消耗为160～180kg/m^{3}时，试块单轴抗压强度R_3、R_7、R_{28}可分别达到0.4～0.6MPa、0.8～1.0MPa、2.8～3.9MPa；质量分数为71.5%～75.9%、灰砂比为1:12、水泥消耗为120kg/m^{3}左右时，试块抗压强度R_3、R_7、R_{28}可分别达0.18～0.19MPa、0.35～0.41MPa、0.78～1.23MPa，分别是料浆的质量分数为68%条件下试块抗压强度的3～5倍（表4-5）。

4.3.3.3 粒度因素

A 全尾砂的细泥影响

全尾砂中的细泥含量较高，与分级粗尾砂相比，在相同高浓度条件下，达到同一强度所需的水泥耗量大约增加30%～40%。如采用金川尾砂库的自然分级粗尾砂作为充填集料，当质量分数为70%时，水泥耗量为180kg/m^3，28天的抗压强度为2.3MPa；而采用全尾砂作为集料，在相同浓度下达到相同强度的水泥耗量为250kg/m^3。若使全尾砂胶结料28天强度达到2.3MPa，水泥耗量降低到180kg/m³，则全尾砂胶结料的质量分数必须达到75%～76%；若使全尾砂胶结料的抗压强度达到4MPa以上，则水泥耗量需要300kg/m³以上。

B 添加粗集料的影响

全尾砂中加入部分粗集料，使粗细颗粒相搭配，细粒料填充粗粒料的孔隙，能明显提高充填料密实度，从而可提高充填体的力学强度，或在相同强度要求下降低水泥耗量。添加粗集料的类型与比例,对于强度指标也将有较明显的相关度。在铜录山铜矿全尾砂水淬渣胶结充填料中,水淬渣占40%的充填料试块强度,比水淬渣占30%的试块强度有所提高(表4-6)。

表4-6 铜录山铜矿全尾砂水淬渣胶结充填料试块单轴抗压强度①

灰养护期/d	充填料质量分数/%	单轴抗压强度/MPa	
		全尾砂：水淬渣 = 7：3	全尾砂：水淬渣 = 6：4
7	82	1.2	
	83	1.3	1.4
	84	1.4	1.7
	85		1.8
14	82	1.7	
	83	2.1	2.5
	84	2.3	2.8
	85		3.0
28	82	2.4	
	83	2.8	3.3
	84	3.2	3.6
	85		4.3

①灰砂比为1：10。

在金川镍矿的全尾砂中加入50%的-25mm碎石后，试块抗压强度达到4MPa的水泥耗量可以降低到150～180kg/m³(图4-3)；加入40%的碎石，其抗压强度明显低于加入50%碎石的充填料；而加入50%的-3mm棒磨砂，强度达到4MPa的水泥耗量只能降低到180～200kg/m³。

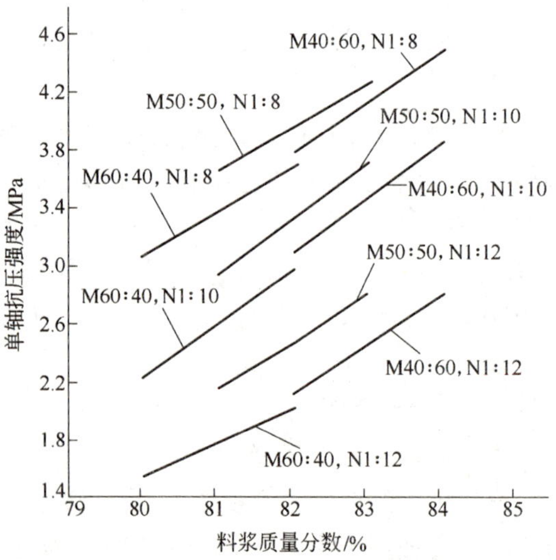

图4-3 金川镍矿全尾砂碎石胶结料试块强度

M—全尾砂：碎石；N—灰砂比

4.3.3.4 添加剂因素

用于全尾砂胶结充填料的添加剂主要有早强剂、减水剂，以及粉煤灰等。

早强剂的作用机理是与水泥矿物成分发生化学反应，加快水泥的水化反应速度和硬化速度。

减水剂多数为表面活性剂，吸附于水泥颗粒表面使颗粒带电。颗粒间由于带相同电荷而相互排斥，使水泥颗粒被分散，从而释放颗粒间多余的水，达到减水目的。另外，加入减水剂，在水泥表面形成吸附膜，影响水泥水化速度，使水泥晶体生长更完善，网络结构更为密实，从而提高水泥石的强度及密实性。在胶结充填料中掺入水泥量0.2%～0.5%的普通减水剂，保持和易性不变的情况下，能减水8%～20%，提高强度10%～30%。如果掺入水泥质量0.5%～1.5%的高效减水剂，能减水15%～25%，提高强度20%～50%。在保持水灰比不变的条件下，能使充填料的坍落度增加5～10cm。

在充填料的制备过程中使用外加剂时，外加剂应符合混凝土外加剂的国家标准（GB 8076—1987）。在选择外加剂的类型和确定其掺量时，应参照该标准进行对比试验，以满足充填材料和充填工艺要求。通常情况下，普通减水剂的适宜掺量为水泥质量的0.2%～0.3%，不得大于0.5%；高效减水剂的适宜掺量为水泥质量的0.5%～1.0%。

常用早强剂、复合早强剂和早强减水剂的组成与掺量见表4-7。

表4-7 常用复合早强剂和早强减水剂的组成与掺量

类型	外加剂成分	掺量/%
复合早强剂	三乙醇胺+氯化钠	(0.03～0.05)+0.5
	三乙醇胺+氯化钠+亚硝酸钠	0.05+(0.3～0.5)+(1～2)
	硫酸钠+氯化钠+亚硝酸钠+氯化钙	(1～1.5)+(1～3)+(0.3～0.5)+(0.3～0.5)
	硫酸钠+氯化钠	(0.5～1.5)+(0.3～0.5)
	硫酸钠+亚硝酸钠	(0.5～1.5)+1.0
	硫酸钠+三乙醇胺	(0.5～1.5)+0.05
	硫酸钠+二水石膏+三乙醇胺	(1～1.5)+2+0.05
	亚硝酸钠+二水石膏+三乙醇胺	1.0+2.0+0.05
早强减水剂	硫酸钠+萘系减水剂	(1～3)+(0.5～1.0)
	硫酸钠+木质素减水剂	(1～3)+(0.15～0.25)
	硫酸钠+糖钙减水剂	(1～3)+(0.05～0.12)

4.3.3.5 磁化水因素

20世纪40年代至70年代，苏联、美国和日本曾掀起“磁处理研究”热潮。经过大量的研究后，表明磁处理对水的许多物理化学性质，如折射率、电导率、介电常数、表面张力、黏度、红外吸收光谱等都有影响。磁处理会使水的结构发生变化。磁处理对溶解、结晶、润湿、凝结、蒸发、凝固及生物系统也产生影响。磁处理可使水系统显著活化，并能影响化学反应的动力学过程。

金川有色金属公司曾对矿山充填料进行了磁化水处理对比试验。试验结果表明，磁化水对于以棒磨砂为集料的胶结充填料的强度没有影响，而对于以尾砂为集料的胶结充填料试块强度有较大的影响。后者早期强度提高30%以上，中后期强度提高15%以上。其原因是尾砂中含有较多的铁、镍、钴等元素，而棒磨砂的化学成分中几乎不含上述物质。铁、镍、钴等金属是磁导率较高的金属，所以尾砂可使磁化水保持较长时间不衰减，从而可以充分地与水泥反应，提高了试块的强度。同样，含有较多铁元素的冶炼炉渣做充填材料时，磁化水也可以使其强度有大幅度的提高。

4.3.4　胶结料特性

4.3.4.1　基本物理特性

充填工艺应考虑的全尾砂胶结充填料的物理特性包括灰砂比、料浆的质量分数、料浆的密度、料浆的脱水率、充填体的体积密度、充填体的含水率和充填料组分配合比等参数。料浆脱水率为料浆沉降至最大浓度后，表面自由水体积与料浆原体积的百分比。充填体含水率为充填体试样烘干至恒重，所失水分与试样未烘干时原质量的百分比；通过试块进行测试含水率时，是将已脱模试块烘干至恒重，所失水分与试块未烘干时原质量的百分比。这些特性对胶结充填工艺和充填体质量均具有较为显著的影响。在进行充填系统设计时一般应通过试验取得这些参数（表4-8）。

表4-8　全尾砂胶结充填料基本物理参数①

试块编号	灰砂比	充填料质量分数/%	料浆密度/g·cm^{-3}	脱水率/%	试块体积密度/g·cm^{-3}	试块含水率/%	充填体材料消耗/kg·m^{-3}		
							全尾砂	水泥	水
1	1∶4	62	1.67	25.0	1.97	24.56	1189	297	484
2	1∶4	66	1.73	17.9	1.98	24.32	1198	300	482
3	1∶4	68	1.88	8.3	2.00	22.73	1236	309	455
4	1∶8	62	1.69	25.0	1.96	25.24	1300	162	498
5	1∶8	66	1.75	18.8	2.04	24.24	1374	172	494
6	1∶8	70	1.88	12.5	2.06	22.73	1415	177	468
7	1∶12	62	1.69	26.7	2.02	25.96	1381	115	524
8	1∶12	66	1.75	18.8	2.06	24.07	1444	120	496
9	1∶12	70	1.83	15.0	2.06	24.07	1444	120	496
10	1∶15	62	—	—	2.04	24.55	1443	96	501
11	1∶15	66	—	—	2.06	25.00	1448	97	515
12	1∶15	70	—	—	2.08	24.55	1471	98	511

①南京铅锌矿全尾砂料浆及试块基本物理参数。

4.3.4.2　胶结充填体均质性

结构流或似结构流全尾砂胶结充填料浆在充填过程中具有良好的整体性，无沟流和固液分离现象，充填体均质性好。

用强度变化率衡量胶结充填体强度的均质程度，根据式（4-9）计算。全尾砂胶结充填体的强度变化率一般均低于30%，相对于矿山工程应用和生产实践经验，可认为是均质的。通过对全尾砂胶结充填工业试验进行观察发现，对于前后两次充填时间相隔24h的充填体，由于全尾砂胶结充填料具有足够的黏结性，因而不产生分层结构，故全尾砂胶结充填体的整体结构好。

$$\delta = \frac{\sqrt{\frac{\sum_{i=1}^{n}(R_i - R_p)^2}{n}}}{R_p} \tag{4-9}$$

式中 δ——强度变化率，%；

R_i——任一试块的强度，MPa；

R_P——算术平均强度，MPa；

n——试验次数。

4.4 赤泥胶凝理论

4.4.1 强度特性

赤泥中均含有硅酸二钙等水硬性矿物，具有潜在的水硬活性，可以由碱性激化剂石灰（CaO）或酸性激化剂石膏（$CaSO_4 \cdot 2H_2O$）激化其活性而产生凝固强度。由于赤泥溶出工艺的差异，混联法赤泥粒径较烧结法赤泥粗，沉降脱水较快。

长沙矿山研究院的姚中亮教授针对多处赤泥采取试样 R_0、R_1、R_2、R_3，进行了多组配方的性能试验，并对赤泥的胶结强度进行了系统的研究。通过试验与研究，得到了以试样 R_0 为基料的两组强度性能与工作性能较优的赤泥胶凝材料配方。

第一组配方的主要成分为赤泥与石灰，以石灰作为赤泥活性的激化剂。这种赤泥胶凝材料的配合简单、加工及原料成本较低。一般在加入粉煤灰作为掺和料后直接用来作为矿山胶结充填材料。如果将其作为胶凝材料使用时，用量较高，故称为普通赤泥胶结料或普强赤泥。

第二组配方主要成分为赤泥、石膏、石灰、矿渣，以石膏和石灰作为激化剂。这种赤泥胶凝材料所需原料成分较多，加工成本较高，但其胶结性能更好，用于矿山充填时，与矿山尾砂混合甚至超过普通 42.5 级硅酸盐水泥的胶结性能。因此，可以作为矿山充填的胶凝材料，称为高效赤泥胶结料或高强赤泥。

4.4.1.1 普强赤泥强度特性

试验研究选用的赤泥试样为新鲜赤泥，存贮期不超过 10 天。

普强赤泥的基本强度特性为：粉煤灰添加量越多，前期强度越低，而 28 天以后差距缩小（表 4-9）；当粉煤灰与赤泥之比为 0.5，石灰与赤泥的最佳配比值为 0.25 时，无论是早期强度还是后期强度均达到最大值（表 4-10）。

添加碱性激化剂的赤泥胶凝材料最佳配合比为：

赤泥：粉煤灰：石灰 = 2：1：0.5；

最佳水灰比为 0.96，相应的料浆密度为 1.52g/cm^3；

初凝时间 45min，终凝时间 160min。

表 4-9 粉煤灰添加量对普强赤泥胶结特性的影响

编 号	配比 赤泥：粉煤灰：石灰	水灰比	体积密度 /g · cm^{-3}	凝结时间/min		各龄期强度/MPa				
				初凝	终凝	6h	1d	3d	7d	28d
1	2：0.8：0.5	0.96	1.52	70	205	2.13	3.37	4.43	5.42	7.86
2	2：1.2：0.5	0.96	1.51	150	310	1.23	3.03	3.29	4.11	6.78
3	2：1.6：0.5	0.96	1.50	150	310	0.83	2.06	2.34	3.23	6.24

表 4-10 石灰添加量对普强赤泥胶结特性的影响

编 号	配比 赤泥：粉煤灰：石灰	水灰比	体积密度 /g·cm⁻³	凝结时间/min		各龄期强度/MPa				
				初凝	终凝	6h	1d	3d	7d	28d
1	2：1：0.4	0.96	1.52	85	280	1.43	2.65	4.20	4.31	6.24
2	2：1：0.5	0.96	1.52	45	170	1.85	3.27	4.98	5.61	7.76
3	2：1：0.6	0.96	1.50	80	245	1.66	2.43	3.65	4.81	6.97

采取赤泥试样 R_1、R_2、R_3，按激化剂的最佳配合比进行的一组试验表明，不同产地的赤泥均具有相近的性质，但试块的单轴抗压强度的差别较大。由于混联法赤泥颗粒较粗，烘干后是否磨细对强度有很大影响（表4-11、表4-12、表4-13）。其中 R_1 试样烘干磨细后的赤泥试块强度发展较快，不磨细的试块强度则明显降低。而 R_2 试样的试块强度则普遍较 R_0 试样的强度低。

表 4-11 R_1 试样普强赤泥胶结特性

试样号	水灰比	试块体积密度 /g·cm⁻³	初凝时间 /min	各龄期强度/MPa				备 注
				1d	3d	7d	28d	
1	0.96	1.48	80	1.01	2.08	3.98	6.08	粗赤泥 烘干磨细
2	0.86	1.47	320	0.36	0.97	2.05	3.90	粗赤泥 烘干不磨细

表 4-12 R_2 试样普强赤泥胶结特性

试样号	水灰比	试块体积密度 /g·cm⁻³	凝结时间/min		各龄期强度/MPa				备 注
			初凝	终凝	1d	3d	7d	28d	
1	0.96	1.46	65		0.43	0.95	2.70	4.11	粗赤泥 烘干磨细
2	0.86	1.4	300		0.47	0.45	1.34	3.01	粗赤泥 烘干不磨细
3	0.96	1.48	80	300	0.65	1.42	2.63	4.32	全粒级 赤泥

表 4-13 R_3 试样普强赤泥胶结特性

试样号	水灰比	试块体积密度 /g·cm⁻³	各龄期强度/MPa			
			1d	3d	7d	28d
1	0.9	1.47	0.69	1.89	3.12	5.95
2	1.0	1.42	0.48	1.29	2.12	4.29
3	1.1	1.48	0.32	0.79	1.43	3.72
掺3%速凝剂	1.0	1.45	0.42	1.37	2.23	3.92
掺3%早强剂	1.0	1.44	0.74	1.75	2.90	4.84

4.4.1.2 高强赤泥强度特性

对赤泥试样 R_0 进行进一步的试验研究后，可获得胶结能力更强的高强赤泥（表 4-14），可以应用这种高强赤泥作为胶凝材料，与浮选尾砂集料或废石集料配合成胶结充填料。

高强赤泥组分配合比为：

赤泥：矿渣：石膏：石灰 = 1：0.66：0.3：0.04；水灰比为 0.5。

试样基本性能为：

净浆试块体积密度 1.75 ~ 1.80g/cm^3；初凝 65min，终凝 120min。

表 4-14 高强赤泥各龄期单轴抗压强度

养护龄期/d	1	3	7	28	240
单轴抗压强度/MPa	6 ~ 8	10 ~ 12	15 ~ 20	20 ~ 30	>45

4.4.2 胶结机理

赤泥的胶结性能归功于赤泥中含有大量的 β-C_2S 及 C_3AH_6 等水硬性矿物。β-C_2S 在没有激化剂存在时是较难水解的，但添加活性激化剂后，即可加速 β-C_2S 的水化反应，使之生成硅酸钙凝胶及钙矾石等。赤泥的胶结机理就是其水解水化过程。下面结合不同配比与龄期的赤泥胶结料试块的 X 射线衍射分析、扫描电镜分析及差热分析，阐述赤泥的胶结机理。

4.4.2.1 普强赤泥胶结机理

赤泥经烘干、磨细，石灰全钙 95%，活性钙 87%。按赤泥：石灰 = 4：1、水灰比为 1 制成普强赤泥胶结料试块。

试块分别在 1 天、3 天、7 天、28 天、60 天和 1 年的养护龄期进行强度试验（表 4-15）。强度试验后除去试块表面的碳化层，并立即用无水乙醇及丙酮洗涤 3 次以上，以中止其水化，烘干后进行胶结机理的测试分析。

表 4-15 普强赤泥受测试样各龄期单轴抗压强度

养护龄期/d	1	3	7	28	90	365
单轴抗压强度/MPa	1.86	2.80	4.34	7.50	8.00	8.95

A X 射线衍射分析

（1）水化 1 天，生成大量的 C · S · H 凝胶，同时存在未水化的 β-C_2S、$CaCO_3$ 等。

（2）水化 7 天，出现大量的 C · S · H 凝胶，以及 $CaCO_3$、C_3AH_6 和少量 $Ca(OH)_2$，未水化的 β-C_2S 仍然存在，但数量减少。

（3）水化 28 天，C · S · H 凝胶已转化为托勃莫来石结晶，C_3AH_4 增加，$Ca(OH)_2$ 已有六方晶型；未见有水化的 C_3A，有少量的 β-C_2S 未水化，另有 $CaCO_3$ 等。

B 扫描电镜分析

（1）水化 1 天的基本显微结构为花朵状构造，其间有一些不定形物穿插（图 4-4*a*），早期主要是 C_3S 的水化。

（2）水化 7 天，其主要结构仍为花朵状构成，但有一些条状物存在（图 4-4*b*），C_3S

继续水化，β-C_2S 参与了水化，C_3A 在没有 SO_4^{2-} 存在条件下也开始形成一种较稳定的水合物。

（3）水化 28 天，其结晶形状以板桥状为主，仍有一些花朵状结构，还存在一些柱状结晶（图 4-4*c*），水化已进入稳定阶段，形成了一些较稳定的水化产物。试块强度也达到一定量值，大部分水化反应已完成。

（4）水化 60 天，水化产物微观结构基本上形成了一片桥状的凝胶体，桥状结构清晰（图 4-4*d*）。

（5）经过 1 年的水化，桥状结构相互交联，相互渗透，形成一个枝蔓相连的整体（图

图 4-4　普强赤泥试块扫描电镜片

a—水化 1 天，放大 6000 倍；*b*—水化 7 天，放大 6000 倍；*c*—水化 28 天，放大 6000 倍；*d*—水化 60 天，放大 6000 倍；*e*—水化 1 年，放大 6000 倍；*f*—水化 28 天，放大 15000 倍

4-4*e*），水化已形成终结产物，水化反应基本结束。

将电镜片放大至15000倍，其结构更清晰可见，桥状和柱状结构更明显（图4-4*f*）。

由扫描电镜分析表明，花朵状结构以及连续不断的桥状结构是C_3S和β-C_2S水化产物的重要特征。当C_3S和β-C_2S水化后，所形成的花朵状粒子就是以石灰作为激化剂的赤泥胶结料的结构。经过一段时间后，在花朵状水化颗粒之间开始形成纤维晶体，进而生成桥状结晶。从水化产物形态变化的观点看，当桥状结晶形成一片凝胶时，水化过程即基本结束。花朵状粒子以及桥状结晶的形成与赤泥胶结料强度的增长具有密切的关系。

C 差热分析

（1）水化1天，试样在80℃、170℃、305℃、480℃及750℃分别有吸热峰存在。这些吸热峰分别表示：80℃脱去吸附水，170℃时C·S·H脱去结晶水，305℃时C_3AH_6脱水，480℃为$Ca(OH)_2$分解，750℃为$CaCO_3$分解。

（2）水化7天，差热曲线与水化1天基本相同，只是吸热峰的面积有所变化。

（3）水化28天，170℃吸热峰面积有明显加大，水化产物主要由C·S·H凝胶组成；305℃吸热峰基本消失，C_3A已水化完全。

（4）水化1年，170℃吸热峰面积仍有增大，480℃时$Ca(OH)_2$的分解吸热峰减弱，$CaCO_3$分解峰没有变化。1年内水化反应仍在缓慢进行，C·S·H凝胶继续增加，试块强度仍有增长。而$CaCO_3$吸热峰保持稳定，未参与水化反应。

4.4.2.2 高强赤泥胶结机理

赤泥经烘干、磨细，石灰全钙为95%，活性钙为87%，石膏为二水石膏。胶结料试块配比为赤泥：石膏：石灰为0.82：0.15：0.03，水灰比为0.8。

试块分别在1天、3天、7天、28天、60天的养护龄期进行强度试验（表4-16）。强度试验后对试块表面进行处理和烘干，然后进行胶结机理的测试分析。

表4-16 高强赤泥试块单轴抗压强度

养护龄期/d	1	3	7	28	60
单轴抗压强度/MPa	0.70	3.65	6.32	9.85	11.06

A X射线衍射分析

（1）水化1天的主要水化产物是C·S·H凝胶及钙矾石，衍射谱线上有未水化的β-C_2S、C_3S以及$CaCO_3$、$CaSO_4 \cdot 2H_2O$等。

（2）水化7天，有少量的钙矾石，但大部分已转化为单硫型铝酸钙，C·S·H仍然是主要的水化产物，可见未水化的β-C_2S、C_3A，依然存在$CaCO_3$和$CaSO_4 \cdot 2H_2O$特征谱线，只是$CaSO_4 \cdot 2H_2O$较1天明显减少。

（3）水化28天，钙矾石消失，不再存在$CaSO_4 \cdot 2H_2O$的特征谱线，主要水化产物为C·S·H和单硫型硫铝酸钙，仍有β-C_2S、$CaCO_3$存在。

B 扫描电镜分析

（1）水化1天，针状的钙矾石和花朵状的C·S·H凝胶是主要的结晶构造，存在少量不定形物和$CaCO_3$晶形（图4-5*a*）。

（2）水化7天，针状的钙矾石基本消失，出现单片状的单硫型硫铝酸钙结晶，C·S·H结构仍以花朵状为主（图4-5*b*）。

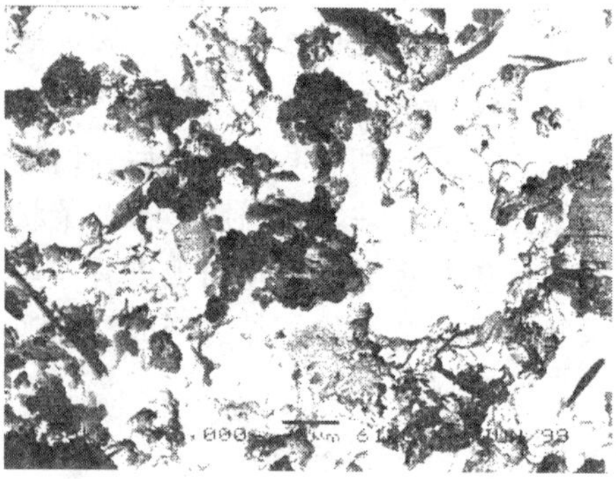

a *b*

图 4-5 高强赤泥试块扫描电镜片

a—水化 1 天，放大 6000 倍；*b*—水化 7 天，放大 6000 倍

（3）水化 28 天，钙矾石已全部消失，基本结构主要是片状的单硫型硫铝酸钙和桥状 C·S·H 结晶，其间穿插 $CaCO_3$ 等盐类结晶。

4.4.2.3 贮期对胶结性能影响

赤泥的胶结性能及相关特性与贮存期关系密切。赤泥贮存在一年以内，烧失量将随贮存期的延长而加大（表 4-17）。随着烧失量加大，赤泥活性亦有所下降，但胶结强度发展稳定（表 4-18）。

表 4-17 贮期 1 年内赤泥样品烧失量

赤泥贮期	鲜赤泥	1 个月	3 个月	6 个月	9 个月	12 个月
烧失量/%	8.82	10.98	13.50	11.09	26.40	16.50

表 4-18 不同贮期基料的普强赤泥抗压强度①

赤泥贮期	各龄期抗压强度/MPa				
	1d	3d	7d	28d	90d
鲜赤泥	3.27	4.98	5.61	7.76	9.21
1 个月	1.48	2.75	3.40	5.88	8.32
3 个月	0.75	2.22	3.79	4.96	6.14
6 个月	0.53	1.35	2.53	4.90	7.16
9 个月	0.84	1.82	2.55	3.48	3.21
12 个月	1.37	3.37	4.58	6.52	7.58

① 赤泥：粉煤灰：石灰为 2：1：0.5；水灰比为 0.96。

存放时间超过一年的赤泥产生固结，烧失量的变化已不太大（表 4-19）。这种赤泥与存放时间不超过一年的赤泥相比，其活性明显降低。以此作为基料制备的普强赤泥的胶结强度不再与养护期相关（表 4-20）。

表 4-19 贮期 1 年以上赤泥样品的烧失量

样品编号	1	2	3	4	5	平 均
烧失量/%	25.6	29.2	29.8	28.2	29.3	28.4

表 4-20 基料贮期 1 年以上的普强赤泥胶结抗压强度①

基料贮期		体积密度 /g·cm^{-3}	各龄期抗压强度/MPa			
			3d	7d	28d	90d
贮期 1 年以上	1 号	1.39	1.88	2.49	2.02	1.54
	2 号	1.43	1.03	0.91	0.59	0.21
	3 号	1.43	1.02	1.35	1.23	1.19
	4 号	1.45	0.49	0.91	1.90	0.89
	5 号	1.47	1.09	1.32	1.21	1.28
贮期 1 年		1.48	0.87	2.44	3.53	3.65

① 赤泥：粉煤灰：石灰为 10：4：1，水灰比为 0.8。

4.4.3 充填料强度

应用赤泥胶凝材料与全尾砂或废石等集料混合制成的胶结充填料，其主要组分全部是矿山固体废物，是生态型矿山充填的一种支撑技术，在有条件的矿山值得推广。本节讨论赤泥胶凝材料与全尾砂或废石组成的胶结充填料的强度性能及相关特性。

4.4.3.1 *赤泥全尾砂胶结料强度*

将普强赤泥与铁矿全尾砂配合成胶结充填料，当砂灰比为 1.5 ~ 2 时，28 天强度可达 0.8 ~ 0.9MPa，60 天达 1.4 ~ 1.6MPa；当砂灰比为 1 时，28 天强度可达 2.5MPa，60 天达 3.3MPa（表 4-21）。在相对较高的砂灰比条件下的胶结充填料可以满足大体积嗣后充填的要求，当砂灰比小于 1.5 时，可应用于上向水平分层充填浇面，而砂灰比小于 1 时则可用于下向胶结充填。

表 4-21 普强赤泥、水泥全尾砂胶结充填料强度①

胶结充填料	胶凝材料：全尾砂	质量分数 w/%	试块体积密度 /g·cm^{-3}	材料消耗量/kg·m^{-3}			各龄期强度/MPa			
				胶凝材料	全尾砂	水	3d	7d	28d	60d
普强赤泥	1：1	56.2	1.6	450	450	700	0.48	0.68	2.53	3.31
	1：1.5	56.6	1.6	362	543	694	0.14	0.25	0.79	1.64
	1：2	60.0	1.68	336	672	672	0.14	0.25	0.89	1.39
42.5 级普通硅酸盐水泥	1：4	70.0	1.82	255	1019	546	0.37	0.48	0.93	1.04

①普强赤泥以新鲜赤泥为基料。

相比 42.5 级普通硅酸盐水泥与铁矿全尾砂配合的胶结充填料，在普强赤泥胶结充填料浓度较低的条件下，体积密度较小，前期强度发展相对缓慢，但 28 天及以后的强度增长突出。

基料贮期1年的普强赤泥，与全尾砂的早期结合力随贮期的延长呈增长趋势，但后期结合力呈下降趋势（表4-22），其中7天强度高于新鲜赤泥，28天强度则只有新鲜赤泥的53.9%～87.8%。堆贮赤泥的这种早期强度较高的特性，可以在要求早期强度高的充填采矿工艺中得到应用。

表4-22 基料存贮时间对普强赤泥全尾砂胶结强度的影响①

存贮期/月	料浆质量分数 w/%	试块体积密度 /g·cm^{-3}	赤泥消耗 /kg·m^{-3}	单轴抗压强度/MPa			
				3d	7d	28d	90d
1	56	1.57	251	0.48	0.93	2.17	2.43
3	56	1.57	251	0.50	1.11	1.51	1.89
6	56	1.57	251	0.62	1.03	1.78	2.49
9	56	1.57	251	0.70	0.84	1.36	1.32
12	56	1.57	251	0.97	1.10	2.22	2.70
新鲜赤泥	56.25	1.60	257	0.48	0.68	2.53	3.31

①普强赤泥与全尾砂配比为1∶1。

高强赤泥相比42.5级普通硅酸盐水泥，前者与全尾砂的胶结性能明显优于后者。同在砂灰比为4的条件下，高强赤泥全尾砂胶结料与水泥全尾砂胶结料的3天强度相近，而前者的7天强度是后者的2倍，28天强度是2.7倍（表4-23）。

表4-23 高强赤泥全尾砂胶结充填料试块单轴抗压强度①

胶凝材料	单轴抗压强度/MPa				灰砂比
	3d	7d	28d	180d	
高强赤泥	0.40	1.00	2.50	4.02	1∶4
42.5级普硅水泥	0.37	0.48	0.93	2.28	1∶4

①高强赤泥配比为新鲜赤泥∶矿渣∶石膏∶石灰 = 1∶0.66∶0.3∶0.04，水灰比为0.5。

4.4.3.2 普强赤泥废石胶结料强度

普强赤泥废石胶结料的强度特性，可以由赤泥浆+粉煤灰+废石+生石灰配合料的强度特性反映。

当主配方为赤泥∶粉煤灰∶-30mm废石 = 2∶1∶3，活性钙含量为60%的粉状生石灰掺量分别为赤泥的10%、15%、20%及25%，料浆质量分数为72.5%时，赤泥废石胶结充填料的体积密度为1.75～1.80g/cm^3，线膨胀系数在石灰掺量20%～25%时为0～-0.5%。当石灰掺量占赤泥的10%以下时，充填料凝固较慢，强度不高；而当石灰掺量占赤泥的15%以上时，充填料完全不脱水且凝固速度快，凝固时收缩变形小，28天强度达到4MPa以上，后期强度持续增长，60天强度比28天增长50%以上（表4-24）。

石灰掺量占赤泥的15%以上时，试块初凝后置入水中养护不崩解，且强度较空气中养护提高6%～9%；添加减水剂对提高胶结强度的作用显著；当料浆质量分数在71%～75%的区间内变化时，对胶结充填体强度的影响不明显（表4-25）。

表 4-24 普强赤泥废石试块单轴抗压强度

龄期/d	试 样	单轴抗压强度/MPa			
		10%	15%	20%	25%
1	试样平均			0.75	1.10
	折合标准试块			0.71	1.05
3	试样平均		0.40	1.82	1.95
	折合标准试块		0.38	1.72	1.85
7	试样平均	0.26	1.08	2.45	2.97
	折合标准试块	0.66	1.02	2.32	2.82
28	试样平均	0.47	2.88	4.30	4.49
	折合标准试块	0.45	2.71	4.08	4.27
60	试样平均	1.44	5.13	6.50	6.95
	折合标准试块	1.37	4.88	6.18	6.60

注：表中10%、15%、20%、25%为石灰掺量。

表 4-25 普强赤泥废石在不同条件下 28 天单轴抗压强度

试 样		单轴抗压强度/MPa				相关条件
		10%	15%	20%	25%	
P0	试样平均	0.47	2.86	4.30	4.49	赤泥：粉煤灰：废石 = 2：1：3，质量分数为72.5%
	折合标准试块	0.45	2.71	4.08	4.27	
P1	试样平均	入水崩解	2.77	4.49	4.93	配比同P0，在水中养护
	折合标准试块		2.63	4.27	4.68	
P2	试样平均	0.69	4.65	5.75	8.00	减水剂占赤泥含量的0.25%，配比同P0
	折合标准试块	0.66	4.41	5.46	5.70	
P4	试样平均	0.76	3.38	3.98	4.97	质量分数为74.8%，其他同P0
	折合标准试块	0.72	3.21	3.78	4.72	
P5	试样平均	0.45	2.92	4.25	4.58	质量分数为71.0%，其他同P0
	折合标准试块	0.42	2.78	4.04	4.36	

注：表中10%、15%、20%、25%为石灰掺量。

4.4.4 工作特性

4.4.4.1 配比区间

赤泥胶凝材料各组分的配比可在较大区间内变动而对充填体性能影响不大。普强赤泥的粉煤灰添加比例可在0.4～0.8之间变化，石灰添加比例亦可在0.2～0.3之间变化，尤其是赤泥废石胶结充填料的浓度可变区间大。

充填料配比的可变区间越小，要求越严格，生产中要求配料控制越精确，这对操作人员水平及工艺技术条件提出了更高的要求。但是矿山充填生产中，配料不十分准确的现象普遍存在。所以，赤泥胶凝材料对配料的可变区间较铝酸盐及硫酸盐水泥有较大的适应性，其操控性更有利于工业应用。

4.4.4.2 长时强度性能

赤泥的主要水硬性矿物为β-C_2S，相对于C_3S及铝酸盐类矿物而言，其水化速度较慢。也就是说，随着时间的推迟，β-C_2S可继续水化而强度则持续增长。一般情况下，试块60～90天强度可较28天强度增长20%～40%，一年强度可增长50%以上，这与铝酸盐或硫铝酸盐水泥有本质的区别。

4.4.4.3 破坏后愈合能力

赤泥胶结料的另一有用特性，是当充填体受压破坏产生微裂隙后能愈合而重新获得强度，其抗压强度甚至继续增长。普强赤泥全尾砂试块的一组试验数据（图4-6）表明，60天龄期的试块压裂后其强度均继续增长，其中灰砂比为1∶1的试块，可从60天强度的3.31MPa增长至190天的4.19MPa；灰砂比为1∶1.5的试块，可从60天的1.64MPa增长至1.89MPa。

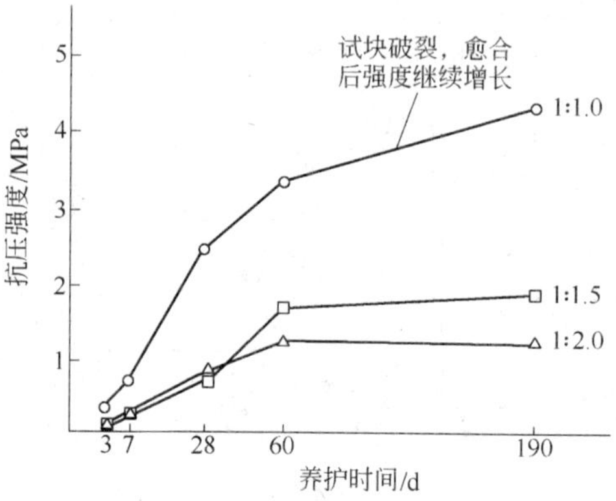

图4-6 普强赤泥全尾砂试块强度愈合特征

4.5 矿渣胶结强度

高炉水淬渣（简称矿渣）是指金属矿的冶炼废渣，具有一定的潜在胶结性能。将其利用作为胶凝材料不但可以消除废物对环境的污染，而且可以节约成本，实现固体废物的高效资源化。对于矿山充填来说，矿渣中尤其以高炉水淬渣具有很好的胶结性能。当水淬渣胶凝材料与全尾砂构成胶结充填料，不但具有胶结强度高的胶结性能，还具有固水能力强、流平性好等优良的工作特性。本节主要讨论高炉水淬渣胶结料的强度特性。

4.5.1 胶结性能

采用高炉水淬渣为主要基料，通过激化可使矿渣获得很好的胶凝性能。选用合理的激化剂及其配比，可以配制成用于矿山胶结充填的胶凝材料（表4-26）。一般选用碱性材料作为激化剂，矿渣的磨细度要求+200目（+0.074mm）所占比例不超过12%。激化剂对矿渣的激化效果有一个合理的掺量区间，掺量过多或过少均不利于发挥最佳激化效果。

表4-26 矿渣胶凝材料单轴抗压强度

激化剂掺量/%	试块体积密度/$g \cdot cm^{-3}$	水灰比	单轴抗压强度/MPa			
			3d	7d	28d	60d
15.0	1.71	0.6	2.06	11.01	20.47	26.91
17.5	1.71	0.65	2.56	11.98	21.30	27.42
20.0	1.69	0.68	2.47	11.10	20.53	25.33
21.5	1.65	0.75	2.01	10.10	18.40	18.89
25.0	1.67	0.76	1.97	9.95	15.31	17.74

针对 G_1、G_2、G_3 三种矿渣作为基料的研究表明，采用 CaO 含量占 75% 的碱性激化剂，对不同产地矿渣的胶结性能均有很好的激化效果，但被激化的胶结性能存在很大差异（表 4-27）。因此，在实际应用过程中需要针对具体的矿渣进行激化剂的选配试验，获取试验数据后进行科学配合。

表 4-27 不同基料的矿渣胶凝材料强度性能

基 料	试块体积密度 /g·cm^{-3}	水灰比	单轴抗压强度/MPa			
			3d	7d	28d	60d
G_1	1.71	0.65	3.10	11.93	13.71	18.34
G_2	1.72	0.65	2.83	11.35	21.00	27.00
G_3	1.71	0.65	5.34	18.00	24.34	28.51

采用早强剂、速凝剂、絮凝剂、石膏等作为添加剂，对矿渣胶凝材料强度有正影响和负影响（表 4-28）。

表 4-28 添加剂对矿渣胶凝材料强度的影响

添加剂类型	添加比例 /%	试块体积密度 /g·cm^{-3}	单轴抗压强度/MPa			
			3d	7d	28d	60d
早强剂	3	1.67	7.83	14.58	17.00	18.20
速凝剂	3	1.67	6.53	13.34	15.21	18.40
絮凝剂	0.3	1.70	2.12	8.51	15.75	18.90
石 膏	5	1.70	7.56	15.20	18.60	24.60

絮凝剂的加入对矿渣胶凝材料强度的负面影响较大，强度下降 20% ~30% 。

石膏对矿渣胶凝材料早期强度影响较大，3 天、7 天强度分别提高 16.7%、33.9%，但后期强度有较小幅度下降。

早强剂与速凝剂能使 3 天、7 天强度有大幅度提高，而 28 天和 60 天强度则大幅度下降。

可见，对于早期强度要求不高的矿山，添加剂没有实际的强度意义，而且还会增加充填成本。

4.5.2 矿渣尾砂强度

4.5.2.1 *矿渣分级尾砂胶结性能*

矿渣胶凝材料与金属矿分级尾砂的胶结性能良好（表 4-29），胶结充填料试块的单轴抗压强度普遍较高，能够满足充填采矿工艺的要求。其中 1∶15、1∶20、1∶25 三组低灰砂比试块，28 天单轴抗压强度分别达到 2.70MPa、1.38MPa 和 1.25MPa，其强度指标满足一般充填采矿工艺的要求，可以显著降低胶凝材料耗量。

表 4-29　矿渣分级尾砂胶结充填料特性①

矿渣试样	灰砂比	充填料质量分数 w/%	试块体积密度 /g · cm⁻³	单轴抗压强度/MPa			
				3d	7d	28d	60d
G₁	1∶2	72	1.94	2.31	3.79	5.31	6.65
	1∶4	68	1.94	0.60	1.52	2.30	2.59
		72	1.95	0.68	1.49	2.51	2.88
		75	1.95	0.71	1.98	3.01	3.20
	1∶8	68	1.97	0.54	0.84	1.31	1.50
		72	1.97	0.48	1.35	1.42	1.56
		75	1.98	1.11	1.86	1.94	2.40
	1∶12	72	1.99	0.38	0.74	1.03	1.31
G₂	1∶2	72	1.93	1.77	5.40	7.77	10.73
	1∶4	72	1.94	0.70	2.97	5.28	7.29
	1∶8	72	1.97	0.55	2.00	3.75	3.95
	1∶10	72	1.98	0.35	1.10	2.75	
	1∶15	72	2.00	0.25	0.75	2.70	
	1∶20	72	2.11	0.23	0.50	1.38	
	1∶25	72	2.20	0.20	0.50	1.25	
G₃	1∶2	72	1.94	1.81	6.44	8.54	19.30
	1∶4	68	1.95	1.30	4.32	6.76	8.54
		72	1.95	1.69	5.36	7.02	9.00
		75	1.96	1.78	6.08	7.23	10.54
	1∶8	68	1.97	0.65	3.06	3.11	3.52
		72	1.97	1.61	3.22	3.80	4.07
		75	1.98	1.64	3.69	4.83	5.22
	1∶12	72	1.99	1.22	2.46	2.99	3.32

①激化剂掺量为基料的 17.5%。

4.5.2.2　矿渣全尾砂胶结性能

矿渣胶凝材料与全尾砂的胶结性能优良，其胶结料试块的单轴抗压强度只稍低于矿渣分级尾砂的强度（表 4-30），能够满足矿山充填采矿工艺的要求。

表 4-30　矿渣全尾砂胶结充填料特性

矿渣试样	灰砂比	充填料质量分数 w/%	试块体积密度 /g · cm⁻³	单轴抗压强度/MPa			
				3d	7d	28d	60d
G₁	1∶4	68	1.87	0.57	1.21	2.01	2.30
		72	1.95	0.57	1.32	2.32	2.59
	1∶8	68	1.89	0.40	0.73	1.22	1.49
		72	1.98	0.45	1.28	1.39	1.50

续表 4-30

矿渣试样	灰砂比	充填料质量分数 w/%	试块体积密度 /g·cm⁻³	单轴抗压强度/MPa			
				3d	7d	28d	60d
G_2	1∶4	68	1.89	0.50	2.53	4.32	4.98
		72	1.94	0.61	2.89	5.01	6.85
	1∶8	68	1.87	0.20	1.04	1.58	2.01
		72	1.95	0.24	1.34	2.89	3.46
G_3	1∶4	68	1.88	1.05	3.97	5.30	5.78
		72	1.98	1.37	4.01	6.58	8.42
	1∶8	68	1.89	0.40	1.35	1.75	2.38
		72	1.98	0.66	2.22	3.02	3.57

4.5.2.3 矿渣、水泥与尾砂胶结性能比较

矿渣胶凝材料和水泥相比，与尾砂（分级尾砂或全尾砂）的结合能力更强。其中矿渣分级尾砂胶结充填料的试块抗压强度，比水泥分级尾砂胶结充填料、水泥矿渣分级尾砂胶结充填料的试块强度大幅度提高（表4-29、表4-31）；矿渣全尾砂胶结充填料的试块强度，比水泥全尾砂胶结充填料试块强度有更大幅提高（表4-30、表4-31）。

表 4-31 水泥尾砂胶结充填料强度①

胶结充填料类型	灰砂比	充填料质量分数 w/%	试块体积密度 /g·cm⁻³	单轴抗压强度/MPa			
				3d	7d	28d	60d
水泥分级尾砂	1∶4	72	2.23	0.88	1.45	2.62	4.50
	1∶8	72	2.26	0.51	0.76	1.08	1.54
水泥全尾砂	1∶4	72	1.99	0.46	0.76	1.44	1.99
	1∶8	72	2.01	0.22	0.23	0.35	1.11
水泥矿渣②分级尾砂	1∶4	72	2.25	0.83	1.83	3.42	4.87
	1∶8	72	2.27	0.41	0.73	1.67	2.06

①水泥为32.5级普通硅酸盐水泥；

②水泥与矿渣胶凝材料配比为3∶2。

矿山尾砂中往往含有硫化矿物，硫化矿物的氧化会产生硫酸盐，硫酸盐的侵蚀可导致胶结充填料强度的损失。矿渣胶凝材料水化所生成的硅酸钙凝胶较多，浆体密实性好，从而抗硫酸盐侵蚀性好。因此，矿渣胶凝材料与细粒尾砂物料结合，尤其是与高含硫尾砂物料结合，较普通硅酸盐水泥具有更好的胶结能力，在矿山充填中是一种比水泥胶凝材料更为理想的水泥替代品，并且全部替代水泥优于部分代替。因此，采用矿渣作为尾砂胶结充填的胶凝材料，其效果大大优于水泥。矿渣胶凝材料尤其适合于与全尾砂配合成胶结充填料，可以获得更好的胶结性能。

4.6 粉煤灰胶结原理

粉煤灰的火山灰质特性，具有一定的钙质活性。在胶结充填料中加入一定量的粉煤

灰，可以提高充填体的强度，特别是后期强度。但加入粉煤灰也会增大料浆的黏度，从而增大了料浆的屈服应力和管道摩擦阻力。因此，对于料浆的配制，在满足充填料细粒级含量的基本条件下，若要通过添加粉煤灰来提高充填体的强度，粉煤灰代替水泥的量不宜超过水泥用量的 30% ~50%。

4.6.1　粉煤灰活性

影响粉煤灰活性的因素较多，但粉煤灰的物理性质和化学性质是决定粉煤灰活性的主要因素。

4.6.1.1　物理性质对活性的影响

粉煤灰的物理性质包括颗粒形状、细度、密度和堆积密度等。其颗粒多呈球形，表面光滑，色灰或浑灰；密度为 1.95 ~ 2.4g/cm^3，堆积密度为 0.55 ~ 0.8g/cm^3。粉煤灰细度通常以 0.08mm 方孔筛的筛余量或粒级组成方式表示。普通原状粉煤灰的比表面积一般为 2000 ~ 3000cm^2/g，细磨粉煤灰的比表面积为 3000 ~ 7000cm^2/g。

对粉煤灰活性影响最为显著的物理性质是粉煤灰颗粒的组成及细度。密度、堆积密度、比表面积等其他物理性质均与其有直接关系。粉煤灰由不同物理特性的颗粒组成，这些颗粒是粉煤灰在炉内燃烧时，其成灰矿物经历了不同的物理化学过程后形成的。研究表明，粉煤灰由三种形态的颗粒按不同的比例组成：球形玻璃体颗粒、不规则的熔融颗粒和多孔炭粒。在粉煤灰的三种颗粒形态中，球形玻璃体颗粒的活性最高，不规则的熔融玻璃颗粒体次之。而多孔炭粒不仅属于化学惰性成分，而且由于其多孔，使含水量增加，属于活性有害成分。因此，粉煤灰中球形玻璃体颗粒含量越多，多孔炭粒含量越少，则粉煤灰的活性越高。

粉煤灰的细度不仅与其活性密切相关，也是衡量粉煤灰活性的一项重要指标，而且还影响充填料的流动性。一般来说，粉煤灰越细，质量越好、活性也越高。研究发现，粉煤灰中多孔炭粒、疏松多孔玻璃体等无活性或低活性组分大都存在于较粗颗粒中，而小于 48μm 的颗粒几乎都是玻璃体颗粒。

4.6.1.2　化学性质对活性的影响

粉煤灰的化学性质包括其化学成分及矿物相组成，表 4-32 及表 4-33 分别为我国粉煤灰的矿物组分、矿物相组成的变化范围及其平均值。

表 4-32　粉煤灰矿物组分含量

矿物组分	SiO_2	Al_2O_3	Fe_2O_3	CaO	MgO	K_2O ~ Na_2O	SO_2	烧失量
波动范围/%	35 ~ 60	16 ~ 36	3 ~ 14	1.4 ~ 7.5	0.4 ~ 2.5	0.6 ~ 2.8	0.2 ~ 1.9	1 ~ 25
平均值/%	49.5	25.3	6.9	3.6	1.1	1.6	0.7	9.0

表 4-33　粉煤灰主要矿物相

矿物相组成	无定形相		结晶相		
	玻璃体	未燃炭	石　英	莫来石	铁化合物
波动范围/%	42 ~ 70	1 ~ 24	1.1 ~ 16	11 ~ 29	0.04 ~ 21
平均值/%	59.8	8.2	6.4	20.4	5.2

粉煤灰的活性成分主要是 SiO_2、Al_2O_3 和 CaO。由于 CaO 的含量一般较低（表 4-32），所以其主要活性成分是 SiO_2 和 Al_2O_3。SiO_2、Al_2O_3 主要存在于硅铝玻璃体中，尤其是可溶性的 SiO_2、Al_2O_3 几乎全部来源于玻璃体。结晶相以及无定形相中的未燃炭均是化学惰性成分。

粉煤灰的化学活性取决于火山灰反应所生成的水化产物的数量和种类，而反应所需的 SiO_2、Al_2O_3 存在于粉煤灰玻璃相中的可溶性 SiO_2、Al_2O_3。但粉煤灰中可溶性 SiO_2、Al_2O_3 的含量在 SiO_2、Al_2O_3 总量中所占的比例较低，参加反应的 SiO_2、Al_2O_3 较少，则火山灰反应的程度并不高。

粉煤灰的烧失量主要与碳含量有关。研究表明，只要粉煤灰中的碳含量在 8% 以下，对水泥的水化过程就无明显的负面影响。

4.6.2 胶结机理

粉煤灰只具备潜在活性，除高钙灰外，在没有外加剂的情况下，粉煤灰一般不会产生自结现象。但粉煤灰中活性 SiO_2、Al_2O_3 与水泥熟料矿物水化所释放的 $Ca(OH)_2$ 发生反应。因而，粉煤灰在水泥浆料中具有如下反应过程：

（1）水泥水化产生 $Ca(OH)_2$（CH），粉煤灰表面形成水膜；

（2）CH 在粉煤灰表面上结晶发育，形成碱性薄膜溶液；

（3）粉煤灰表面被碱性薄膜溶液腐蚀，发生火山灰反应；

（4）随着养护龄期的增长，水分的不断供给，碱性薄膜溶液在粉煤灰表面继续存在，并透过水化物间隙进一步对粉煤灰腐蚀，直到粉煤灰中活性矿物成分完全水化。

粉煤灰在胶结充填料中与水泥、集料体系共同作的水化反应，是一个分阶段、多层次的水化反应过程。

4.6.2.1 钙化期

当以水泥作为胶凝材料的胶结充填混合料在加水以后，水泥中的活性成分会与水反应生成 $Ca(OH)_2$ 进入液相。随着水泥中 Ca^{2+} 成分不断地水化和转化，使粉煤灰粒子发生浸润，在粉煤灰颗粒周围形成碱性包裹层。此时胶结充填料料浆体的 pH 值很高。当水泥中 Ca^{2+} 离子成分基本上转化为 $Ca(OH)_2$ 并达到平衡后，浆体失去流动性，浆体处于终凝阶段。这一水化期约 2～3 天。

胶结充填料浆体水化后，充填体内存在大量的 $Ca(OH)_2$ 胶体和少量的细小晶核。随着时间的延长，多余水分被蒸发，$Ca(OH)_2$ 发生过饱和，致使 $Ca(OH)_2$ 再结晶成大的颗粒。这些片状的晶体相互交错，通过 Ca—O 键和分子间的力使浆体具有一定的强度。

在这个过程中，SiO_2 和 $Ca(OH)_2$ 还没有发生水化反应，粉煤灰颗粒表面也几乎没有什么变化，此时整个浆体的结构或宏观强度都是靠 $Ca(OH)_2$ 来胶结的，所以把这一阶段称为钙化过程，即钙化期。这一过程为 14 天左右。

在这一过程中，若将浆体放在非封闭条件下养护，浆体表面还会因 CO_2 侵入而形成 $CaCO_3$ 薄层。

4.6.2.2 水硬期

水硬期包括硅化期和扩散期，时间大约为 14～90 天之间。硅化期是指粉煤灰颗粒受碱性包裹层的侵蚀，其中的硅酸根负离子团和 Ca^{2+} 开始结合，在颗粒表层生成 C · S · H 凝胶。扩散期是指在粉煤灰颗粒表面上形成的 C · S · H 凝胶中的 Ca^{2+} 向粉煤灰颗粒内部扩散，形成一定的 C · S · H 过渡层。

在硅化期阶段，粉煤灰颗粒表面的玻璃相在 $Ca(OH)_2$ 的包裹层的侵蚀下发生 Si—O 键和 Al—O 键断裂，玻璃网络解体。由于包裹层内外存在钙、硅酸根、铝酸根等离子的浓度差而产生渗透压，使得包裹层逐渐膨胀鼓起。当渗透压达到下一定压力时，膜破裂，两种离子相遇从而形成 C · S · H 凝胶和其他水化物沉淀。充填料中 pH 值越高，可以加速粉煤灰形成 C · S · H 凝胶。

当胶结充填料中存在 $CaSO_4$ 时，硫酸根离子比氢氧根离子反应快，它优先与溶出的少量铝酸根离子和 Ca^{2+} 作用生成钙钒石，使液相中 Ca^{2+} 的浓度下降，同时又使粉煤灰表面发生解离。于是加速了粉煤灰和 $Ca(OH)_2$ 包裹层的化学吸附和离子交换，生成更多的 C · S · H凝胶而提高强度。

在扩散期阶段，除了碱性 $Ca(OH)_2$ 硅化外，反应的速度由扩散控制。一方面 Ca^{2+} 穿过粉煤灰颗粒表面进入内部与玻璃体中的硅酸根离子结合，另一方面硅酸根离子在渗透压及静电引力的驱动下产生一定的迁移。这两种离子（团）的扩散以 Ca^{2+} 的迁移为主。Ca^{2+} 向粉煤灰颗粒内部迁移，进入无规则连续网络中间，出现移位和间隙扩散。特别是磨细的粉煤灰颗粒表面，由于出现了较多的 Si—O 键断裂，使粉煤灰颗粒表面处于电性不平衡状态，Ca^{2+} 会很快与其反应生成 C · S · H 凝胶。因此，在断开的玻璃微珠表面的断裂处，比其他部位有更多的 C · S · H。

扩散过程是一个长期的自始至终的过程，而且相当复杂。在扩散阶段，因 C · S · H 凝胶体明显增多，强度曲线已经凸起，试体具有明显的耐水性。

4.6.2.3　强度期

强度期包括胶化期和稳定期。胶化期是指 90 天到一年左右的时期，这是 C · S · H 形成的主要阶段，强度增加较大。稳定期是指一年以后的时期，此时强度增加较慢，反映的特征主要是各种水化物之间的相互影响和转化。

4.6.3　强度作用

掺有粉煤灰的胶结充填料的水化作用机理表明，粉煤灰在初期阶段（14 天以前）几乎不发生作用；其主要作用是提高充填体的后期强度。因此，掺入粉煤灰适合于对早期强度要求不高的嗣后胶结充填。

国内外在利用粉煤灰代替部分水泥作为充填料胶凝剂方面做了大量的试验与研究工作，矿山充填的工业应用也积累了经验。研究与应用均表明，在充填材料中掺入粉煤灰后可以提高胶结充填体强度，或可以用粉煤灰代替部分水泥用量。经对比分析实验数据可以发现，在相同灰料比条件下，添加粉煤灰的充填料试块的平均抗压强度比不加粉煤灰的强度高（表 4-34、表 4-35）。并且粉煤灰的主要作用体现在能大幅度提高充填体后期强度。

在结构流或膏体充填料浆中添加适量粉煤灰，还以可降低管道输送阻力，改善膏体充填料的泵送性能。

表 4-34 水泥、粉煤灰、全尾砂胶结充填料强度

序号	水泥：粉煤灰：全尾砂	充填料质量分数 w/%	抗压强度 σ_c/MPa			抗拉强度 σ_t/MPa	黏聚力 C /MPa	内摩擦角 φ/(°)	弹性模量 E/MPa
			7d	28d	90d				
1	1：1：5	68	1.18	2.60	5.75	0.22	0.38	58	250
2	1：1：6	65	0.64	1.80	4.10	0.15	0.26	58	182
3	1：1：6	68	0.70	1.80	4.43	0.16	0.27	57	292
4	1：1：6	70	0.84	2.12	5.20	0.20	0.33	56	219
5	1：2：6	65	0.74	1.20	2.76	0.11	0.18	56	202
6	1：2：6	68	0.48	1.34	3.23	0.10	0.18	59	240
7	1：2：6	70	0.59	1.81	4.12	0.13	0.24	60	280
8	1：2：8	65	0.37	0.95	1.92	0.13	0.18	49	187
9	1：2：8	68	0.39	1.10	2.13	0.11	0.17	55	192
10	1：2：8	70	0.41	1.28	2.72	0.11	0.19	57	187
11	1：2：10	65	0.28	0.69	1.14	0.11	0.14	46	160
12	1：2：10	68	0.32	0.78	1.28	0.09	0.13	52	180
13	1：2：10	70	0.34	0.86	1.66	0.06	0.11	60	215

表 4-35 水泥、全尾砂胶结充填料强度

序号	水泥：尾砂	充填料质量分数 w/%	抗压强度 σ_c/MPa			抗拉强度 σ_t/MPa	黏聚力 C /MPa	内摩擦角 φ/(°)	弹性模量 E/MPa
			7d	28d	90d				
1	1：6	65	0.82	1.43	2.13	0.14	0.22	55	218
2	1：6	68	0.96	1.50	2.60	0.14	0.23	56	257
3	1：6	70	1.08	1.59	2.64	0.14	0.24	57	180
4	1：6	75	1.10	1.75	3.18	0.13	0.24	59	210
5	1：8	65	0.62	1.08	1.18	0.05	0.12	66	186
6	1：8	68	0.66	1.22	1.89	0.10	0.17	58	193
7	1：8	70	0.73	1.30	1.93	0.12	0.20	56	140
8	1：8	75	0.79	1.49	2.30	0.14	0.23	56	187
9	1：8	80	1.80	2.78	3.57	0.28	0.44	55	304

粉煤灰对于提高胶结充填体强度有一个合理掺量。经实验研究表明，在全尾砂胶结料浆中的合理掺量是水泥量的45%。若高于此掺量，充填体的早期强度有下降趋势。在棒磨砂料浆中的合理掺量为60%～80%；在粗集料充填料中的合理掺量为150%～200%。

关于粉煤灰的合理掺量可作如下解释：在全尾砂胶结充填料浆中，水泥水化反应提供的 $Ca(OH)_2$ 能与水泥用量45%的粉煤灰发生反应，可提高胶结强度；如果粉煤灰的掺量继续增加，反而需要水泥去胶结粉煤灰，导致强度下降。在棒磨砂和粗集料胶结充填体中，粉煤灰的掺量之所以可以加大，是因为超过水泥量45%的粉煤灰起优化集料级配的作用。但是当粉煤灰的掺量再继续增大时，充填体强度也会下降，其原理与全尾砂胶结料浆相同。

在粉煤灰产量较大的地区，若要求提高粉煤灰用量以进一步降低充填成本，其有效途径是在料浆中按比例添加石灰。

参考文献

[1] 周爱民. 基于工业生态学的矿山充填模式与技术[D]. 长沙：中南大学，2004.

[2] 周爱民. 碎石水泥浆胶结充填料直淋混合工艺与参数[J]. 中国有色金属学报，1998，8(3)：529～534.

[3] 沈旦申，吴正严. 现代混凝土设计[M]. 上海：上海科学技术文献出版社，1987.

[4] 周爱民，等. 丰山铜矿分段碎石胶结充填采矿法试验研究报告[R]. 长沙：长沙矿山研究院，1996.

[5] 肖国清，等. 诸暨金矿胶结充填采矿法试验研究报告[R]. 长沙：长沙矿山研究院，1994.

[6] Farsangi P，Hara A. Consolidated rockfill design and quality control at Kidd Creek Mines[J]. CIM Bulletin，1993，973：68～74.

[7] Farsangi P，Hayward A，Hassani F. Consolidated rockfill optimization at Kidd Creek Mines[J]. CIM Bulletin，1996，1001：129～134.

[8] 周爱民，等. 奥地利与德国充填采矿技术[R]. 长沙：长沙矿山研究院，1990.

[9] Gaul T，Hoppe E. Schwerspatgrube Dreislar-Die Entwicklung einer kleinen Ganglagerstätte zu einem modernen，leistungsfähigen Bergwerk[J]. Erzmetall，1987(5)：225～231.

[10] 尹慰农，等. 凡口铅锌矿全尾砂胶结充填试验研究报告（成果鉴定报告）[R]. 长沙：长沙矿山研究院，1990.

[11] 周爱民，等. 高效低耗胶结充填技术[R]. 长沙：长沙矿山研究院，2001.

[12] 高泉. 高浓度全尾砂胶结充填料胶结机理研究[J]. 矿业研究与开发，1995，15(2)：1～4.

[13] 周爱民，等. 铜录山铜矿露天与地下联合开采技术研究[R]. 长沙：长沙矿山研究院，2000.

[14] 姚中亮，等. 结构流全尾砂胶结充填及无间柱分层充填采矿法[R]. 长沙：长沙矿山研究院，2006.

[15] 王新明，等. 柿竹园有色金属矿充填料和胶凝材料试验研究[R]. 长沙：中南大学，1998.

[16] 刘同有，等. 充填采矿技术与应用[M]. 北京：冶金工业出版社，2001.

[17] 姚中亮，等. 矿渣充填材料试验报告[R]. 长沙：长沙矿山研究院. 2003.

5 结构流充填料输送理论

废石胶结充填、全尾砂胶结充填和赤泥胶结充填均以高浓度状态进行充填，这也是矿山固废胶结充填的主要特点。废石胶结充填料主要采用分流输送方式，废石料可以通过重力输送或机械输送方式输送到井下，水泥浆或砂浆料可在较低浓度状态下通过管道输送到井下，在充入采场之前或充入采场过程中通过直淋工艺混合。因而其输送工艺比较简单，这也是废石胶结充填新技术在充填料输送方面的优势。全尾砂胶结充填料要求以结构流或似结构流状态进行充填，以保证充填体的质量。因此，对全尾砂胶结充填料的输送特性有较高的要求。本章重点讨论全尾砂胶结充填料的结构流输送特性。

5.1 结构流输送理论

5.1.1 结构流特征

全尾砂充填料浆的浓度由低到高，黏度相应增大，有阻止固体颗粒沉降的趋势。充填料浓度经过一个临界点后，料浆的输送特性将由两相流转为结构流。理想的结构流浆体沿管道的垂直方向不存在可量测的浓度梯度，表现为非沉降性态。这种料浆体在管道中与管壁的摩擦力若大于等于浆体的重力势能，在没有外加压力的推动时，料浆不能利用自重压头自行流动。当管道中存在着足以克服管道阻力的压力差，料浆才可以沿管道流动。

很难简单地确定某个浓度值为形成结构流的临界值。每种料浆的临界点将随着物料粒度的组成而发生变化，一般是组成的物料粒度越细，其临界浓度值越低（表 5-1）。因此，对于每种不同充填料浆，需要通过实验才能找出其临界浓度值。

表 5-1 几种不同粒径的充填料浆进入结构流状态的质量分数值

料浆类型	充填物料的平均粒径 /mm	结构流临界浓度/%	
		质量分数	体积分数
水泥尾砂料浆	0.054	70～71	47
水泥风砂料浆	0.213	76～77	54.8
水泥磨砂料浆	0.615	77	55.5

结构流是物料在流动以后的状态，它像固体那样作整体移动，在管道内以类似“柱塞”的形式流动（图 5-1*a*），“柱塞”与管壁之间则由一层很薄的润滑层分隔开来。结构流在管道横断面上的速度分布如图 5-1*b* 所示，“柱塞”全宽横断面上的速度为常数。这是因为集料颗粒间不发生相对移动，只有润滑层的速度有变化。自柱塞边界至管壁，速度急剧下降而趋于零。

流变学属材料流动和变形的学科，是研究材料在外力作用下所产生的应力与应变关系随时间发展的学科。对于同时具备黏、弹、塑性的高浓度充填料来说，需要以流变学理论

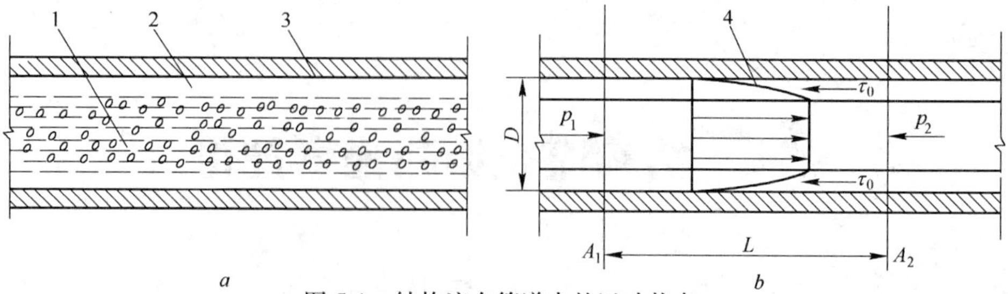

图 5-1　结构流在管道中的运动状态

a—运动状态及结构；*b*—动力学模型及速度分布

τ_0—屈服应力；A_1，A_2—管道两断面；p_1，p_2—A_1、A_2 断面的压力；*D*—管道内径；*L*—单位管道长

1—柱塞体；2—细泥润滑层；3—管壁；4—速度分布线

为基础，按照流变学基本原理，以充填料浆的屈服剪切应力 τ_0 和塑性黏度 μ 等流变参数作为可测定参数，进而确定流变模型，为设计提供各种流动状态的手段，以计算充填料在管道中运动的阻力。

管道内流体的切应力 τ 从管壁处向管心方向，其间将经过一个切应力等于屈服应力 τ_0 的流层。从该流层到管心的范围内，流体的切应力 τ 小于屈服应力 τ_0。故这一范围内的浆体不发生剪切变形，因而不存在层间的相对移动，即切变率为零。当“柱塞”克服屈服应力 τ_0 即可开始流动，故屈服应力也被称为初始切应力。由于管道壁与“柱塞”之间存在摩擦阻力，则接近管壁存在层流层。层流层中的速度一层比一层大，直至等于“柱塞”运动的速度。随着流速的增加，管道阻力相应增大，因而阻碍着接近管道壁的物料的运动。随着速度的进一步增加，使接近管道壁的润滑层产生紊流运动。于是，管道中充填料浆体的流变模型按非牛顿流体表达为：

$$\tau = \tau_0 + K\left(\frac{\mathrm{d}u}{\mathrm{d}y}\right)^n \tag{5-1}$$

式中　τ——流体的切应力，Pa；

τ_0——流体屈服应力，Pa；

K——表征黏滞性的实验常数，表示流体状态特性；

n——流变特性指数，结构流和层流状态时，$n=1$；

$\frac{\mathrm{d}u}{\mathrm{d}y}$——切变率，$s^{-1}$。

实验表明，全尾砂加粗集料的膏体充填料浆表现出明显的宾汉体流变特性，即切应力与切变率的变化呈线性，属典型结构流体。高浓度的全尾砂充填料浆在管道输送过程中的切应力随切变率的变化关系，并非完全是一条直线，而是偏离宾汉体直线向下弯曲，呈现出伪塑性。因此，高浓度全尾砂充填料浆和膏体充填料浆的一般流变模型，属赫谢尔-布尔克莱（Hershel-Bulkley）体，简称 H-B 模型，可用式（5-2）描述。

$$\tau = \tau_0 + \mu_{\text{H-B}}\left(\frac{\mathrm{d}u}{\mathrm{d}y}\right)^n \tag{5-2}$$

式中　τ_0——屈服应力，Pa；

$\mu_{\text{H-B}}$——H-B 黏度，Pa · s；

n——流动指数，$n<1$；

$\frac{du}{dy}$——切变率，s^{-1}。

当全尾砂充填料浆浓度高于某一临界值时，其切应力随切变率的变化接近直线。从工业应用出发，可以将这种高浓度全尾砂充填料浆视为结构流体，即似结构流。因此，在工业应用过程中，结构流膏体充填料浆或似结构流全尾砂充填料浆均可视为宾汉流体，具有宾汉流体的特性，可以用宾汉流体的流变方程（5-3）来描述其流变特性。

$$\tau = \tau_0 + \mu_B\left(\frac{du}{dy}\right) \tag{5-3}$$

式中 τ——剪切应力，Pa；

τ_0——浆体的屈服应力，Pa；

μ_B——宾汉流体的塑性黏度，Pa·s；

$\frac{du}{dy}$——切变率，s^{-1}。

5.1.2 阻力因素

结构流充填料浆沿管道流动必然受到阻力。只有当压力差足以克服管道内充填料浆流动所受到的阻力，料浆才能顺利流动。单位管道长度内的流体阻力即为压力损失或压力降或水力坡度。流体阻力的大小取决于多种因素。一般说来，流体阻力与水灰比的大小、输送速度、输送压力、料浆浓度、物料粒度组成及细粒级含量都有密切关系。

为了借助充填系统的料浆自重压力或泵压能够将充填物料连续地沿管道输送到采场，必须使管路系统内总的流体阻力小于充填料的自重压力或输送泵所能达到的输送压力。流体阻力较小时，所需的输送压力就小，还可减轻输送泵与输送管道的磨损，在输送管道很长的条件下，要求流体阻力小显得格外重要。

当结构流体含有足够的水量达到饱和水状态，其压力降与管道长度呈线性关系变化。未饱和水状态的压力降与管道长度呈指数函数的关系变化，这是物料含水量未达到饱和水状态时表现的特性。在工业应用中，要求结构流充填物料达到饱和水状态，润滑层起着如同液体一样的作用，管壁不会对集料颗粒产生干扰作用。此时，单位管道中的流体阻力可视为常数，水平管道中流动着的结构流体的压力降沿管道呈线性关系。

5.1.2.1 水灰比影响

料浆的水灰比直接影响阻力的大小，水灰比太小则不能使充填料达到饱和水状态，难以在料浆与管壁之间形成润滑层，因而导致输送阻力大。

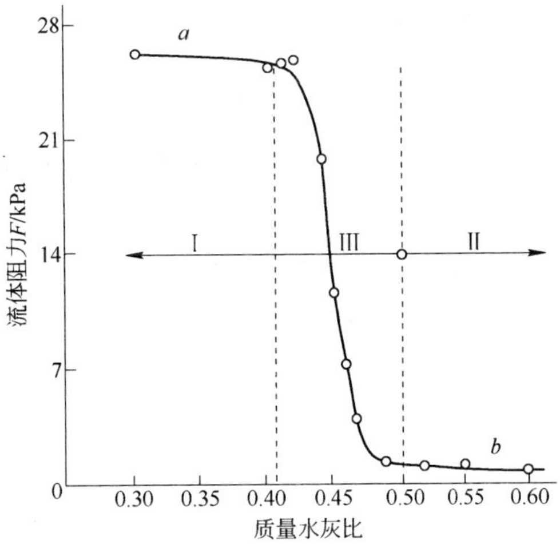

图 5-2 水灰比对流体初始阻力的影响

Ⅰ—未饱和水状态；Ⅱ—饱和水状态；Ⅲ—过渡状态

a—未饱和混凝土；b—饱和混凝土

艾德（Ede）针对泵送混凝土提出了如图 5-2 所示的一种典型流体的水灰比对其流体阻力的影响模式。当水灰比由 0.3

增至 0.6 时，流体即从未饱和水状态经由过渡状态转变为饱和水状态。处于过渡状态的流体阻力由两种性质的阻力组成。

由图 5-2 可见，若混凝土处于饱和水状态，其流体阻力是最低的。当混凝土所含集料孔隙率大，水泥含量低，具有很大的渗透性时，混凝土可能脱水。脱水带来的后果将使混凝土从饱和水状态转变成过渡状态或未饱和水状态，从而使流体阻力相应的急剧增大，对物料的输送极为不利。因此，应特别注意充填物料可输性态的稳定性。

5.1.2.2　输送压力对流体阻力的影响

假设任一流体在圆管中以某一固定速度流动，作用于该流体某一单元上的所有力可表示为：

$$F = \frac{D}{4} \cdot \frac{dp}{dx} \tag{5-4}$$

式中　F——流体阻力，指作用于管道内壁单位面积上的力，kPa；

$\frac{D}{4}$——圆管水力半径，m；

$\frac{dp}{dx}$——沿流动方向的压力变化率，kPa/m；

D——管道内径，m；

p——输送压力，kPa。

由式（5-4）经变换可得：

$$\frac{dp}{dx} = \frac{4F}{D} \tag{5-5}$$

可见，流体阻力 F 可用各种不同直径的水平直管的单位长度上所需压力的大小来表达（图 5-3）。由式（5-5）可知，当流体阻力相同时，管径越小，每米管道长度所需压力越大。随流体阻力的增大，管径越小，这种单位长度所需的压力急剧增加。因此，应根据生产能力的要求，选择合理的管径。

5.1.2.3　输送速度对流体阻力的影响

充填料浆进入结构流运动状态后，即料浆浓度达到形成结构流的临界浓度以上，其输送阻力与输送速度的关系由一般的水力输送下凹曲线变化到近似线性关系，浓度进一步提高后，则成为向上凸的曲线关系（图 5-4）。这

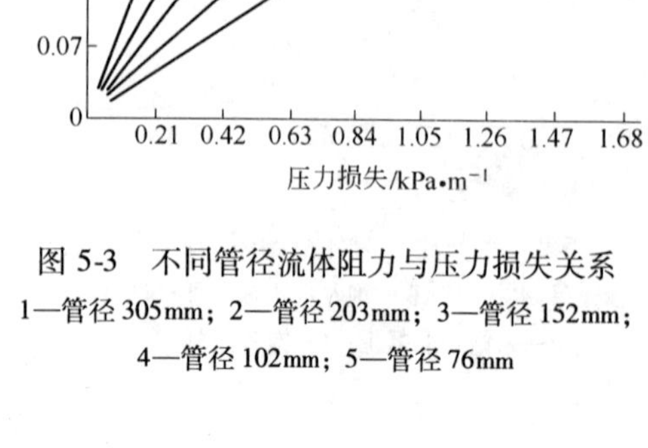

图 5-3　不同管径流体阻力与压力损失关系
1—管径 305mm；2—管径 203mm；3—管径 152mm；
4—管径 102mm；5—管径 76mm

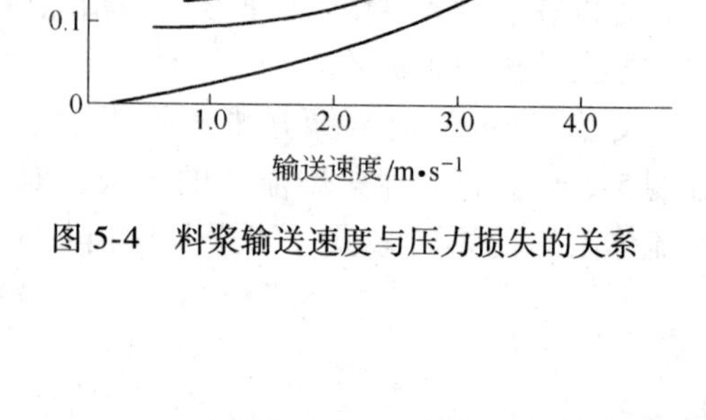

图 5-4　料浆输送速度与压力损失的关系

种上凸曲线关系，意味着高速输送时，随流速的增加流体阻力的增长趋势变缓。在低流速区段，则随着输送速度的增大，浆体的输送阻力随之快速增加。由于结构流体的黏度大，流体阻力也大，因而均在低流速下输送。因此，输送结构流或似结构流状态的高浓度充填料时，流速的增大将快速增大压力损失。

罗得威克和韦伯也针对低坍落度混凝土进行了试验，表明这种流体的输送阻力与流速大致呈直线关系（图5-5）。但是在相同条件下的试验结果并不相同。尤其在低速条件下，两者差别相当大，只有在较高流速时，两组结果比较吻合。

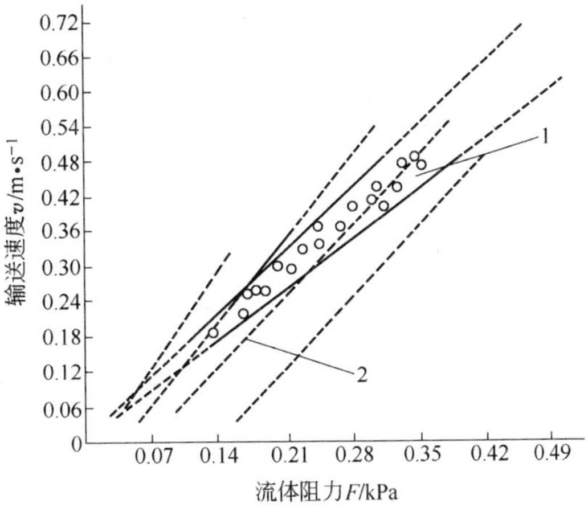

图5-5 输送速度对流体阻力的影响
（坍落度为7.62～15.24cm）
1—罗得威克试验结果；2—韦伯试验结果

5.1.2.4 粒级与浓度对流体阻力的影响

物料的粒级组成是构成结构流体的决定因素，其中足够的细物料能够形成悬浮状，是组成结构流体不可缺少的组分。由于结构流料浆的细物料含量较高，因而浆体的黏度大、压力损失大。

在结构流体中增加尾泥和水泥等超细物料的含量，有利于在压力作用下于管壁处形成润滑层，可减少沿管道的摩擦阻力。一般要求膏体泵送料中－20μm的超细物料含量要大于20%，以保证在管壁处形成足够的润滑层。

浓度对输送阻力的影响更加明显。一般来说，流体的压力损失随着浓度的增大而增大（图5-4）。浓度的增大也就意味着固体物料增加，为了使所有固体物料悬浮，克服固体物料的重力所需消耗的能量也相应增加，因而压力损失也就增大。另一方面，料浆浓度增大后，其黏度也增大，摩擦阻力也就相应增加。

5.1.3 阻力公式

5.1.3.1 层流状态下阻力公式

结构流体的平均流速在0.3～0.5m/s以下时，在直管段内接近管壁的流层可看作为层流运动。此时，由层流的运动方程推导出层流状态下的流体阻力计算公式为：

$$i = \frac{16}{3D\rho}\tau_0 + \frac{32v}{D^2\rho}\mu \tag{5-6}$$

式中 i——流体阻力损失，Pa/m；

τ_0——料浆屈服应力，Pa；

ρ——料浆相对密度；

v——料浆流速，m/s；

D——输送管内径，m；

μ——料浆黏度，Pa·s。

式（5-6）右边第一项相当于初始应力的大小，第二项为输送料浆时消耗的能量。因为是在层流状态下输送物料，故处在流速的一次指数范围内。

用式（5-6）计算管道输送充填物料的流体阻力时，一般须乘上适当的安全系数。

5.1.3.2 压差阻力公式

在工程应用中，水泥与水混合会发生水化水解反应，引起料浆输送性能变坏，即新配制的充填料的 τ_0、μ 值与输送过程中充填料的 τ_0、μ 值的大小有差异。同时，采用的黏度计类型不同，τ_0、μ 值也有差别，致使式（5-6）的应用受到限制。因此，通常采用管道输送料浆的测试结果计算料浆的阻力。

假定充填料连续稳定地流经截面 A_1 及 A_2（图 5-1），将流体的外力投影到流体轴线上，得到计算管道输送料浆的阻力 F 的计算公式为：

$$F = \frac{D}{4} \cdot \frac{p_1 - p_2}{L} \tag{5-7}$$

式中 F——流经管段的输送阻力，MPa；

D——输送管内径，m；

p_1，p_2——管段起点及终点压力，MPa，用压力计在输送试验管道上测定；

L——管段长度，m。

在式（5-7）与式（5-4）中，$\frac{p_1 - p_2}{L}$ 与 $\frac{\mathrm{d}p}{\mathrm{d}x}$ 的意义相当，但前者易于测出，应用比较方便。

5.1.3.3 金川公式

由长沙矿山研究院与中国有色工程设计研究总院在金川公司大量实验基础上，提出的适用于结构流的流体阻力公式为：

$$i_m = i_0\left\{1 + 106.9\varphi^{4.42}\left[\frac{gD(\rho - 1)}{v^2\sqrt{C_x}}\right]^{1.78}\right\} \tag{5-8}$$

式中 i_m——料浆压力损失，kPa/m；

i_0——清水的水力坡度，kPa/m；

φ——料浆的体积分数，%；

v——料浆的平均流速，m/s；

D——输送管内径，mm；

g——重力加速度，980cm/s²；

ρ——固体物料密度，g/cm³；

C_x——反映颗粒沉降特性的阻力系数，由下式确定：

$$C_x = \frac{4}{3} \times \frac{(\rho_t - 1)gd}{w^2} \tag{5-9}$$

d——固体颗粒的平均颗粒直径，mm；

w——固体颗粒的自由沉降速度，cm/s。

5.2 自流输送

5.2.1 充填料特性

实验与应用表明，似结构流状态下的全尾砂充填料浆可以借助自重输送；典型结构流充填料浆一般需要外加压力才能输送。合理设计结构流胶结充填系统，需要讨论的料浆特性包括：流动性、沉缩率、泌水性及过渡流速等。

5.2.1.1 流动性

坍落度的力学含义是料浆因自重而坍落，又因内部阻力而停止的最终形态量。它的大小直接反映了料浆的流动性特征与流动阻力的大小。往往需要通过料浆坍落度试验测定全尾砂胶结充填料浆的流动性，并辅以观察料浆的流动状态。

采用标准的截圆锥筒，按建筑工程规范测定不同灰砂比条件下各种浓度全尾砂胶结充填料浆的坍落度（图5-6、表5-2），并可以描绘出料浆坍落度与料浆质量分数的关系曲线（图5-7）。

图5-6 全尾砂充填料坍落度测定

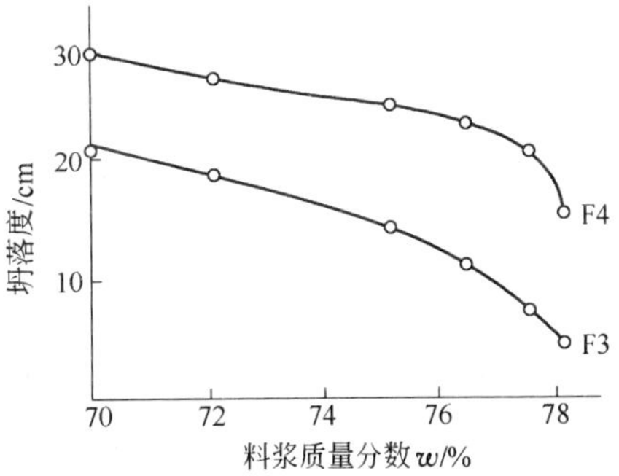

图5-7 全尾砂胶结料浆坍落度与质量分数的关系

表5-2 全尾砂胶结料坍落度测定值①

灰砂比	质量分数 w/%	坍落度/cm	
		F3尾砂样	F4尾砂样
1∶4	70.00	21.1	28.0
	72.00	18.1	26.9
	75.13	14.5	24.0
	76.43	11.4	23.0
	77.52	7.3	21.0
	78.23	4.7	16.0

①凡口铅锌矿高浓度全尾砂胶结充填料试验值。

图5-7表明，在灰砂比相同的情况下，坍落度随着浓度的增加而降低；当浓度增加到一定值后，坍落度急剧降低。

在坍落度试验中，使料浆变形的力是料浆自重，由于胶结充填料的自重与混凝土不同，采用坍落度指标描述二者的流动性具有差别。

当全尾砂胶结充填料浆的坍落度大于22cm时，流动性好，但坍落度下降到18～20cm时仍能满足自流输送。对于不同粒度组成及不同物理力学特性的料浆，可实现自流输送的浓度不同。如凡口铅锌矿的F3全尾砂试样的可自流输送的料浆质量分数为72%；而F4全尾砂试样的可自流输送的料浆质量分数可达到77%。

5.2.1.2 沉缩率

高浓度全尾砂胶结料浆在浇注之后，由于固体颗粒的沉降而逐步密实，加上水泥水化，一部分水从料浆中析出，充填料逐渐凝聚，产生凝聚性体积收缩。

充填料沉缩高度 Δh 与料浆高度之比为沉缩率。通过浇注试验测定沉缩率。显然，料浆浓度越高，沉缩率越小。达到最大沉缩浓度的料浆不再产生密实性沉缩，只存在水泥水化凝固产生的沉缩。在凡口铅锌矿全尾砂充填料浆条件下，当料浆质量分数高于70%时，沉缩率小于3.4%；当料浆质量分数达到75%时，沉缩率小于1%（表5-3）。

表 5-3 全尾砂胶结充填料浆沉缩率和泌水率①

尾砂编号	灰砂比	充填料的质量分数 w/%	浆柱高度 H/mm	沉缩高度 Δh/mm	沉缩率 /%	积水层高度 Δh_w/mm	泌水率 /%	凝固时间 /h	试 模
F3	1∶4	70.70	800	27	3.4	23	2.9	36	②
	1∶4	71.90	800	26	3.3	23	2.9	36	
F4	1∶4	72.25	999	22	2.2	18	1.8	48	③
	1∶4	74.99	1000	10	1.0	8	0.8	48	
	1∶4	76.43	1002	6	0.6	4	0.4	48	

①凡口铅锌矿高浓度全尾砂胶结充填料试验值；

② 200mm × 200mm × 800mm 矩形钢模；

③ ϕ100mm × 1000mm 有机玻璃管模。

5.2.1.3 泌水性

泌水性是全尾砂胶结充填料凝固过程的重要特性。全尾砂胶结充填料不同于建筑混凝土，水泥含量少，而且颗粒细，有少量水分需要泌出。特别是当充填料质量分数为70% ~ 75%时，含水量达25% ~30%，超过了水泥水化所需要的水量。除了一部分水形成结晶水和毛细水成为胶结体的一部分，其余水分则通过泌水渗出。

通过实验发现，全尾砂胶结充填料的泌水特征为充填料浆中的部分水沿颗粒毛细管上析至充填体表面，形成积水层。积水层下面的充填料可以凝固。

以积水层高度 Δh_w 与砂浆柱高度之比为泌水率，用以表征泌水特性。通过浇注试验测定全尾砂胶结充填料的泌水特性参数。对于凡口铅锌矿的全尾砂胶结充填料，当料浆质量分数高于70%时，泌水率小于3%；料浆质量分数高于75%时，泌水率小于1%（表5-3），并且初凝时析出的水分，在胶结充填料浆凝固过程中将会全部被充填体吸收。

矿山应用表明，似结构流全尾砂充填料浆在采场只有少量泌水，而典型结构流态的充填料浆充入采场后几乎无泌水现象。

5.2.1.4 过渡流速

充填料浆流体由紊流过渡到结构流的流速称为过渡流速。计算出过渡流速则可设定结构流的流速范围。一般结构流全尾砂胶结充填料浆的稳定性较好，在0.1m/s的低流速条件下也不产生沉降。

对于宾汉流体过渡流速的计算，一般采用汉克斯（Hanks）法，其特点是用赫德斯特

罗姆数 He（Hedstrom）定义临界雷诺数 Re_c。计算步骤如下：

（1）利用流体的流变参数试验数据值，根据式（5-10）计算出宾汉流体的临界塞流半径比 a_c。

$$\frac{a_c}{(1-a_c)^3}=\frac{He}{16800} \tag{5-10}$$

式中 $He=\dfrac{D^2\rho_m\tau_0}{\mu_B^2}$；

D——输送管道内径，mm；

ρ_m——料浆密度，g/cm^3；

τ_0——浆体的屈服应力，Pa；

μ_B——宾汉流体的塑性黏度，Pa·s。

（2）按式（5-11）计算过渡流速处的临界雷诺数 Re_c。

$$Re_c=\frac{He}{8a_c}\left(1-\frac{4}{3}a_c+\frac{1}{3}a_c^4\right) \tag{5-11}$$

（3）按式（5-12）计算过渡流速 v_0(m/s)。

$$v_0=\mu_B\frac{Re_c}{\rho_m D} \tag{5-12}$$

5.2.2 流变参数

流变参数是表征全尾砂胶结充填料浆体特性的重要参数，也是计算压力损失的重要依据。测定出料浆的流变参数便可计算不同管径条件下的压力损失。通常采用水平环管法测定流变参数。为了简化试验和减少试验用料，长沙矿山研究院发明了倾斜管道法测定流变参数。

5.2.2.1 水平环管测定法

A 测定装置

测定装置由环管输送系统、微机测试系统、冷却系统和调速系统四部分组成。

B 流变参数测定原理

在环管输送系统中选取两个断面安设压力仪，在不同的输送速度下测定两个受测断面之间的压力损失 Δp。根据环管料浆的压力损失测定结果，按照式（5-13）在直角坐标上绘制出管壁处切应力 τ_w 与视切变率 $\dfrac{8v}{D}$ 关系的虚剪切曲线（图5-8、图5-9）。

$$\tau_w=\frac{\Delta pD}{4L} \tag{5-13}$$

式中 τ_w——管壁处切应力，Pa；

Δp——两个受测断面之间的压力损失，Pa；

D——管道内径，m；

L——两个受测断面间的管道长，m。

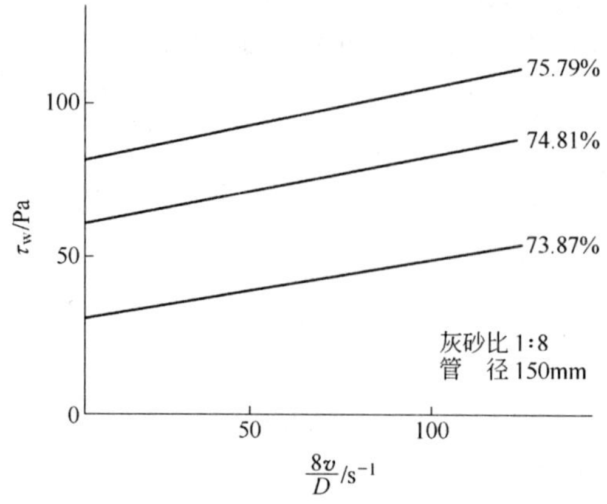

图 5-8 F1 全尾砂胶结料浆 τ_w-$\frac{8v}{D}$ 关系曲线

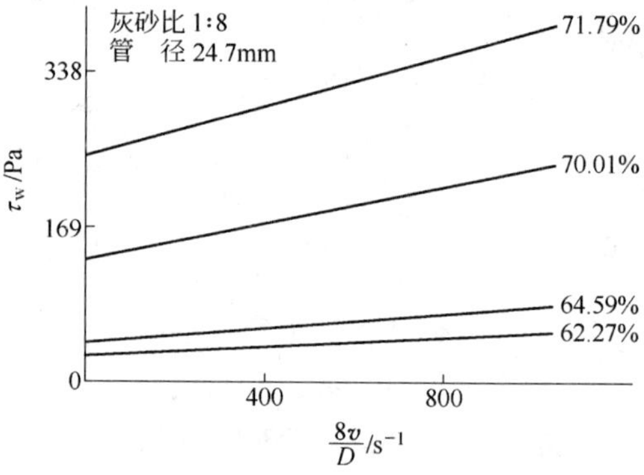

图 5-9 F3 全尾砂胶结料浆 τ_w-$\frac{8v}{D}$ 关系曲线

对于宾汉流体，管壁处切应力 τ_w 和视切变率 $\frac{8v}{D}$ 之间的关系可以用伯金汉（Buckingham）方程（5-14）表示：

$$\frac{8v}{D} = \frac{\tau_w}{\mu_B}\left[1 - \frac{4}{3}\frac{\tau_0}{\tau_w} + \frac{1}{3}\left(\frac{\tau_0}{\tau_w}\right)^4\right] \tag{5-14}$$

式中 v——料浆平均流速，m/s；

τ_0——料浆屈服应力，Pa；

μ_B——宾汉流体的塑性黏度，Pa · s；

其他符号意义同前。

管壁处的切应力 τ_w 远远大于屈服应力 τ_0 因而可简化略去 4 次方项，则式（5-14）可简化为线性方程式（5-15），τ_w-$\frac{8v}{D}$ 关系在视切变率高值范围内呈直线关系，则有：

$$\tau_w = \frac{4}{3}\tau_0 + \frac{8v}{D}\mu_B \tag{5-15}$$

可见，式（5-15）的斜率为宾汉流体的塑性黏度 μ_B，并在 $\frac{4}{3}\tau_0$ 处与 τ_w 轴相交。因此，根据直角坐标上 $\frac{8v}{D}$ 的高值数据，可以求得 τ_0 和 μ_B 的值（表 5-4）。

表 5-4 环管法测定全尾砂充填料浆流变参数与过渡流速值①

尾砂试样	灰砂比	质量分数 w/%	料浆密度 ρ /g · cm^{-3}	屈服应力 τ_0/Pa	塑性黏度 μ_B /Pa · s	过渡流速 v_0 /m · s^{-1}	管径 D /mm
F1	1 : 6	75.86	1.977	87.26	0.3663	5.57	150
		74.89	1.953	44.29	0.2731	4.06	
		74.40	1.941	32.25	0.2309	3.47	
		73.43	1.917	17.40	0.2292	2.92	

续表 5-4

尾砂试样	灰砂比	质量分数 w/%	料浆密度 ρ /g·cm^{-3}	屈服应力 τ_0/Pa	塑性黏度 μ_B /Pa·s	过渡流速 v_0 /m·s^{-1}	管径 D /mm
F1	1∶8	75.79	1.973	61.48	0.2523	4.37	150
		74.81	1.949	46.06	0.2330	3.90	
		73.84	1.926	39.68	0.2291	3.72	
		72.87	1.903	22.04	0.2036	2.99	
	1∶10	75.59	1.971	71.71	0.2937	4.84	46.7
		72.69	1.900	54.45	0.2929	4.45	
		73.78	1.926	31.70	0.2186	3.41	
	0∶1	75.50	1.961	62.18	0.4065	5.28	46.7
		75.21	1.954	48.01	0.3268	4.48	
		74.15	1.928	35.63	0.3034	4.02	
		73.06	1.902	24.68	0.2243	3.21	
F3	1∶4	72.47	1.988	175.59	0.1709	10.80	46.7
		70.31	1.931	92.52	0.1384	8.58	
		64.89	1.801	32.70	0.0418	3.84	
		61.41	1.727	14.39	0.0241	2.50	
	1∶8	71.97	1.976	187.78	0.1378	9.99	24.7
		70.01	1.925	102.23	0.1008	7.55	
		64.59	1.796	31.22	0.0410	3.77	
		62.27	1.746	17.84	0.0308	2.88	
	0∶1	72.57	1.996	170.09	0.1373	9.61	24.7
		67.17	1.858	43.60	0.0461	4.26	
		55.19	1.611	7.24	0.1453	1.74	
F4	1∶4	76.22	2.094	130.97	0.1453	8.84	24.7
		75.19	2.064	99.01	0.0797	6.27	
		73.33	2.011	63.22	0.0794	5.62	
		68.23	1.879	18.84	0.0317	2.82	
	0∶1	69.18	1.907	20.05	0.0314	2.83	24.7
		69.18	1.907	16.78	0.0677	2.04	117

①根据凡口铅锌矿全尾砂胶结充填料试验。

5.2.2.2 倾斜管道测定法

采用环管模拟试验测定浆体流变力学参数，需要大量试验设备和试验物料，并且试验时间长、费用高。针对环管模拟试验的缺陷，结合结构流全尾砂料浆的特性，可以采用倾斜管道测定高浓度全尾砂料浆的流变参数，这是一种更加简便实用的方法。

A 测定装置

倾斜管道测试料浆流变参数的装置如图 5-10 所示。直径和长度一定的倾斜管道通过两个定位套筒固定在长方形框架上。一个定位套筒可绕固定点旋转，另一个则可沿滑动槽上下移动并旋转。这样可以根据需要调整管道的倾斜角度。测试时，将制备好的高浓度料浆倒入受料漏斗，不断添料使漏斗内料浆面保持在一定高度。测定管道的倾角和管道全断面浆体平均流速，即可计算出浆体的流变参数。

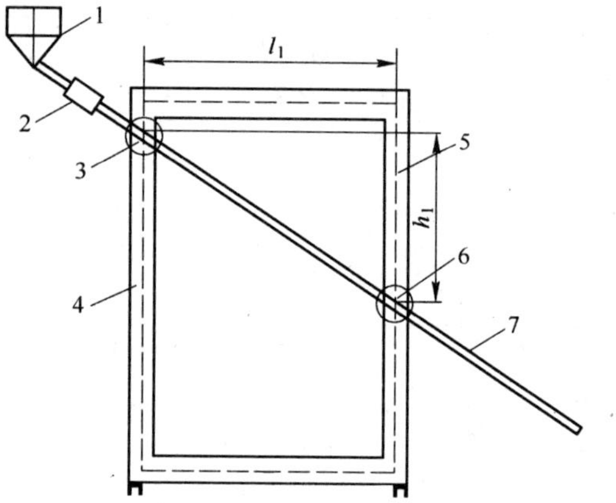

图 5-10 浆体流变参数倾斜管道测试装置
1—受料漏斗；2—连接杆；3—固定盘；4—槽钢架；5—滑动槽；6—定位套；7—输送管

B 流变参数测定原理

我们知道，结构流全尾砂浆体具有以下两个特性：

（1）结构流全尾砂充填料的颗粒细、浓度高、料浆稳定性好，料浆静置时没有粗、细颗粒的分离沉降过程，只有颗粒间隙减小、体积收缩和水分逐渐泌出的压缩过程；由于测试过程中料浆在漏斗中存放时间短，故压缩现象并不明显。

（2）结构流全尾砂浆体在管道中呈“柱塞”流动，其流态属非牛顿流体，可以用宾汉流体模型式（5-3）近似表征其流变力学特性。

因此，考虑管道全断面浆体的平均流速，管壁处切应力可用前面的伯金汉方程式(5-15)表示。

若在倾斜管道内沿横断面取一微元体，进行图 5-11 所示的受力分析，则在管道的倾斜方向上有：

$$\tau\pi dl + \Delta p\pi\left(\frac{d}{2}\right)^2 = \frac{\pi l\rho}{g}\left(\frac{d}{2}\right)^2\sin\alpha \tag{5-16}$$

式中 τ——料浆切应力，kPa；

d——料浆微元体直径，m；

l——料浆微元体长度，m；

Δp——沿料浆微元体长度端面的压力差，kPa；

ρ——料浆密度，kg/m^3；

g——重力加速度，m/s^2；

α——料浆微元体倾角，(°)。

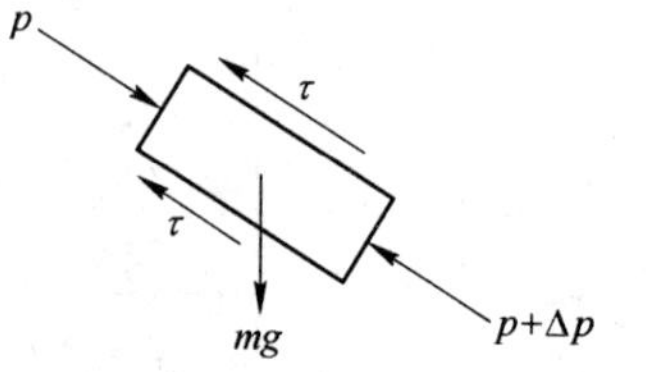

图 5-11 浆体微元受力分析

沿倾斜管道全长积分得：

$$\tau = \frac{d}{4}\frac{p}{L} + \frac{d}{4}\frac{\rho}{g}\sin\alpha \tag{5-17}$$

从式（5-17）可以看出，当管道倾角一定时，管道内壁处料浆体的最大切应力为：

$$\tau_w = \frac{D}{4}\frac{p}{L} + \frac{D}{4}\frac{\rho}{g}\sin\alpha \tag{5-18}$$

式中 τ_w——料浆体的最大切应力，Pa；

L——管道长度，m；

p——管道入口处压力，Pa；

D——管道内径，m；

α——管道倾斜角度，(°)。

漏斗内径与倾斜管道内径相比较大，漏斗内料浆高度与倾斜管道长度相比极小，则料浆在漏斗内流动的阻力损失小。为了计算方便，忽略不计料浆在漏斗内流动的摩阻及漏斗转弯处的阻力。则取漏斗内料浆面和倾斜管道入口处两通流断面进行分析，根据伯努利方程有：

$$h = \frac{p}{g\rho} + \frac{v^2}{2g} \tag{5-19}$$

式中 h——漏斗内浆料高度，m；

v——料浆在管道内的流速，m/s。

由式（5-19）得：

$$p = \rho\left(gh - \frac{v^2}{2}\right) \tag{5-20}$$

将式（5-15）、式（5-20）代入式（5-18）有：

$$\frac{4}{3}\tau_0 + \frac{8v}{D}\mu_B = \rho\frac{D}{4L}\left(gh - \frac{v^2}{2}\right) + \frac{D}{4}\frac{\rho}{g}\sin\alpha \tag{5-21}$$

对于确定的测试系统，D、L、h 可以固定不变，事先测定为已知值。对于特定配合比和一定浓度的充填料浆，可以认为其物理力学性质固定不变，因而料浆密度 ρ 可以事先测定为已知值。

因此，测定两组不同管道倾角 α_1、α_2 条件下的料浆平均流速 v_1、v_2，即可以设立以下方程组：

$$\begin{cases} \frac{4}{3}\tau_0 + \frac{8v_1}{D}\mu_B = \rho\frac{D}{4L}\left(gh - \frac{v_1^2}{2}\right) + \frac{D}{4}\frac{\rho}{g}\sin\alpha_1 \\ \frac{4}{3}\tau_0 + \frac{8v_2}{D}\mu_B = \rho\frac{D}{4L}\left(gh - \frac{v_2^2}{2}\right) + \frac{D}{4}\frac{\rho}{g}\sin\alpha_2 \end{cases} \tag{5-22}$$

方程组（5-22）中，只有浆体流变力学参数 τ_0 和 μ_B 为未知数，因而解此方程组即可求得。

采用倾斜管道法测得铜录山矿全尾砂料浆在不同质量分数下的流变力学参数见表 5-5。

表 5-5 倾斜管道法测定全尾砂充填料浆流变参数值①

质量分数 w/%	69.94	72.65	75.75	77.35
密度 ρ/g·cm^{-3}	1.878	1.945	2.027	2.027
屈服应力 τ_0/Pa	6.503	12.071	14.175	8.107
塑性黏度 μ_β/Pa·s	0.057	0.090	3.077	4.382

①根据铜录山铜矿全尾砂充填料试验。

5.2.2.3　流变参数与浓度关系

充填料浆浓度对输送阻力有非常明显的影响，输送浆体的压力损失随着浓度的增大而增大。因此，充填料浆的流变参数与料浆浓度直接相关，并且在对数坐标上的 τ_0-w 关系和 μ_B-w 关系均呈线性（图 5-12、图 5-13）。由此，可以建立计算流变参数 τ_0 和 μ_B 的经验公式模型为：

$$\tau_0 = A\mathrm{e}^{aw} \tag{5-23}$$

$$\mu_B = B\mathrm{e}^{bw} \tag{5-24}$$

式中　　w——料浆质量分数，%；

A，B，a，b——经验公式拟合系数（表 5-6）。

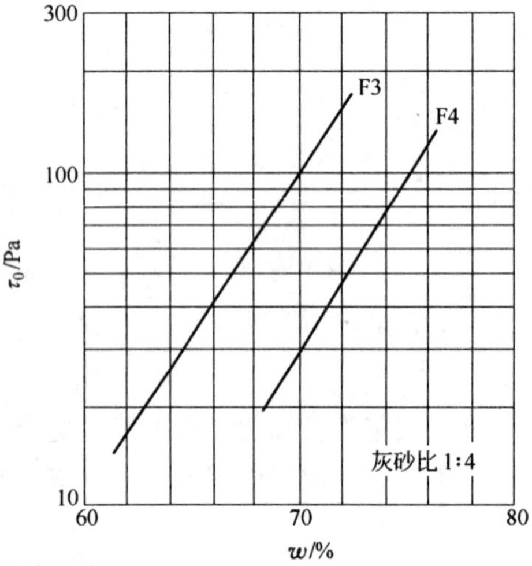

图 5-12　凡口铅锌矿全尾砂料浆 τ_0-w 关系曲线

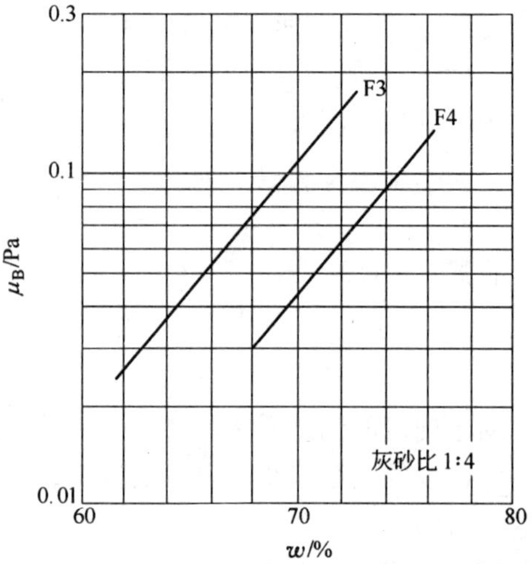

图 5-13　凡口铅锌矿全尾砂料浆 μ_B-w 关系曲线

表 5-6　全尾砂料浆流变参数经验公式拟合系数①

尾砂试样	灰砂比	$\tau_0 = Ae^{aw}$		$\mu_B = Be^{bw}$	
		A	a	B	b
F1	1 : 8	7.888×10^{-10}	0.332	1.476×10^{-3}	0.068
F3	1 : 4	2.094×10^{-5}	0.219	2.589×10^{-7}	0.186
F4	1 : 4	1.345×10^{-6}	0.241	7.674×10^{-8}	0.189

①根据凡口铅锌矿全尾砂胶结充填料试验。

5.2.3　输送参数

5.2.3.1　输送浓度

料浆输送浓度是全尾砂胶结充填工艺设计过程中需要确定的重要参数。一般希望胶结充填料以最高的浓度满足高强度的要求，实现最少水泥消耗量的目标。但充填料浓度越高，其流动性越差，特别是当采用自流输送方式时，充填料浓度受到限制。因此，全尾砂充填料的浓度主要取决于充填料的输送工艺。全尾砂充填料浆特性试验研究的首要任务，就是要确定充填料浆在输送工艺条件下能达到的最大输送浓度。

因此，一般根据采矿工艺对胶结充填体强度的要求，通过强度试验确定充填料浆需要满足的最小质量分数；通过料浆特性试验确定可输送料浆的最大质量分数。如根据凡口铅锌矿全尾砂胶结充填料的试块强度试验，全尾砂胶结充填料达到2MPa的最小质量分数为70%；根据最大沉降浓度、坍落度和流变参数试验，全尾砂胶结充填料最大的可输送浓度（质量分数）为72%～77%。

5.2.3.2 管径

结构流全尾砂胶结充填料输送管径的选择，主要根据所要求的输送能力和所选定的料浆输送流速来确定。可按式（5-25）计算输送管径。

$$D = \sqrt{\frac{4Q}{3600\pi v}} \tag{5-25}$$

式中 D——输送管径，m；

Q——输送能力，m^3/h；

v——料浆输送流速，m/s，对于以自流方式输送充填料，根据输送能力和实际输送倍线确定。

5.2.3.3 输送流速

对于全尾砂胶结料，由于颗粒细而且浓度高，料浆稳定性好，即使在0.1m/s的低速条件下也不沉淀，可以选择低流速下输送，以降低输送阻力，节省能耗。泵送全尾砂充填料浆一般选择输送流速在0.5～1.0m/s之间。对于自流输送的充填料浆，输送流速取决于充填能力和所选用的管径，按式（5-26）确定。

$$v = \frac{4Q}{3600\pi D^2} \tag{5-26}$$

式中 v——料浆流速，m/s；

Q——输送能力，m^3/h；

D——管径，mm。

5.2.3.4 压力损失

在工业应用中通过管道输送结构流或似结构流全尾砂充填料浆，按照宾汉流体的流变参数特征确定料浆的压力损失。

当料浆在结构流态下输送时，由管道内浆体受力平衡关系式（5-13）得到浆体压力损失 i 与管壁处切应力 τ_w 关系的表达式：

$$i = \frac{4\tau_w}{D} \tag{5-27}$$

式中，管壁处切应力 τ_w 可由式（5-15）确定。将式（5-15）代入式（5-27），则得压力损失 i 与流变参数的关系式（5-28）：

$$i = \frac{4}{D}\left(\frac{4}{3}\tau_0 + \frac{8v}{D}\mu_B\right) \tag{5-28}$$

式中，参数意义同前。其中流变参数 τ_0、μ_B 通过水平环管测定法或倾斜管道测定法的相关试验获得。

根据不同料浆浓度条件下试验所得的 τ_0 和 μ_B 值，利用式（5-28）可计算出相应料浆浓度条件下不同管径和流速的压力损失 i。这时，对于确定的管径，压力损失 i 就与流速 v 有了线性对应关系（表5-7）。

表 5-7 全尾砂充填料浆压力损失计算值①

尾砂样	尾砂中值粒径 d_{50}/mm	灰砂比	质量分数/%	密度/g·cm^{-3}	屈服应力 τ_0/Pa	塑性黏度 μ_B/Pa·s	i-v 关系式：$i=\frac{4}{D}\left(\frac{4}{3}\tau_0+\frac{8v}{D}\mu_B\right)$		压力损失 i/Pa·m^{-1}	
							$D=125$mm	$D=100$mm	$D=125$mm $v=1.13$m/s	$D=100$mm $v=1.77$m/s
F1	0.072	1∶8	72	1.849	18.32	0.1954	$i=32(12.51v+24.43)$	$i=40(15.83v+24.43)$	1234	2084
			73	1.872	25.53	0.2091	$i=32(13.38v+34.04)$	$i=40(16.73v+34.04)$	1573	2546
			74	1.805	35.58	0.2238	$i=32(14.32v+47.44)$	$i=40(17.90v+47.44)$	2036	3165
			75	1.920	49.57	0.2395	$i=32(15.33v+66.09)$	$i=40(19.16v+66.09)$	2669	4000
F4	0.053	1∶4	72	1.930	40.40	0.0639	$i=32(4.09v+61.95)$	$i=40(5.11v+61.95)$	2130	2840
			73	1.963	59.13	0.0772	$i=32(4.94v+78.84)$	$i=40(6.18v+78.84)$	2702	3591
			74	1.990	75.25	0.0933	$i=32(5.97v+100.33)$	$i=40(7.46v+100.33)$	3426	4541
			75	2.018	95.76	0.1128	$i=32(7.22v+127.68)$	$i=40(9.02v+127.68)$	4347	5746

①根据凡口铅锌矿全尾砂胶结充填料试验。

经采用管径为117mm的环管试验装置测定凡口铅锌矿F4全尾砂料浆的压力损失，然后根据所测定的流变参数按式（5-28）计算压力损失与实测值进行比较，表明在确定的流速范围内（1.1～1.8m/s），这种计算方法的计算误差小于6.23%（图5-14）。在流速 $v<1.8$m/s 范围内，计算值偏高；当 $v=1.1$m/s 时，计算值误差为 +6.23%；$v=1.8$m/s 时，误差为0。

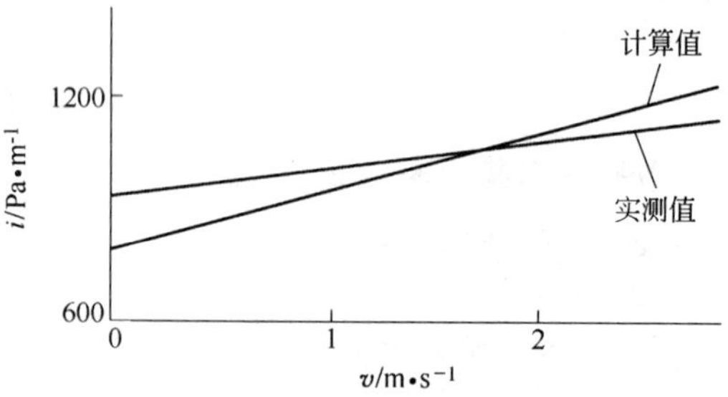

图 5-14 F4 全尾砂料浆压力损失计算值误差变化

因此，应用式（5-28）计算的压力损失可供设计使用。当然，按式（5-28）计算压力损失也需要通过试验获得流变参数。采用倾斜管道法测定流变参数最为简便。因此通过倾斜管道法测定流变参数，然后采用式（5-28）计算压力损失，是获取压力损失的一种经济实用的方法。当然，在具有环管实验的条件下，则直接测定压力损失更为合适。

5.2.3.5 输送倍线

利用自然压头自流输送全尾砂充填料时，由于不能通过外部压力调整输送距离，料浆的输送特性必须保证充填料借助自重流入采场，才能满足工业应用的要求。因此，引入输送倍线参数来描述料浆的这种特性。

所谓输送倍线，就是料浆输送管道系统的管道总长度与管道系统入口至出口之间垂直高差之比，即：

$$N = \frac{L}{H} \tag{5-29}$$

式中 N——系统输送倍线；

L——系统水平管道、垂直管道与弯管道的总长度，m；

H——充填系统管道入口与出口间的垂直高差，m。

自流输送的条件是依靠料浆所产生的重力压力差能够克服管道系统中料浆的阻力。料浆自重压差必须大于料浆的输送阻力，才能实现有效输送。则充填系统自流输送应满足的倍线条件为：

$$H \cdot \rho \cdot g > i \cdot L \tag{5-30}$$

即：

$$N < \frac{\rho g}{i} \tag{5-31}$$

式中 ρ——料浆密度，kg/m^3；

i——压力损失，kPa/m。

式（5-31）中的$\frac{\rho g}{i}$由料浆的特性参数和输送管道的管径决定。对于特性参数一定的料浆，$\frac{\rho g}{i}$是充填系统能够实现自流输送的极限输送倍线，只有当系统的输送倍线小于该值才顺利地实现自流输送。

在工程设计和工业应用中，若输送管路的弯管和变径接头极少，可不考虑局部压力损失和负压影响，则 i 值为直管段的压力损失。但当管道系统较复杂，存在较多的弯管或有变径接头时，其局部损失不可忽略，应在管道压力损失中考虑局部损失，则 i 值是考虑了充填管道系统中局部压力损失和负压影响的综合压力损失。实际应用的充填管道系统的局部压力损失大，进行充填系统设计时必须考虑到这一因素。

输送倍线既表征了料浆在管道系统内借助自重能够自流输送的水平距离，同时也表征了管道系统的工程特征，包括管线变向、管道变径、垂直管线与水平管线长度等因素。因此，输送倍线实质上是受料浆特性与管道系统影响的一个综合参数，表征了充填料浆与充填系统的综合特征。由于每个充填系统的管路布置都不相同，因此，这个参数对充填料浆输送系统的工程设计与生产管理至关重要，需要通过试验取得（表5-8、表5-9）。

表 5-8 全尾砂胶结料浆最大自流输送倍线①

管径/mm	流速 /m·s⁻¹	料浆质量分数 w/%							
		70	71	72	73	74	75	76	77
100	1.80	10.58	8.48	6.80	5.45	4.37	3.50	2.31	2.25
125	1.13	14.23	11.37	9.09	7.26	5.81	4.64	3.73	2.96
150	0.80	17.62	14.06	11.23	8.96	7.15	5.71	4.56	3.64

①试样取自凡口铅锌矿全尾砂。

表 5-9　全尾砂充填料管道自流输送试验参数①

序 号	输 送 参 数						料浆质量分数 w/%	输送倍线
1	流速/$m^3 \cdot h^{-1}$	5.43	4.41	2.67	1.84	1.99	75.91	3.2
	$(8v/D)/s^{-1}$	7.86	6.39	3.88	2.67	2.89		
	τ/Pa	293.53	278.30	274.94	270.80	268.72		
2	流速/$m^3 \cdot h^{-1}$	66.80	70.46	78.40	88.20	70.92	73.60	3.2
	$(8v/D)/s^{-1}$	96.773	102.06	113.57	127.77	102.74		
	τ/Pa	226.90	215.94	194.77	167.96	191.43		
3	流速/$m^3 \cdot h^{-1}$	4.72	3.05	1.85	1.73		73.62	4.2
	$(8v/D)/s^{-1}$	6.838	4.422	2.675	2.508			
	τ/Pa	215.05	214.07	213.04	211.37			
4	流速/$m^3 \cdot h^{-1}$	52.2	70.65	77.76	58.11	58.32	71.49	4.2
	$(8v/D)/s^{-1}$	75.62	102.35	112.65	84.19	84.48		
	τ/Pa	193.21	166.62	150.29	171.09	165.41		
5②	流速/$m^3 \cdot h^{-1}$	42.48	44.10	36.00	33.75	25.20	74.62	4.2
	$(8v/D)/s^{-1}$	61.54	63.89	52.15	48.89	36.51		
	τ/Pa	202.68	198.50	198.91	195.46	197.79		

①试样为南京铅锌矿的全尾砂；②添加 0.037% 的减水剂。

由于结构流全尾砂充填料的自流输送倍线较小，对于垂直高差较小的充填系统，其自流输送浓度不能太高，或在较高浓度条件下的水平输送距离较小，或者输送流量太小。为了在满足系统流量的前提下提高料浆的输送浓度或者增大自流输送的水平距离，可在充填料制备过程中添加减水剂现实。对比表 5-9 中 3 与 5 两组试验数据表明，质量分数为 74.62% 的全尾砂充填料浆，掺入 0.037% 的减水剂后，可有效提高料浆的流动性。

关于减水剂的作用原理可作如下描述：水泥全尾砂胶结充填料在加水搅拌后会产生一些絮凝状结构，在这些絮凝状结构中包裹着拌和水，从而降低了料浆的和易性与管输性；掺入具有表面活性的减水剂后，其憎水基团定向吸附于水泥颗粒表面，而亲水基团指向水溶液构成单分子或多分子吸附膜，使水泥胶粒表面上的同性电荷在排斥力的作用下，不但能使水泥-水体系处于相对稳定的悬浮状态，而且促使水泥在加水初期所形成的絮凝状结构分散解体，将絮凝状凝聚体内的游离水释放出来，达到减水的目的。

另外，具有表面活性的减水剂离解后的亲水基团定向吸附于水泥颗粒表面，很容易和水分子以氢键形式缔合起来。这种氢键缔合作用力远远大于该分子与水泥颗粒间的分子引力。水泥颗粒吸附足够表面活性剂后，借助氢键缔合作用使水泥颗粒表面形成一层稳定的溶剂化水膜。这层水膜阻止了水泥颗粒间的直接接触，可在颗粒间起润滑作用。因此，减水剂还能起到减少输送阻力的作用。

5.3　泵压输送

全尾砂充填料浆浓度提高到一定程度成为典型结构流，则料浆的形态像膏体，故通常形象地被称为膏体充填料。膏体的塑性黏度与屈服切应力均较似结构流体更大，一般条件下不采用自流输送工艺，往往采用正压力活塞泵压送。在充填倍线较小的条件下，若充填系统垂直管段的料浆自重势能足以克服管道阻力，膏体充填料也可以采用自流输送工艺。若自流输送系统存在地表水平管段，这一水平段需克服屈服切应力向垂直管道给料，并在充填结束时清洗地表水平管路需要外加压力，这时则可以形成泵压-自流联合输送工艺。

5.3.1 充填料特性

膏体充填料浆中的固体颗粒不再游离沉淀，料浆成为稳定型稠状。由于膏体料浆像塑性结构体一样在管道中做整体运动，其中的固体颗粒不发生沉淀，层间也不出现交流，而呈现“柱塞”状运动状态（图5-1）。细粒物料像一个圆环，集中在管壁周围起到润滑层的作用。膏体充填料的形成，需要相当数量的细粒级物料才能使其获得良好的稳定性和可输性，并获得不沉淀、不离析、不脱水以及管壁润滑层的特性。这种膏体物料不透水，因此充填物料的渗透性便失去了意义。这使得将全尾砂用作充填料具有更好的应用基础，而且超细粒级尾砂物料（尾泥）在两相流充填方式中的固有缺点，可以在膏体充填料浆的输送工艺中转化为技术经济上的优越性。

粗集料不能单独构成结构流体通过管道输送，将其与细物料混合后，以细物料作为载体则可通过泵压输送。由粗细物料混合而成的膏体充填料具有井下不泌水、密度高、沉缩率小的优势。

满足工业应用所要求的膏体充填料应具备三大特性：稳定性、可塑性和流动性。

稳定性是指充填料所具有的抵抗分层离析的能力。工业应用中反映了膏体在密闭的管道中停留较长时间不沉淀、不分层、不离析，仍能顺利地进行输送。

可塑性是指膏体充填料在克服屈服应力后产生非可逆变形的能力，是膏体在管道输送过程中其物料结构所具有的抵抗错位的能力，即抵抗变形的能力。在工业应用中体现为膏体通过弯管后，尽管其形状发生了变化，但其结构基本不变。

流动性是指膏体物料在管道中的流动性能，取决于固、液相的比率，以及组成膏体的物料粒度组成。具有很好流动性的膏体物料的构成中，需要 $-20\mu m$ 超细粒级含量大于20%，这部分超细粒级有很强的饱水能力，使水量能够填满膏体微细颗粒之间的空隙，从而保证有足够的水分使膏体具有流动性。在生产应用中的流动性表现为膏体充填料在重力或压力的作用下能在管道中和采空区中顺利流动。

5.3.2 流变特性

膏体充填料的流变特性综合反映了膏体充填料的结构应力和在输送过程中产生的压力损失，是进行输送系统设计的重要参数。膏体充填料在通过泵压输送时，往往加入粗集料改善其力学特性。由于组分的增加，使得料浆流变参数的变数更多，需要确定的因素更多。

5.3.2.1 膏体流变特性的主要影响因素

膏体充填料流变特性可采用料浆的屈服应力 τ_0 和动力黏度 μ 作为特征参数。正如前述，料浆浓度对流变参数 τ_0 和 μ 的影响最为敏感，τ_0、μ 随膏体料浆浓度的提高显著增大（表5-10），而且当料浆浓度超过某一值时，τ_0、μ 将急剧增大。但膏体充填料的组成不同，使充填料 τ_0、μ 参数急剧增大的临界浓度值也不同（表5-11）。

表 5-10 膏体充填料浆流变参数与体积分数关系

序号	物料组成	灰砂比	水泥比粉煤灰	粗细物料比	屈服应力 τ_0/Pa	塑性黏度 μ/Pa·s	适用浓度（体积分数）φ/%
1	全尾砂				$9037.48-385.08\varphi+4.2\varphi^2$	$0.233\varphi-9.525$	74 ~ 57
2	全尾砂 水泥	1∶4			$9296.81-371.78\varphi+3.75\varphi^2$	$0.107\varphi-9.53$	48 ~ 58
3	全尾砂 磨砂 水泥 粉煤灰	1∶8	2∶1	全尾砂∶磨砂 = 6∶4	$20340.31-727.16\varphi+6.51\varphi^2$	$1.358\varphi-77.706$	54 ~ 61
				全尾砂∶磨砂 = 5∶5	$28548.48-1007.81\varphi+8.90\varphi^2$	$0.95\varphi-54.203$	55 ~ 63
				全尾砂∶磨砂 = 4∶6	$24043.02-828.19\varphi+7.13\varphi^2$	$1.192\varphi-70.964$	56 ~ 66
4	全尾砂 碎石 水泥 粉煤灰	1∶8	2∶1	全尾砂∶碎石 = 6∶4	$15988.36-556.64\varphi+4.87\varphi^2$	$156.3-5.61\varphi-0.05\varphi^2$	54 ~ 65
				全尾砂∶碎石 = 5∶5	$6928.16-243.86\varphi+2.16\varphi^2$	$102.52-3.70\varphi-0.03\varphi^2$	52 ~ 66

表 5-11 流变参数急剧增加的临界浓度值

序 号	物料组成	灰砂比	粗细物料比	临界体积分数 φ/%
1	全尾砂			51
2	全尾砂、水泥	灰砂比 = 1∶4		54
3	全尾砂、磨砂、水泥、粉煤灰	灰砂比 = 1∶8 水泥比粉煤灰 = 1∶0.5	全尾砂比磨砂 = 6∶4 全尾砂比磨砂 = 5∶5 全尾砂比磨砂 = 4∶6	59 59.5 61
4	全尾砂、碎石、水泥、粉煤灰	灰砂比 = 1∶8 水泥比粉煤灰 = 1∶0.5	全尾砂比碎石 = 6∶4 全尾砂比碎石 = 5∶5	61 63

5.3.2.2 物料组成对流变参数的影响

膏体的粒度组成对流变参数影响很大。在膏体全尾砂料浆中添加粗粒径集料（粒径一般为 -30mm），在同样浓度下，屈服应力和黏度都下降。但从可泵性角度，应当以更高的浓度输送，才能保证输送物料的稳定性。在固体物料配比不变的情况下，添加粗粒径集料的膏体全尾砂料浆的屈服应力和塑性黏度均随膏体浓度的提高而增大。

若以体现粒度分布的中值粒径 d_{50} 的变化进行分析，只要 d_{50} 稍有变化，则膏体料浆的 τ_0、μ 便有较大变化。在可输送范围内的总趋势是 τ_0、μ 随 d_{50} 的增加而减小。因而可以指导选择膏体材料的级配及添加粗集料的条件，这对膏体可泵性及管道输送参数的确定至关重要。

金川试验中膏体料浆的流变参数随组成材料配比的变化范围为：

膏体全尾砂胶结充填料的灰砂比在1∶4 ~ 1∶10区间变化时，τ_0 的变化范围为82 ~ 345Pa，μ 的变化范围为2.8 ~5Pa·s。

全尾砂加碎石按1∶1、灰砂比按1∶8 ~ 1∶10配制的膏体胶结料浆，τ_0 的变化范围为42 ~215Pa，μ 的变化范围为0.9 ~4Pa·s。

5.3.3 可泵性

膏体料浆可泵性是泵送系统的一个综合性指标，其实质反映膏体在管道泵送过程的流动性、可塑性和稳定性。可泵性是膏体充填料的关键性输送特征指标，还反映了膏体在管路系统中对弯管、锥形管、管接头等管件的通过能力。

5.3.3.1 管道输送对膏体充填料的要求

保证膏体物料能在管道内顺利地输送，必须同时满足管壁摩擦阻力小、物料不离析和性态稳定等要求。膏体物料中足量的超细粒级含量对满足这些输送要求很重要，能使膏体料浆保持稳定不离析，其摩擦阻力也较小。

（1）管壁摩擦阻力。膏体充填料在输送过程中的阻力较大，输送泵的负载也随之增大，泵送距离以及流量会受到限制。管内膏体的输送阻力过大甚至会出现泵送困难。实验表明，全尾砂料浆质量分数提高到79%，其坍落度降低至4cm，在流速0.45 ~1.18m/s的条件下压力损失将高达2.6 ~3.25kPa/m，虽然仍可泵送，但却是泵送充填系统在工业应用中不可接受的，属可泵性不好的一类料浆。

（2）物料不离析。充填料浆在输送中产生离析现象，就会引起管道堵塞事故。因此，必须对膏体充填材料进行常压和高压下的泌水试验，以选择稳定性良好的配比。特别是含粗集料的膏体，为使其在管道中顺利流动，必须使膏体呈柱塞状。如果管内膏体中的物料产生离析，则粗集料会形成相互接触状态，因而产生很大的摩擦阻力。若集料聚集在弯管处，将容易堵塞管道。所以必须保证膏体的稳定性好，使膏体充填料在较长时间内中断输送也不致离析沉淀。

（3）物料性态稳定。输送过程中，膏体的性态不能发生大的变化。尤其是膏体材料的坍落度和泌水性等特性不应产生大的变化。如果输送过程中因集料吸水或出现泌水使膏体坍落度下降至4 ~6cm，将会导致堵塞管道。

5.3.3.2 细粒级与粗集料配比

从粒径级配的角度可以0.25mm粒径为界，将组成膏体的材料分成粗料和细料（图5-15）。小于0.25mm的颗粒与水形成混合浆体黏附在粗集料的表面，并充填空隙，其中 -20μm的超细物料则起着形成稳定性膏体的决定作用。细颗粒组成的料浆充满粗粒级集料间的孔隙，作为粗粒级集料的输送载体。原则上，细粒级载体的体积与粗集料孔隙体积之比不应小于1。泵送充填的应用经验均表明，全尾砂∶碎石料的配比为1∶1时，其综合性能较优。

5.3.3.3 膏体坍落度

膏体料浆的流动性能用坍落度来表征最为直观。与高浓度全尾砂料浆坍落度的力学意义相同，膏体充填料坍落度是因膏体自重而坍落，又因内部阻力而停止的最终形态量。它的大小直接反映了膏体物料流动性特征与流动阻力的大小。可泵送的膏体料浆的坍落度可在一个范围内变化。坍落度过小则所需泵送压力很大。全尾砂加碎石的膏体坍落度为4 ~6cm时仍能泵送，但此时的膏体呈现一定的刚度，其断面呈垂直截面，压力损失过高。此

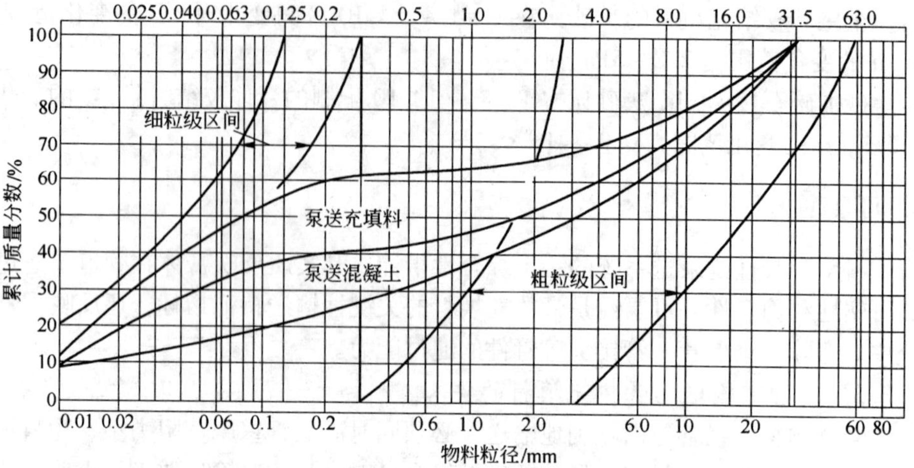

图 5-15　泵送料粗、细物料配合曲线

时，膏体中的粗集料会在半径小的弯管处由于速度改变而集聚堵塞。

不同物料组成的膏体充填料适合泵送的坍落度为：

全尾砂膏体　　　　　　12～20cm

全尾砂加碎石膏体　　　10～20cm

膏体的浓度和粒级组成对坍落度影响显著。料浆浓度越高坍落度越小，粗集料含量越高坍落度越大。膏体全尾砂水淬渣料浆试验表明，当料浆质量分数为85%时，其坍落度为26cm，有少量泌水，长时间输送这种膏体存在困难；而质量分数为88%时，坍落度仅为8cm，其输送阻力过大（表5-12）。可见，膏体坍落度对料浆浓度的变化十分敏感。因此，在工业生产中必须严格控制充填料的浓度。

表 5-12　膏体全尾砂水淬渣料浆坍落度试验

膏体质量分数 w/%	85	86	87	88
膏体密度/g · cm^{-3}	2.348	2.386	2.425	2.466
坍落度/cm	26	24	16	8

在高稠度条件下，即坍落度小于15cm时，其坍落度的变化对屈服应力的影响较大（图5-16），因而对压力损失的影响也大。因此，合适的料浆坍落度指标是评价膏体充填料可泵性最直观的参数。

全尾砂加碎石的膏体物料，碎石在输送压力下有吸水特性，膏体将丧失一部分水而使坍落度降低。其降低程度与物料性质、管道长度、泵压等因素有关。因此，在确定选取泵送物料的坍落度时应考虑这一因素。

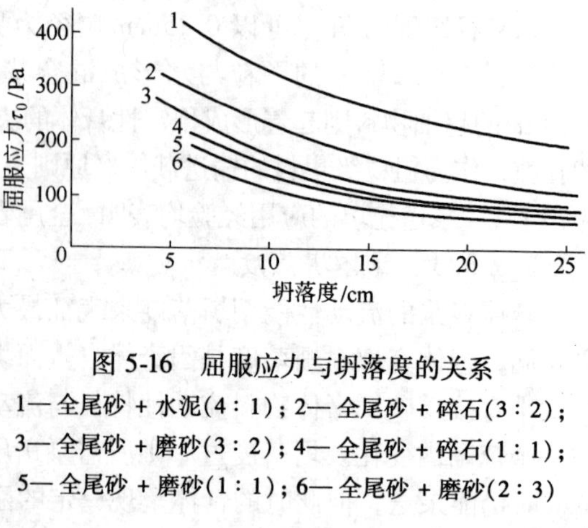

图 5-16　屈服应力与坍落度的关系

1— 全尾砂 + 水泥(4∶1)；2— 全尾砂 + 碎石(3∶2)；3— 全尾砂 + 磨砂(3∶2)；4— 全尾砂 + 碎石(1∶1)；5— 全尾砂 + 磨砂(1∶1)；6— 全尾砂 + 磨砂(2∶3)

采取减阻措施是保证膏体料浆稳定输送、节约能耗的方法。常用的减阻方法有：（1）在膏体物料中加入适量的高分子添加剂，改变膏体的流变性达到减阻；（2）在膏体物料中加入适量的纤维，改变膏体的流变结构实现减阻；（3）在膏体物料中加入适量的引气剂减阻；（4）在膏体物料中加入少量的细颗粒，让细颗粒抑制浆体的紊动，减小浆体在输送中的紊动能耗实现减阻。

参考文献

[1] 于润沧，刘大荣，魏孔章，等．全尾砂膏体充填料泵压管输的流变特性[C]．第二届中日浆体输送技术交流会论文集．桂林：中国有色金属学会采矿学术委员会，日本资源素材学会，1998，99～104.

[2] 刘可任，等．充填理论基础[M]．北京：冶金工业出版社，1982.

[3] Liu Tongyou，Wang Peixun. Mining Backfill Technology and Its Application in Jinchuan Group Co.，Ltd. [C]. Proceedings of the 8th International Symposium on Mining with Backfill. Beijing：2004，12～21.

[4] 刘同有，等．充填采矿技术与应用[M]．北京：冶金工业出版社，2001.

[5] 尹慰农，等．凡口铅锌矿高浓度全尾砂胶结充填新工艺和装备的研究[R]．长沙：长沙矿山研究院，1991.

[6] 周爱民，等．铜录山铜矿露天与地下联合开采技术[R]．长沙：长沙矿山研究院，2000.

[7] 周爱民，等．高效低耗胶结充填技术[R]．长沙：长沙矿山研究院，2001.

[8] 姚中亮，等．结构流全尾砂胶结充填及无间柱分层充填采矿法[R]．长沙：长沙矿山研究院，2006.

[9] 周爱民，等．奥地利与德国充填采矿技术[R]．长沙：长沙矿山研究院，1990.

[10] A. Rühe，H. Kämmerer. Die Entwicklung einer neuen Vierkolbenpumpanlage für die hydraulische Dickstoff-Förderung[J]. Erzmetall，1989(5)：201～205.

[11] R. Lerche，H. Renetzeder. Die Entwicklung des Pumpversatzverfahrens für das Erzbergwerk Grind[J]. Erzmetall，1984(10)：494～501.

6 废石胶结充填

6.1 概述

废石胶结充填方式以矿山的掘进废石或破碎废石作为充填集料，以水泥或赤泥等作为胶凝材料，充填材料分流输送到井下经直淋混合后充入采空区。其特点是在矿山内部充分地利用矿山采掘废石，通过废石集料与胶凝材料浆体分流输送和直淋混合工艺，以充填体的高强度力学性能为目标实现最佳用水量充填，最大限度地降低能耗和胶凝材料消耗。每座矿山都会产生废石，因而被利用后可降低成本，并且不存在来源不足问题。而这些废石若不被处理，将会构成对环境的污染，被利用起来正好符合生态矿山建设和矿业可持续发展的要求。

6.1.1 废石胶结充填特点

废石胶结充填方式以废石作为主要充填集料，其充填料的加工成本低于细砂胶结充填料；而且废石胶结充填体比砂浆胶结充填体的抗压性能好，其胶凝材料的单方消耗量较细砂胶结充填低。因而，废石胶结充填的综合成本相对较低。并且废石胶结充填料充入采场后几乎不渗水，完全消除了对井下环境的污染。因此，废石胶结充填方式适合于在金属矿山广泛应用。

传统的废石胶结充填一般被称为混凝土充填。其配合理论与制备工艺借鉴建筑混凝土理论和技术，不同之处仅在于水泥的单耗量比建筑混凝土少。

由于建筑混凝土往往作为构件承载，质量要求高，服务年限长，希望能达到最高的力学指标，获得最均质的性能，不允许有局部损坏，因而在工艺和技术上以达到最大的均质力学指标为原则。因此，建筑混凝土一般按饱和水泥用量进行配合，选配堆积密度最大的集料级配，使其集料孔隙率最小，并且还必须进行充分搅拌，使水泥浆体在集料中分布均匀。这就需要通过不同粒级的集料配比以满足集料的配合要求，通过机械搅拌以达到混合均匀的目的。当达到饱和水泥用量，若维持水灰比不变，即使增加水泥用量，其混凝土强度值几乎不增长。但水灰比因受混凝土工作性能的制约，一般不允许有太大的波动。因此，建筑混凝土的水泥单耗量和水灰比指标往往规范化、标准化。

胶结充填体的主要目标是作为岩体工程中的填料，主要作用是整体承载或在爆破冲击作用下保持自立稳定，其服务时间短，且允许有局部损伤。因而所要求的力学强度值较低，且对其均质性要求不是十分严格，仅注重于整体承载能力。但矿山企业是在矿产资源开采价值前提下实现盈利目标，而矿山充填体的量很大，对成本因素很敏感。因此，胶结充填体的基本原则是在满足采矿工艺要求的条件下使制造成本最低。另外，由于受采矿工艺和制造成本的制约，胶结充填技术及其工艺呈现出多样化的特点。

矿山胶结充填的多样化主要表现为：

(1) 充填体的目的主要是满足采矿工艺的要求，而不同的采矿方法对充填体的作用均有不同要求，因而对充填体力学性能的要求将随着采矿方法的不同而变化多样。

(2) 胶结充填体的强度指标远远低于建筑混凝土，但对充填料制造与输送成本的控制却比建筑混凝土严格，因而往往因地制宜地选取廉价充填集料，使得集料的种类和配比呈现多样性。

(3) 充填集料的多样性导致混合工艺与输送工艺的可选范围大，故也将结合制造成本、充填体强度指标以及集料性能等多因素具体确定。

(4) 充填体的水泥用量不饱和，且集料级配、充填体强度要求、充填料混合与输送工艺呈多样性，则水泥的单耗量往往不是一个标准量，必须根据这些条件具体确定。

因此，一方面胶结充填体的性能要求与混凝土相比简化了，另一方面其制造技术与工艺则更加多样化和复杂化，较难于实现标准化。

可见，矿山废石胶结充填体与建筑混凝土之间在应用条件和服务目标等方面存有较大的区别。传统的废石胶结充填技术局限于混凝土学的基本理论和技术，这就决定了其工艺和技术的发展具有局限性，不可能突破混凝土技术的基本范畴。因而使得传统的废石胶结充填技术不能很好地适应矿山充填的特定要求和条件，以至存在工艺复杂、成本高等严重缺陷，制约了在矿山的大规模推广应用。

废石胶结充填新技术则是根据矿山充填的应用条件，为满足矿山充填的目标发展起来的。它既借鉴了混凝土学的基本原理，又在工艺和技术上具有自身的鲜明特点。不但简化了工艺，而且拓宽了原料来源、大幅度降低了制造成本。因而使得废石胶结充填新技术充分显示了其生命力，在矿山具有广泛推广应用的前景。

综上所述，废石胶结充填综合特点包括：胶结充填料的配合要求和制造工艺简单，制造成本低；制造工艺与技术具有多样性；需要根据各矿山的具体条件进行试验后选用合理的充填方式与充填工艺。

废石胶结充填的主要技术特征表现为：自然级配的废石集料、充填料直淋混合工艺、集料与胶凝材料分流输送和实现最佳用水量配合。

6.1.2　充填工艺流程

废石胶结充填方式所选用的集料、混合方式和采场充填方式的多样性，构成了不同的胶结充填工艺类型。目前国内外实际应用较广的废石原料，主要为自然级配废石集料，包括掘进废石、剥离废石、采石和天然集料。其中掘进废石和天然集料可不经破碎直接使用；露天矿剥离废石则一般需经破碎。而出于无废开采的目标则往往采用掘进废石和露天矿剥离废石。

混合方式主要有直接浇淋混合和溜槽直淋混合，统称为直淋混合，并且都在充填料充入采场前才进行混合。前者如丰山铜矿的废石水泥浆混合点直淋混合和铜坑锡矿的废石砂浆采场直淋混合，后者如基德克里克铜矿的废石水泥浆溜槽直淋混合。但值得指出的是废石胶结充填料的混合并不是一次性完成，而是结合采场充填过程多次混合。

充填料输送方式主要为分流输送，即废石集料与胶凝材料浆体分流输送到井下，经初步混合后再次输送或直接充入采空区。因此，输送废石胶结充填料的全过程包括废石料、水泥浆或砂浆、废石胶结混合料的输送方式。

废石集料的输送方式主要有：自重输送、带式机输送、运料车输送、无轨铲运机输送和电耙输送。

水泥浆或砂浆均通过管道自流或泵压输送，由于一般可以在较低浓度状态下输送，其技术成熟，工艺较单一。

经初步混合后的废石胶结充填料的输送方式包括：自重输送、运料车输送、无轨铲运机输送和电耙输送。其中运料车包括无轨翻斗车、抛掷充填车和机车等。

废石胶结充填工艺的主体流程为：采集或制备废石集料，制备水泥浆或砂浆，废石集料与水泥浆分流输送到井下充填料混合点，水泥浆或砂浆在井下混合点通过直淋方式与废石集料初步混合制备成废石胶结料，通过机械输送或自重输送将充填料充入采空区。

充填系统包括废石集料制备站、水泥浆或砂浆制备站、料浆与废石输送系统，以及井下充填系统（图6-1、图6-2、图6-3）。

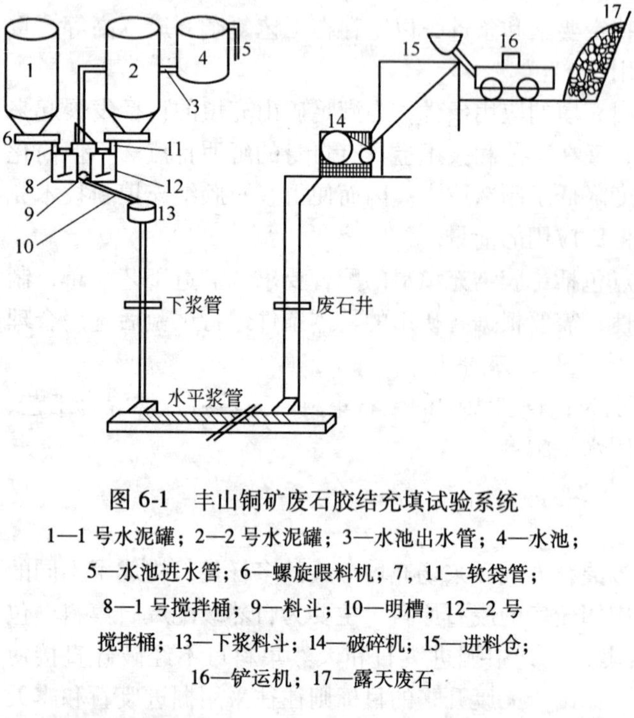

图 6-1　丰山铜矿废石胶结充填试验系统

1—1 号水泥罐；2—2 号水泥罐；3—水池出水管；4—水池；5—水池进水管；6—螺旋喂料机；7，11—软袋管；8—1 号搅拌桶；9—料斗；10—明槽；12—2 号搅拌桶；13—下浆料斗；14—破碎机；15—进料仓；16—铲运机；17—露天废石

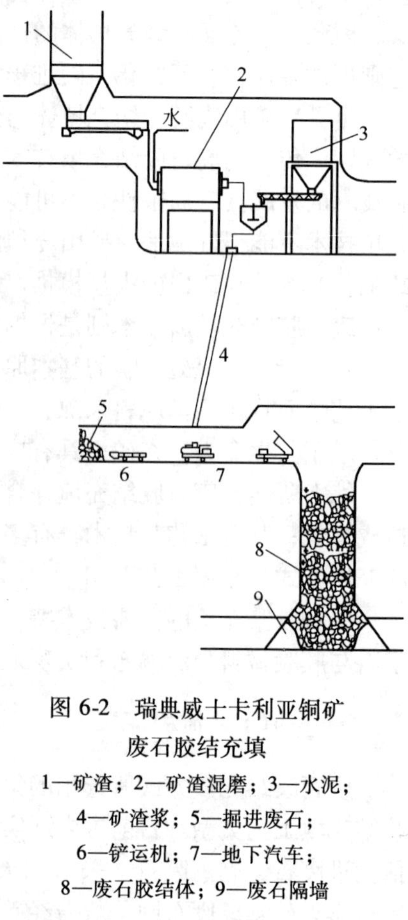

图 6-2　瑞典威士卡利亚铜矿废石胶结充填

1—矿渣；2—矿渣湿磨；3—水泥；4—矿渣浆；5—掘进废石；6—铲运机；7—地下汽车；8—废石胶结体；9—废石隔墙

6.1.3　应用概况

随着矿床开采向深部发展，其开采条件日趋复杂，且资源保护意识和环境保护意识不断加强，则胶结充填采矿法的应用比例不断增加。因而，如何降低胶结充填的成本，简化充填工艺和实现高效率、大规模充填已成为近十多年来胶结充填技术发展的重要方向。废石胶结充填新技术正是胶结充填技术发展的结果。该工艺和技术不但充分利用了矿山固体废物，而且发挥了粗粒级集料有利于改善充填体力学性能的特点。因此，近十多年来废石胶结充填在国内外矿山得到了广泛的应用。

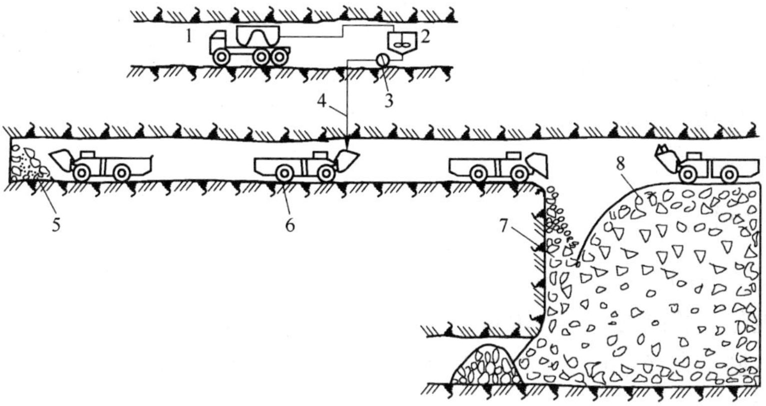

图 6-3　芬兰彼哈沙米矿废石胶结充填
1—浆料罐车；2—贮料池；3—计量泵；4—浆料管；5—掘进废石；
6—铲运机；7—胶结充填体；8—非胶结体

加拿大的基德克里克铜矿为年产 430 万吨矿石量的大型地下矿山，每年需用充填料 240 万吨，其中 80% 为废石胶结充填料。该矿选用 -150mm 的废石料作为充填集料，其级配为 -150 ~ +10mm 粒级占 75% 的质量比， -10mm 的粒级占 25% ，水泥用量是废石质量的 5% 。地面制备水泥浆通过管道自流输送到井下缓存搅拌桶内。在 1 号矿体，废石集料由带式输送机输入 1.2m ×2.0m 的溜筒；在集料进入溜筒的同时，将水泥浆洒淋在集料上一同进入溜筒；溜筒内安装有三块与溜筒轴线成 55°角的导向板。在 2 号矿体，集料通过给料机装入载重为 11.8t 的无轨运料车，在装料的同时将水泥浆浇淋在集料上，然后运至采场卸入采空区。充填体暴露的最大自立高度达 140m、长 50m。矿柱回采时，充填料的混入率为 5% ~10% 。

奥地利的布莱堡铅锌矿以掘进废石作为充填集料，水泥作为胶凝材料。废石集料借助自重经充填井下放到充填水平，在充填水平采用无轨铲运机运送充填料。水泥浆在地表制备后泵送至井下。在从充填井下放废石到充填水平的同时，将水泥浆直接浇淋在废石集料中实现混合。无轨铲运机则将浇淋了水泥浆的废石胶结料铲运至采空区进行充填。每立方米充填料的水泥耗量为 60 ~80kg，充填体试块单轴抗压强度 2 ~4MPa。

澳大利亚的芒特艾萨铜矿为年产 900 ~1000 万吨矿石量的大型地下矿。该矿矿体走向长 2400m，厚 90 ~240m，采用空场法回采嗣后废石砂浆胶结充填工艺，其充填体最大暴露高度达 200m。废石取自粉砂岩，经破碎筛分后的废石集料级配，要求粒径小于 25mm 的含量不大于 25% 。在地表建有破碎筛分站，废石产品通过带式输送机送到废石贮仓。贮仓设在地表以下，容量为 26000t。贮仓的下部为两条 ϕ2.4m 的充填溜井，井深分别为 550m 和 700m。井下亦采用胶带输送机转运废石料，主输送带带宽 1220mm，通过振动给料机向皮带喂料。采用长 3.6m 的可拆卸分式带输送机向采场下料。采场下料井井径 ϕ0.74m 和 ϕ1.2m。砂浆由分级尾砂、水泥、经研磨的铜炉渣和水组成。水泥：炉渣：尾砂为 3：6：91。砂浆质量分数为 68% 。通过管道自流输送到井下，与废石同时充入采场实现直淋混合。充填体中废石与砂浆的体积比为 2：1。

澳大利亚、加拿大、德国、芬兰、美国以及我国的众多矿山均采用了废石胶结充填工艺，这些矿山多年的应用经验丰富了废石胶结充填采矿技术，促进了该充填方式的快速发展。

国内由长沙矿山研究院结合丰山铜矿率先开发了废石水泥浆胶结充填工艺，结合铜坑锡矿开发了废石砂浆胶结充填工艺，均获得成功的应用经验，取得很好的应用指标，将在实例中进行系统介绍。

6.2 充填料制备

废石胶结充填的主要材料包括废石集料和胶凝材料两部分。一般采用矿山废石作为充填集料，水泥作为胶凝材料。充填料制备工序包括废石集料加工、水泥浆或砂浆制备。废石胶结充填料制备直接影响废石胶结充填成本、充填体质量和工业应用规模，是充填工艺的主要工序。

6.2.1 充填材料

废石集料是胶结充填料的主要组分。为了使胶结充填体获得最好的力学性能指标，要求废石集料的不同粒级能相互填充，即小粒径级的集料刚好能填充大一粒径级的集料的空隙。但因充填体集料消耗量大，受成本因素的制约，则一般不宜按建筑混凝土学的原理进行集料组配，而是就地取材，充分利用矿山的廉价材料，如井下掘进废石、露天剥离废石和天然集料等。因此，废石胶结充填新技术往往采用自然级配的废石和工业废物作为充填集料。这些自然级配的集料，其级配效果虽然不能获得理想的力学指标，但却能满足矿山充填体的强度要求，而制造成本低廉、制造工艺简单。丰山铜矿、威士卡利亚铜矿、布莱堡铅锌矿等矿山采用自然级配的掘进废石作为充填集料，均能满足胶结充填工艺要求。

6.2.2 废石集料制备

井下掘进废石一般不需加工制备，可以直接取用。国内的丰山铜矿、金川镍矿和凡口铅锌矿均直接采用井下掘进废石作为充填集料。采用露天剥离废石作为充填集料时，往往需要进行破碎。但破碎工艺较简单，一般采用一段破碎或两段破碎。破碎块度一般在150mm以下，破碎后的废石可以不经筛分，以自然级配直接应用，也可以经简单筛分配合后应用。

废石制备站主要包括废石装运、废石料仓和破碎等工序。制备站的设计建设以简单实用和运行可靠为原则。如丰山铜矿废石胶结充填试验系统的设计充填能力为$35m^3/h$，废石集料制备站采用矿山已有的露天装载机转运露天剥离废石，设置有容积为$8m^3$的废石料仓和PE400型复摆式颚式破碎机一台，制备好的废石料不经筛分直接下放到废石充填井中，其流程与设备配置简单实用（图6-4）。

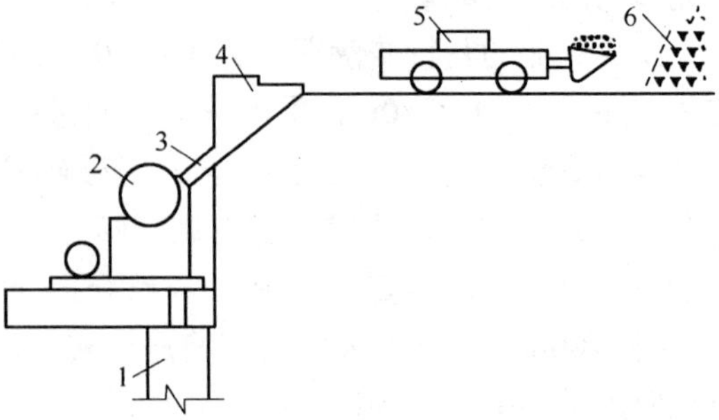

图6-4 废石破碎站

1—废石井；2—破碎机；3—给料斗；4—料仓；5—铲运机；6—废石堆

6.2.3　水泥浆制备

砂浆的制备工艺与全尾砂制备工艺相同，在有关章节将有详细论述，这里只讨论水泥浆的制备工艺。

水泥浆制备站主要由水泥仓、搅拌桶、稳压水池和输浆管组成。散装水泥仓一般要求配备破拱架，并在散装水泥仓出口安装给料机，给料机通过软袋管与高效搅拌桶相连接（图6-5）。

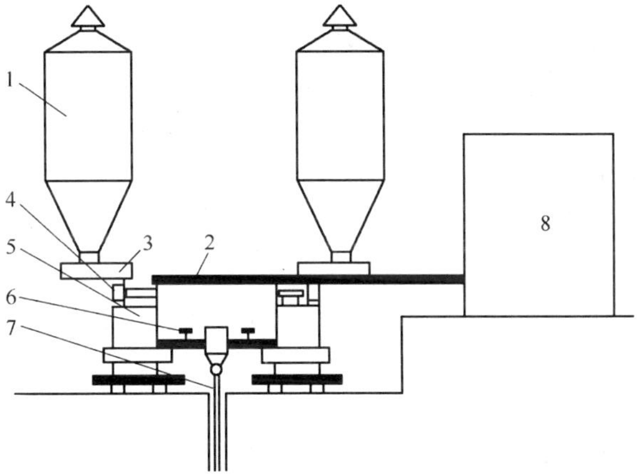

图6-5　水泥浆制备站

1—水泥仓；2—进水管；3—喂料机；4—软袋管；5—搅拌机；6—胶管阀；7—下浆管；8—贮水池

根据充填规模不同，水泥浆的制备可以采用间断方式或连续方式。当充填规模较小（日充填量300m^3左右），一般可采用间断方式制浆，其工艺和系统较简单，可靠性高。充填规模较大时，一般要求采用连续制浆方式。水泥浆的浓度以满足充填料的混合要求为原则，其搅拌工艺应满足水泥浆制备过程中不发生沉淀。

6.2.3.1　双桶间断式制浆

双桶间断制浆方式是在1号制浆桶放浆时，2号制浆桶进行制浆作业；而2号制浆桶放浆时，1号制浆桶进行制浆作业；两个桶制浆与放浆交替进行。对于每个制浆桶属于间断制备，间断放浆。但对于整个充填系统则是连续放浆，因而能实现采场充填作业基本不间断。

间断式制浆工艺首先必须在搅拌桶内注入所需水量，然后开启搅拌机并添加水泥。当水泥浆达到所需浓度时停止给料，并开始下放水泥浆。当水泥浆面低于搅拌叶片时，关闭搅拌机；搅拌桶放浆管开始外露时关闭放浆阀，并开始下一桶的注水。

采用双桶间断式制备水泥浆工艺，每桶浆的放浆时间应与注水和搅拌制浆的时间相匹配，使每个搅拌桶的作业保持连续性。系统的有效制浆能力为两桶制浆能力之和。如丰山铜矿的试验系统采用桶径ϕ1000mm、高1000mm搅拌桶，在平均17.35min内可制备并下放两桶水泥浆，其干料制备能力为3.8t/h。

间断制浆方式的水泥浆质量分数处于56%～57%的区间内，在制浆过程和输送过程中水泥浆性态稳定，管道中的浆料在静置1h后仍可自流输送。

6.2.3.2 连续制浆

连续制浆通过连续注水、连续给水泥和连续搅拌，实现连续制浆和连续下浆。连续制浆以单桶进行制浆作业，但需设置备用制浆桶。

连续制浆工艺先在搅拌机中注水，然后开动搅拌机、开启水泥喂料机添加水泥。当水泥浆浓度达到要求时打开放浆阀下放料浆，同时打开进水开关注水。连续制浆要求放浆速度与注水速度及水泥添加速度相匹配。因此，应针对各参量设置自动控制系统，以保证制浆质量。

6.2.3.3 计量与控制

水泥浆制备过程中的计量参数主要为水量、水泥量的计量，控制参数为料浆浓度。

间断制浆以搅拌桶水位计水量即可；连续制浆应采用流量计计水量。用量杯或浓度壶取样测定水泥浆密度。

间断式制浆在添加水泥的前期主要凭经验观察浓度变化，然后测定浓度。当水泥浆密度达到要求时，则停止添加水泥，并开始放浆。料浆放出约1/3时再测定一次，并以此值作为浓度测定值。

连续式制浆时，在没有设置自动控制系统的简易条件下，应每隔30min测定一次浓度，同时严密观察浆位变化以调节放浆速度。

6.2.3.4 制浆工艺评价

螺旋喂料机能实现连续喂料，当水泥罐内无结拱现象时可实现均匀给料。

水泥浆密度低于1.65g/cm^{3}时，搅拌机制浆可靠，桶内不会出现水泥沉淀。

当水泥浆密度达到1.70g/cm^{3}时，水泥浆自流输送仍然可靠，不会发生管道堵塞现象。

制浆工艺中的常见问题：散装水泥仓有结拱现象，需要敲击罐体，会影响下料的均匀性；水泥浆密度达到1.70g/cm^{3}以上时，搅拌桶桶底可能出现水泥沉淀现象，甚至堵塞放浆口。搅拌桶内径不能太小，否则不便于搅拌桶的清理与维护。螺旋喂料机的软袋管下料口在水泥水化热气的作用下，会产生水泥结块现象，导致下料口结实，或结成水泥块后掉入搅拌桶内导致搅拌不匀。

6.3 充填料输送

粗粒径胶结充填料的输送一直是制约传统粗集料胶结充填工艺的主要环节。废石胶结充填新工艺通过分流输送方式，从根本上解决了这一难题。其中胶结料浆体可通过管道输送到井下的任一采场，而废石集料则可采用多种输送方式，包括自重输送和多种机械输送方式。另外，传统工艺为了满足输送特性要求，往往需要增大用水量或进行严格的物料组分配合。分流输送工艺对充填料的输送特性没有特殊要求。因此，分流输送的意义不仅仅在于解决了充填料的输送问题，而且为实现最佳用水量配合和简化物料的配合要求奠定了工艺基础。

6.3.1 废石料输送

废石料可以采用成熟的工艺进行输送，这里讨论几种输送方式。结合矿山采矿工艺和装备情况，可选用的输送方式有两段输送和三段输送，一般不采用四段以上的输送流程。其中第一段输送一般均为自重输送方式。

两段输送方式以自重输送结合铲运机输送、带式机输送、无轨运料车输送构成不同的输送流程。

三段输送方式以自重输送结合铲运机输送、带式机输送、无轨运料车输送、机车输送进行组合构成不同的输送流程。

6.3.1.1　两段输送方式

A　自重铲运机输送

自重铲运机输送方式应用于废石水泥浆胶结充填工艺，其特征是在井下采用无轨铲运机输送废石胶结充填混合料。废石料借助自重自溜到井下，堆置在充填水平，水泥浆浇淋废石后，由铲运机铲运混合料充入采空区。这一输送流程简便灵活，适合于充填服务范围在300m以内、铲运机单程运距不超过150m的开采条件。如国内的丰山铜矿（图6-1）、芬兰彼哈沙米矿（图6-3）和德国的德莱斯赖矿（图6-6）的输送方式。

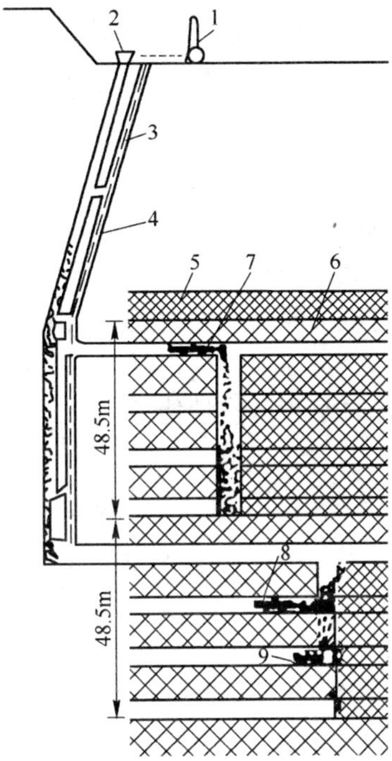

图6-6　德国德莱斯赖矿废石胶结充填料输送方式

1—水泥库；2—废石溜井；3—2吋水泥浆管；4—水泥浆输送井；5—充填体；6—矿体；7—铲运机充填；8—铲运机出矿；9—台车凿岩

B　自重带式机输送

自重带式机输送方式应用于废石砂浆胶结充填的工艺，其特征是在井下采用带式输送机将废石集料转送到采场。地表废石集料借助自重输送到井下，再由带式输送机直接将废石料输送到采空区，水泥浆或砂浆与废石同时下放到采空区构成废石胶结充填混合料。这一输送方式的充填能力大，充填能力可达250～350m^3/h，适用于阶段大采空区充填，如澳大利亚芒特艾萨矿的废石料输送方式（图6-7）。

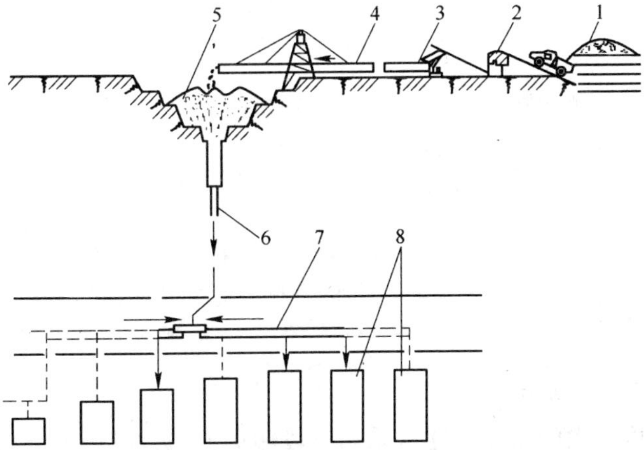

图6-7　澳大利亚芒特艾萨矿废石充填料输送

1—露天废石场；2—破碎站；3—筛分机；4—下料输送机；5—废石贮仓；6—废石溜井；7—井下带式输送机；8—待充采场

C 自重无轨运料车输送

自重无轨运料车输送方式应用于废石水泥浆胶结充填工艺，其特征是在井下采用无轨运料车输送废石充填混合料充入采场。废石集料借助自重自溜到井下料仓，水泥浆或砂浆通过管道输送到井下后与废石同时下放到运料车内，再由运料车运送混合料充入采空区。这一方式的输送能力较小，一般在充填规模和充填范围较小的条件下应用。瑞典的威士卡利亚铜矿，在井下掘进作业面采用铲运机铲取废石卸入无轨自卸式运料车，同时浇淋矿渣水泥浆后运送到采场进行充填（图 6-2）。澳大利亚的 Darlot 金矿在井下将废石溜放到卡车内同时浇淋浆料，然后运送到采场进行充填。奥地利的布莱堡铅锌矿曾采用前端式无轨运料车运送废石混合料进行充填（图 6-8），在后期改用铲运机运送废石胶结充填料，以提高充填的灵活性和充填能力。

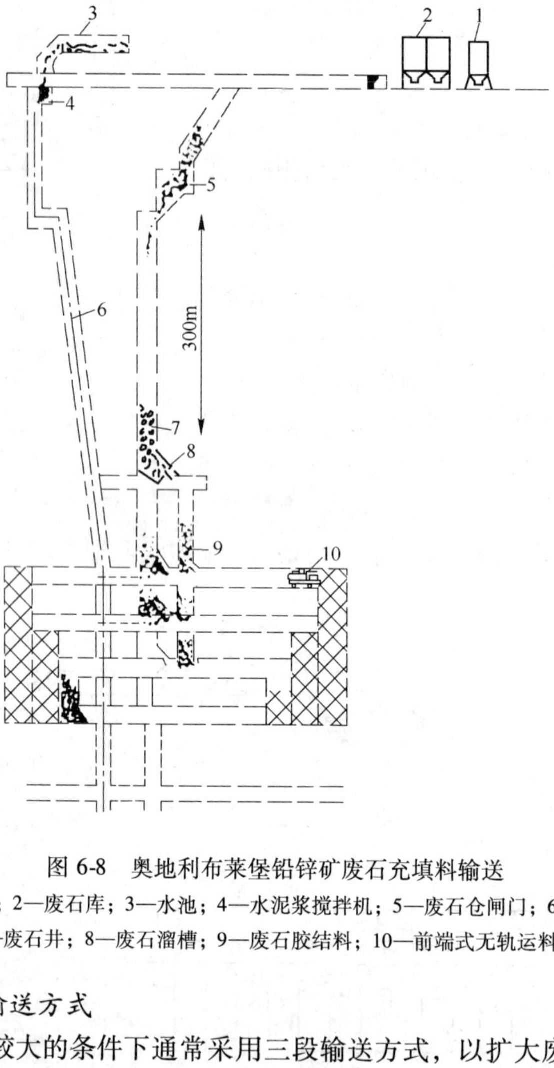

图 6-8 奥地利布莱堡铅锌矿废石充填料输送

1—水泥库；2—废石库；3—水池；4—水泥浆搅拌机；5—废石仓闸门；6—水泥浆；7—废石井；8—废石溜槽；9—废石胶结料；10—前端式无轨运料车

6.3.1.2 三段输送方式

在矿体走向长度较大的条件下通常采用三段输送方式，以扩大废石充填的服务范围。在三段输送方式中前两段均是输送废石，最后一段输送废石料或废石胶结混合料。当废石来自地表时，第一段借助废石自重进行自溜输送；第二段在井下通过带式输送机（如丰山铜矿）、无轨运料车（主要为地下自卸汽车，如基德克里克的 2 号矿）、机车（如铜坑锡矿）和斜溜井自溜（如金川龙首矿）等方式，将废石转运至充填料混合点；第三段由无轨铲运机（如丰山铜矿）、带式输送机（如铜坑锡矿）或其他输送方式输运到采空区进行充填。

6.3.1.3 井下废石短流程输送

当废石来自井下，也就是掘进废石不出窿，在井下直接用作充填集料时，则掘进废石首先通过机车或无轨运料车运输，分送到充填料混合点与水泥浆或砂浆混合，再由铲运机运送到采空区充填。

掘进废石不出窿的充填工艺需要解决充填料的平衡问题，因而目前大多数矿山还只是局部应用或作为一种辅助流程应用。在这种局部应用和辅助应用的情况下，往往采用两段输送，甚至一段输送。因为废石在井下直接利用，可以降低废石的提升成本，并且在地面不建设废石场，是一种井下掘进废石短流程充填工艺。随着生态矿山建设的逐步推广，这种短流程将是一种具有发展前景的充填工艺。

6.3.2 水泥浆输送

废石水泥浆胶结充填工艺中采用的水泥浆为低浓度料浆，其输送工艺已经很成熟。进行充填系统设计的重点是根据充填规模确定相应的浆体参数、输送能力和输送倍线。

6.3.2.1 料浆浓度

通过充填材料试验确定充填料的单方用水量、水泥单耗和废石集料的含水率，根据这些参数即可确定水泥浆的浓度。

6.3.2.2 料浆输送速度

在废石水泥浆充填工艺中，为满足采场充填能力，要求水泥浆系统最小输送速度满足式（6-1）。

$$v = \frac{QP(1 + E)}{60S\rho_m} \tag{6-1}$$

式中 v——水泥浆输送速度，m/s；

Q——采场充填设备最大充填能力，m^3/min；

P——充填体单方水泥用量，t/m^3；

S——管道断面积，m^2；

E——水泥浆体水灰比，按式（6-2）计算：

$$E = \frac{\rho_c - \rho_m}{\rho_c(\rho_m - 1)} \tag{6-2}$$

ρ_m——水泥浆密度，g/cm^3；

ρ_c——水泥密度，g/cm^3。

水泥浆系统的实际输送速度必须大于生产能力所要求的最大输送速度，可以通过测定系统参数获得。

6.3.2.3 水力坡度

水泥浆体输送属于牛顿非均质流，可以按陕西水利科学研究所提出的公式（6-3）计算水力坡度，并乘以安全系数1.15，即：

$$i = 0.0196 \times \frac{v^2 \rho_m}{2gD}(\rho_c - 1)^{\frac{1}{6}} \tag{6-3}$$

式中 i——水泥浆的水力坡度，1×10^4Pa/m；

D——输送管道直径，m；

其他符号意义同前。

6.3.2.4 系统最大输送倍线

系统允许的最大自流输送倍线 N_m 按式（6-4）计算。

$$N_m = \frac{K_1 \rho_m}{K_2 i} \tag{6-4}$$

式中 K_1——垂直管段的满管系数，取 0.9；

K_2——管路局部阻力系数，取 1.15；

其他符号意义同前。

6.3.2.5 系统实际输送倍线

系统实际输送倍线 N_s 按（6-5）确定。

$$N_s = \frac{\sum_{k=1}^{n} L_k + \sum_{k=1}^{m} H_k}{\sum_{k=1}^{m} H_k} \tag{6-5}$$

式中 L_k——第 k 段水平输送管道长度，m；

H_k——第 k 段垂直输送管路高度，m。

系统的实际自流输送倍线必须小于系统允许的最大输送倍线，才能保证系统运行畅通。否则需要采用泵压输送。

6.3.2.6 水泥浆系统自流输送参数校验

由于水泥浆的输送相对比较简，则基于工程投资的因素，水泥浆系统管线往往根据充填系统及其相关工程确定，一般不针对水泥浆系统开掘专用工程，只在特殊情况下才布置专有工程。水泥浆的制备参数则根据充填体的最高力学强度确定，一般不为满足系统输送参数的需要而损失强度指标，或提高水泥耗量。

当水泥浆管线布置方案和水泥浆的制备参数确定以后，需要根据充填能力在设定的管径条件下对输送参数进行校验，以选用合适的输浆管径。当输送参数不能通过自流满足工艺要求时，则需要采用泵送方案。

6.4 充填料直淋混合

废石集料与胶凝材料的混合是胶结充填必不可少的一道工序，是废石胶结充填料制备的核心工艺，也是决定能否大规模低成本地应用废石胶结充填的关键技术。传统的混合工艺采用搅拌设备进行搅拌混合。但因充填料耗量大，每日充填量往往是数百立方米至数千立方米，不但能耗大，而且需要建造庞大的搅拌系统。大规模搅拌混合的制造成本难以使大部分矿山能够承受，因而制约了混凝土胶结充填在矿山的大量推广应用。因此，基于充填体强度指标较低和强调充填体整体性能的基本观点，通过试验和研究采用直淋混合方式可以满足采矿工艺的要求。这一混合方式不需要混合设备，具有工艺简单、技术可靠和能耗低等优点。而且大幅度降低了制造成本，可实现大规模连续充填。如丰山铜矿采用水泥浆直淋混合工艺，铜坑锡矿采用废石和砂浆同时向采场下料的混合工艺，均取得了很好的效果。

直淋混合可以实现充填料分流输送，对充填料的流动特性无特殊要求。则满足充填体力学性能是胶结充填料唯一的配合目标，因而可按照充填体力学强度最高目标进行最佳用水量配合。因此，不但可以在一定的水泥用量条件下获得最高的充填体力学强度指标，或在一定力学强度值条件下使水泥用量最少，而且解决了充填料在井下脱水的难题。

常用的直淋混合方式主要有水泥浆混合点直淋混合、水泥浆溜槽直淋混合和废石砂浆同时下料的采场直混合等方式。由于水泥浆溜槽直淋混合方式对混合效果的改善作用不明显，因而有被混合点直淋混合所取代的趋势。

6.4.1 直淋混合实验

采用自然级配的废石作为充填集料时，需要针对废石集料开展直淋混合实验，以选取合适的胶结充填料直淋混合方式和设计合理可行的工艺流程。

废石胶结料直淋混合实验包括废石水泥浆溜槽直淋混合实验，以寻求合理的混合溜槽结构，探索不同自溜角条件下的充填料混合效果；水泥浆在混合点浇淋废石的直淋混合实验，以探索集料自然堆积状态下水泥浆的渗透混合效果；以及废石砂浆直淋混合实验，以探讨砂浆与废石同时下料的混合效果。

6.4.1.1 废石水泥浆溜槽直淋混合

A 实验装置

选择一处具有高差的台阶位置构筑实验装置。实验装置主要由三部分组成：溜槽、废石仓和水泥浆池（图6-9）。溜槽结构可以为平底明槽、平底挡板明槽或其他结构，一般设计成可移动式多段组合槽，以便进行不同溜距实验。废石料仓和水泥浆池可以预制或砌制，需要保持表面光滑平整；水泥浆池不能渗漏。

B 实验方案

模拟实验一般应按两个阶段进行。第一阶段进行混合效果观察实验。通过对实验效果进行观察，分析不同溜距和自溜角条件下的自溜混合效果及其影响因素。在分析第一阶段实验效果基础上，设计第二阶段实验方案。要求在合理的水灰比、溜距和自溜角条件下开展第二阶段实验，并取样制作试块，测定出试块的力学参数。

C 实验方法

制备废石集料试样贮存备用；将水泥拌制成水泥浆备用；测定实验装置的废石放料流速和水泥浆流速。

废石集料借助自重由料仓自溜进入溜槽，放出流量由料仓出料口闸门控制。水泥浆通过管道自流注入溜槽内，并通过预先调定的活阀控制水泥浆流量。自溜混合后的胶

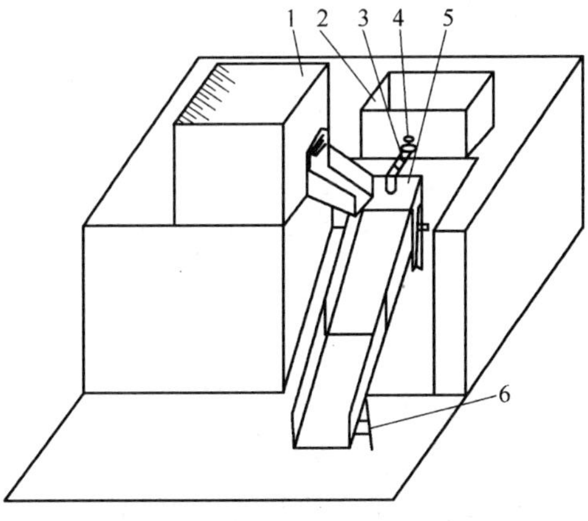

图 6-9 充填料自溜混合模拟试验模型
1—废石料仓；2—水泥池；3—输浆管；
4—下浆阀；5—溜槽；6—支架

结充填料装模制作试块，测定试块的力学参数。

第一阶段实验的重点是进行控制放料，根据预先测定的废石和水泥浆流量参数，采用废石和水泥浆定量放出方法，将定量废石集料和水泥料浆在相同时间内放出；取每组两次的综合效果作为该组的实验结果。

第二阶段实验按一阶段实验程序进行控制放料，需要按照岩石力学参数的测试规范进行混合料的取样制模、养护和力学参数测定。

D 实验分析

实验分析包括对直淋混合效果进行观察分析和对力学参数测试数据的分析处理。

E 丰山铜矿溜槽直淋混合模拟实验

实验溜槽采用木制平底明槽结构，内宽400mm，由长3m和长2m两段组成，可分别进行3m溜距和5m溜距的自溜实验。废石料仓和水泥浆池均由砖砌制后用水泥砂浆抹面。废石料仓底板为43°斜面，料仓口净宽400mm，设置闸门以控制放料。水泥浆池采用以排浆口为顶点的半锥底，设置的排浆口为内径51mm管，并通过预先调定活阀控制水泥浆的流量。

第一阶段进行六组十二次混合效果实验（表6-1）；第二阶段在40.5°的自溜角条件下开展二组六次实验。

表6-1 废石水泥浆自溜混合效果实验方案

溜距/m \ 自溜角/(°)	38	40.5	43
3	1	2	3
5	4	5	6

废石集料试样取自丰山铜矿副井废石堆（表6-2）。采用32.5级普通硅酸盐水泥作为胶凝材料。采用单次定量下料方法，在相同时间内从废石料仓和水泥浆池下放定量废石集料和水泥料浆。

表6-2 直淋混合实验废石粒度组成

粒径/mm		40	30	20	15	10	5	2.5	1.25	0.63	0.35	0.15	-0.15
筛余/%	分计	8.45	17.31	16.01	11.90	10.95	10.85	8.63	24.97	3.33	3.16	3.54	6.48
	累计	100	91.46	74.15	58.14	46.24	35.65	24.80	21.77	16.80	13.48	10.32	6.78

每次实验的用料量为：废石211.7kg，水泥7.5kg，水11.8kg；废石含水率为1.5%，废石含水3.2kg，则混合料实际用水量为15kg。

通过自溜混合实验表明，在3m溜距和5m溜距条件下，充填料自溜混合效果与溜距关系不大；自溜角为40.5°时，充填料自溜混合效果最佳，溜槽底板上无残存细料，充填料在溜槽内溜速均匀，与水泥浆混合充分；废石充填料的溜槽直淋混合效果，以及混合料试块的单轴抗压强度（表6-3），与机械混合相当，可以应用于工业生产。

表 6-3 废石胶结料溜槽直淋混合材料用量及抗压强度

序 号	水灰比	充填材料用量/kg·m⁻³			单轴抗压强度/MPa		
		水	水 泥	废 石	3d	7d	28d
1	2	150	75	2085	1.41	1.77	3.39
2	1.8	180	100	1988	1.70	2.58	5.41

6.4.1.2 废石水泥浆混合点直淋混合

A 实验物料

采取自然级配的废石剔除粗粒级作为废石集料试样，采用水泥加水搅拌制成水泥浆。

B 实验方法

废石集料自然堆积，将水泥浆直接浇淋在废石集料堆上，然后将浇淋有水泥浆的混合料一次性铲入1000mm×1000mm×1000mm的方形试模。

C 丰山铜矿废石水泥浆混合点直淋混合实验

采用副井废石堆场的自然级配废石剔除+150mm的粗粒级作为废石集料试样（表6-4），采用32.5级普通硅酸盐水泥搅拌制成水泥浆。

表 6-4 废石水泥浆直淋混合模拟试验集料粒度组成

粒径/mm		40	30	20	15	10	5	2.5	1.25	0.93	0.45	0.28	-0.14
筛余/%	分 计	6.34	12.15	13.66	10.69	9.835	10.76	7.10	2.777	1.41	4.40	3.49	15.83
	累 计	100	93.66	81.51	67.85	57.16	47.33	36.57	29.47	26.70	25.29	20.80	15.83

通过对混合效果和试体胶结效果进行观察分析表明，水泥浆浇淋在废石料堆上，废石集料具有较好的渗透性能和对水泥浆的吸附作用，即水泥浆能渗入集料中并附着在颗粒表面，因而具有较好的直淋混合效果。水泥浆的渗透深度和速度，以及水泥浆在颗粒表面的附着厚度取决于集料的级配，废石含水率以及水泥浆浓度。试块经自然养护3天，拆模观察表明具有较好的自立性和抗冲击稳定性；试块表面可观察到明显的孔隙存在，但集料抛掷方向的表面光滑，较少存在孔隙。

6.4.1.3 废石砂浆同时下料直淋混合

试验目的旨在分析不同粒级废石与水泥砂浆在同时下落过程中物料的分布状态及其混合效果。

A 实验装置

选择一处合适的坡地，采用钢材、模板材料和构件架设实验模型（图6-10）。安设向试模输送废石集料的带式输机，其上料端设于沟槽中，带面略低于地面以便上料；选择一处适合于砂浆自流至实验模型的平台，安装砂浆搅拌桶，并安设输送砂浆的管道；安设进行细砂给料的带式输送机；构筑水池并安设进、出水管道。

B 实验程序

选取废石集料按一定量预先堆置，测定出废石含水率；备足定量细砂及水泥待用。采用双桶间断式制备砂浆方式，以保证计量及配比的准确度；废石集料通过无底木桶计量后由带输送机输送，每桶料浆与相应的废石量相配合，向试模内同时下料混合成为胶结充填料。

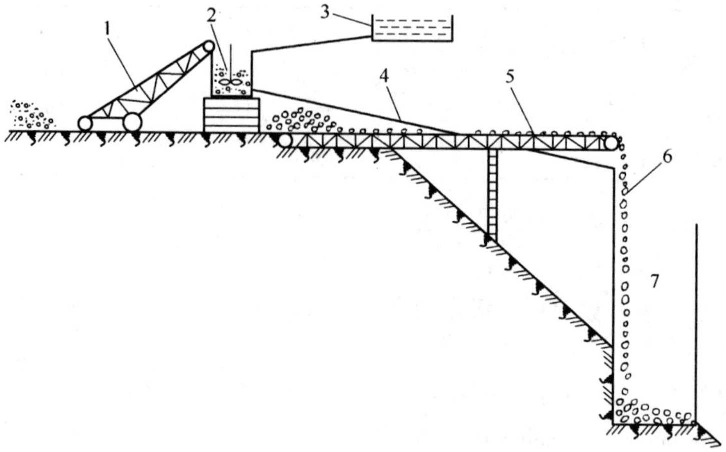

图 6-10 废石砂浆直淋混合试验

1—输砂皮带；2—砂浆搅拌；3—水池；4—砂浆输送管；
5—废石下料皮带；6—废石；7—试模

C 试体养护

地表实验的充填体养护环境远不及井下好，应采取覆盖措施防止试体产生裂纹，以免影响实验效果。最好在试模上部搭盖顶棚，可以防止新鲜充填料中水泥砂浆被雨水冲洗流失，或烈日暴晒而引起水分过快蒸发而影响水泥水化反应的顺利进行。同时，应在充填体四周喷水，以补充水分的快速蒸发，尽量防止塑化收缩产生裂纹。

D 实验分析

废石砂浆直淋混合往往采用粒径较大的废石集料，故一般采用观察方法分析实验效果。在试体养护 28 天后拆除四周模板，从四周充分暴露其充填体表面，观察胶结试体的暴露面。

E 铜坑锡矿模拟实验

实验模型的充填体平面尺寸为 7.5m×4m，下料点位于一角，下料高度为 12~12.5m（图 6-10）。

实验的废石集料试样采自掘进废石（表 6-5），级配要求为：

-300 ~ +25mm	75%
-25mm	25%

表 6-5 废石砂浆同时下料混合试验集料粒级组成

粒级/mm	质量/kg	所占比例/%
+150	1451	15.3
-150 ~ +20	6682	65.1
-20	1862	19.6
合 计	9486	100

采用 -3mm 棒磨砂和 42.5 级普通硅酸盐水泥，通过 ϕ1500mm 的砂浆搅拌桶制备水泥砂浆。砂浆的灰砂比为 1∶10，质量分数为 68%，密度为 1.75g/cm^3。废石与砂浆配合比为 2∶1，充填试体水泥用量为 55.4kg/m^3。

实验表明，在废石和水泥砂浆同时下落过程中，以及在料堆锥面上的滚动过程中，可以使废石和水泥砂浆得到混合。

废石和砂浆混合料落到充填料锥堆顶部后，不是在锥堆各个方向均匀堆积，而是以“沟流”运动的形式流向低处，且“沟流”形成的部位不易控制。但一般发生在充填料堆积角较大、料堆稳定性欠佳的方向。水泥砂浆明显地向低远处流动，使其远侧暴露面的整体胶结情况良好，形成结实的外壳。几乎没有多余的积水渗出。

废石和砂浆同时下落堆积的安息角在 23°~25°之间。在废石砂浆下料堆积过程中，废石的自然分级现象不明显，粗粒径废石不明显流向四周边远处。在暴露的充填体周壁表面，较少见到裸露的粗粒级废石。

远离下料点的充填体整体胶结性能优于下料中心。

经养护 28 天后拆模，观察到胶结试体四周表面平整，几何形状棱角分明（图 6-11）。

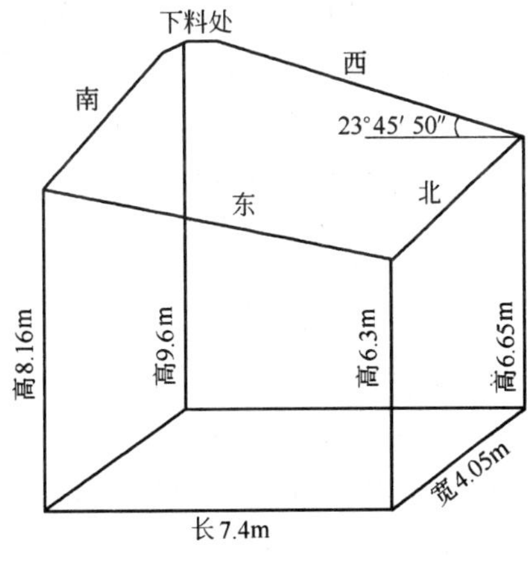

图 6-11 废石砂浆胶结试体几何尺寸图

西面：靠近下料点长轴面，也即充填体锥堆中心纵切面，有清晰的层状结构，下料点附近区域细粒较多，且受冲击而较密实；远离充填料下料点另一端的一定区域内，充填体中水泥和泥质较多，表面较光滑致密；局部胶结不太好，受冲击可产生片落。

南面：靠近下料点短轴面，也即充填体锥堆中心横切面，表面平整、光滑、含水泥相对较少；离下料点较远端的水泥含量较多，胶结情况较好。

东面：远离下料点长轴面，表面裸露废石比较多，但胶结情况比西面好，锤击难于引起片落；且北端比南端胶结效果好，充填体内水泥含量较高，表面平整光滑，废石间空隙充填较致密。

北面：远离下料点短轴面，表面光滑平整，水泥含量最高，充填体整体性好，胶结致密，锤击无片落，表面裸露料最少，充填体强度高。

6.4.2 水泥浆直淋混合

6.4.2.1 定点直淋混合

定点直淋混合工艺一般用于分段采矿法和阶段采矿法的废石水泥浆胶结充填工艺中。定点直淋混合方式针对一定充填服务范围设置一个混合点，在固定的混合点将水泥浆直接浇淋在废石料堆上实现混合。浇淋了水泥浆的充填混合料一般由铲运机运送充入采空区，也可采用地下无轨运料车装载废石料，将水泥浆直接浇淋在车内料堆上运送到采场进行充填。本节重点讨论铲运机运料的直淋混合方式。

A 直淋混合工艺

将废石集料堆集在充填溜井内，在充填料混合点呈自然安息角坍积，一般在混合点底部设一蓄浆槽，保持水泥浆不外泄。水泥浆通过管道输送直接浇淋在废石料堆上，通过料浆渗透分布到废石料堆的空隙中，实现初步混合（图6-12）。铲运机直接铲取废石混合料运送到采空区进行充填。

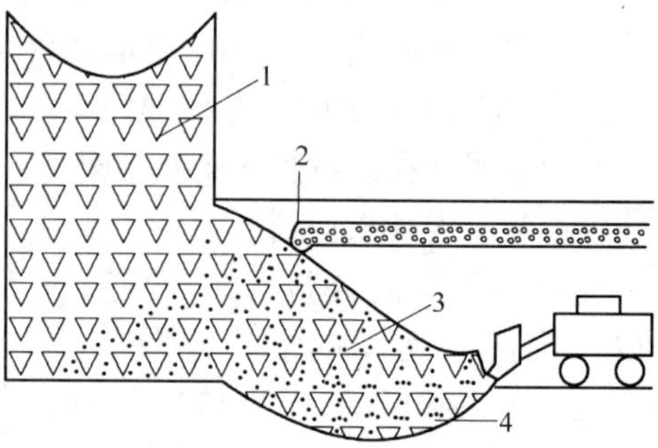

图 6-12 废石充填料直淋混合示意图

1—废石集料；2—水泥浆；3—充填混合料；4—水泥浆蓄浆底槽

按照这种混合方式将废石胶结充填混合料充入采空区后，一共将经历四次自然混合过程。

第一次为上述的水泥浆浇淋混合，即水泥浆直接浇淋废石集料后，初步形成直淋混合充填料。

第二次为铲运机从充填溜井下部坍积的废石料堆铲装充填料后，堆存在充填井口的浇淋有水泥浆的废石集料随之坍塌下来，在坍落过程中实现自然混合。

第三次为铲运机在铲取废石混合料运往采空区充填的过程中，由于铲运机行走的振动作用产生自然混合。

第四次是将充填料卸入采空区进行充填的过程中，由于废石胶结充填料下落的冲击作用，产生自然混合。

第一次和第四次的混合效果最显著、混合作用最强，另外两次则进一步提高了废石胶结充填料的混合质量。试验表明：即使在铲斗内存在未完全混合均匀的废石料，充入采空区后一般观察不到明显混合不均匀的废石胶结料。因此，这种充填料混合工艺能够满足分段采场或阶段采场废石胶结充填工艺的要求，在丰山铜矿的应用效果很好。

B 直淋混合质量因素

影响充填料混合效果的主要因素是废石集料的级配效果，以及集料流动方向与铲运机铲料方向的相对关系。

废石集料的细粒级含量不能太高。细粒物料含量太高，水泥浆不能渗入和分布到废石集料堆中，显然不能混合均匀。对于自然级配的废石集料，-5mm 粒级含量不高于 20% 的混合效果较好，一般不应高于 25%。而当细物料含量较少时，只要水泥浆浓度较高，当质量分数达到 55% 以上时，其混合效果也较好，并且可以降低水泥用量。这时水泥浆在料堆中具有很好的渗透性，同时，水泥浆又能黏附包裹在废石表面，构成胶结层，使充填料形成一个胶结整体。

废石料堆的集料流动方向应与铲运机的铲料方向构成 180°，使充填井中的废石料在坍落过程中正好与铲料过程形成对流。这时能充分发挥第二次混合的作用，其混合效果较好。

6.4.2.2 溜槽直淋混合

这一混合方式是指废石料与水泥浆同时下放到一个安装或不安装混合挡板的溜槽或溜筒内，借助溜槽内的混合挡板改变物料运动方向，在自溜过程中使物料发生碰撞，以达到充分混合的目的。从溜槽下放的混合料可以由无轨运料车装载运送到采场充填，如奥地利的 Bleiberg 矿的早期（图 6-8），或直接将废石混合料通过溜井充入采场，如加拿大 Kidd Creek 的 1 号矿（图 6-14）和澳大利亚的 Darlot 金矿。

Kidd Creek 的 1 号矿为阶段采场，最大空区高度达 140m。该矿采用 ϕ1.2m×2.0m 的溜筒作为混合装置。溜筒内装有三块折返式导流混合板，混合板与溜筒轴线成 55°角。-150mm的废石集料由带式输送机输送下放到溜筒的同时，将水泥浆喷洒在集料上一同进入溜筒。物料经溜筒混合后再通过倾角大于 55°的斜溜井直接充入采空区。

6.4.3 砂浆直淋混合

废石砂浆同时下放到采场中构成了采场直淋混合方式，主要用于阶段大采场充填工艺，如铜坑锡矿和澳大利亚的芒特艾萨矿所采用的混合方式。这一混合方式下料后不通过溜槽混合，也不采用运料设备转运，而是通过充填溜井将废石料与砂浆同时下放到采空区，借助下落过程中的碰撞效应、下放到采场充填料堆上的冲击作用与料流过程达到混合的目的。

这种混合方式需要重点考虑的是下料点的布置，应尽可能使充入采空区的充填料均匀分布；合理利用充填料通过斜充填井充入采场过程中的分级特点，使胶结充填体的质量满足采矿工艺和地压管理的要求，并减少不能充填接顶的空间。

6.5 采场充填

6.5.1 充填隔墙

采空区充填之前均需在出矿水平或中段凿岩水平构筑隔墙，以防止充填料外泄。废石胶结充填混合料的含水率低，废石所占比例高，因而比砂浆充填方式构筑隔墙简单。一般可以采用砖料砌筑或散体料堆筑，当然也可采用木料构筑。

对于分段采场充填工艺，充填隔墙的目的是为防止充填料坍入回采进路内，给下一循环的回采与装药作业带来不便。往往可以通过堆筑方式可满足充填隔墙的要求。堆筑隔墙的基本工艺与方法是：初始充填时不需构筑隔墙，当废石胶结充填料坍入出矿进路 1.5m 左右时，利用废石胶结充填料构筑墙基，然后通过堆填废石或矿石堆构筑隔墙。在下一循环回采爆破前则将废石或矿石铲出。

当遇到夹石需要剔除时，应在夹石边界堆筑隔墙。当采场边界距离上、下盘沿脉巷道较近时，均应预先构筑隔墙，然后再开始充填。

阶段采场的充填隔墙构筑工艺同样简便。当采用上述堆筑隔墙工艺时，一般不对下一回采循环构成作业影响，可以不需铲出堆筑废石。

6.5.2 充填方式

采场充填主要有前排式充填和定点式充填两种方式。

进行分段采场充填时，一般采用前排式充填采空区（图 6-13）。在充填过程中，开始充填时，废石混合料以自由落体

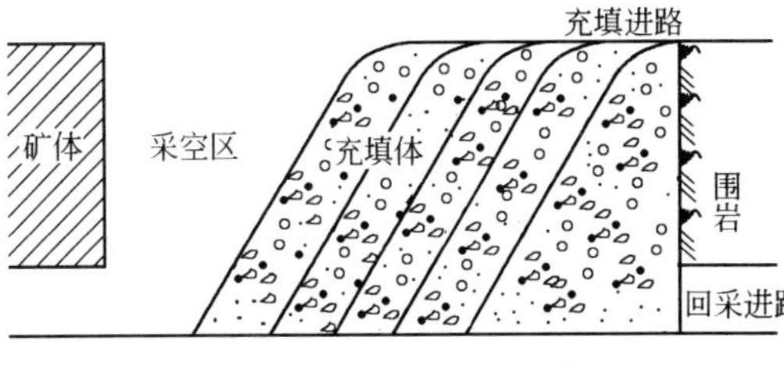

图 6-13 分段采场前排式充填

的方式下落到采空区底部，充填到一定量后，充填料以滑落方式整体向下滑动。

充填集料的粗颗粒明显偏多时，充入采场后有粗颗粒滚动现象，这对充填体质量有不利影响。级配合理的充填混合料在卸入采场后，无颗粒滚动现象，而在其自重作用下产生滑动，形成相对均质的充填体。

进行阶段采场充填时，往往实行定点式充填采空区（图 6-14）。一般是从采场上部开掘采场充填井，将充填水平与采空区连通，充填料通过充填井定点充入采场。充填料的充入方式则取决于充填井的倾角，有垂直充填井和斜充填井两种充入方式。采用垂直充填井时，充填料垂直落入采空区，浆料与废石料的分布均匀，不会在充填料下落到采场的过程中造成很明显的充填料分级。当采用斜充填井进行采场充填时，充填井倾角一般应大于 55°，尤其要考虑到由于斜井的抛物作用而造成的粗细物料的分级效应。采场中充填料下料点的位置与数量，对采场充填体质量，尤其是充填接顶质量影响较大，在进行充填井设计时应重点考虑。

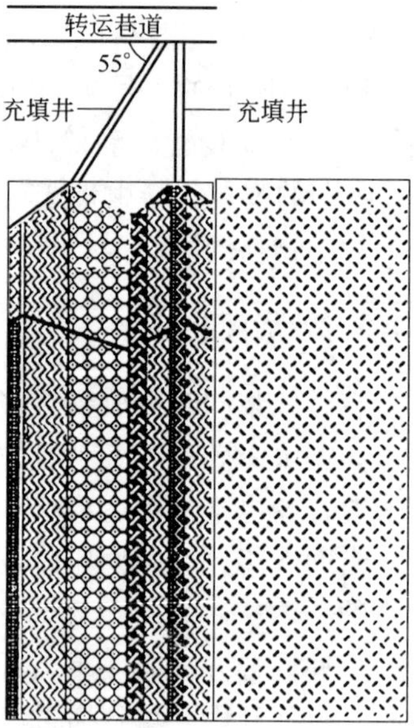

图 6-14 阶段采场定点充填

6.5.3 充填接顶

分段采场充填时，由于每分段需要进行一次接顶，其接顶工作量相对较大，充填作业面较多，接顶次数较频繁。阶段采场的充填接顶量相对于分段采场充填的接顶量要小，接顶次数也较少。当矿山建设有砂浆充填系统时，一般可采用砂浆进行充填接顶，这里不进行讨论。当采用废石水泥浆充填工艺时，若采用水泥砂浆充填接顶，则需要建造一套砂浆充填系统。因此，一般不采用砂浆接顶方式，而往往采用无轨铲运机或无轨推卸式铲运机进行接顶。

在分段充填采矿法中采用无轨铲运机进行充填进路接顶，其最大接顶率为 60%，接顶率较低，辅助接顶作业量较大。采用推卸式铲运机进行充填接顶时，推卸式铲斗内的充填物料可在不同铲斗举升水平高度进行推卸，大大提高了铲斗的卸载高度，在分段充填进路内的接顶率达 85% 以上。推卸式铲运机可以提高充填接顶率，比采用泵送充填或砂浆自流充填接顶工艺的投资少，工艺更简单和方便。并且可在矿山原有的铲运机的工作机构及铲斗上增设推卸机构，即可改装成推卸铲运机，收到事半功倍的效益。

采用推卸铲运机进行充填接顶时，当上、下推板向前推进到极限位置时，可以将推卸铲运机当成推土机使用，将废石胶结料推送到被充填空间的边缘角落，提高和保证充填质量。推卸铲运机可将充填料一次推卸出斗，卸料效率是普通铲运机卸料时多次翻斗循环卸料的 2 ~ 3 倍。

6.5.4 质量控制

为了获得满意的废石胶结充填体质量，要求对每道工序均严格把关。在工业应用中累积的保障措施有：

（1）选用含泥量低的废石原料。

（2）控制充填混合料的含水率，根据废石集料的含水率大小调节水泥浆的实际浓度，使充填混合料的含水率满足设计要求。

（3）工业生产期间要求每个季度取样检测废石集料级配，每个工作班均进行废石集料的含水率测定，每半个小时进行一次水泥浆浓度检测。当取样检验结果与规定指标不符合时及时调整有关参数。

（4）定期测定充填混合料试块的单轴抗压强度，发现不符合设计要求时，及时分析原因。

（5）及时观测废石胶结充填料的混合质量。

6.6 矿山应用

6.6.1 丰山铜矿废石水泥浆充填

大冶有色金属公司委托长沙矿山研究院对丰山铜矿南缘矿带的采矿法进行试验研究后，于20世纪90年代进行了采矿方法技术改造，采用分段胶结充填采矿法（图6-15）。该采矿法将采矿中段划分成分段，在各分段布置采场单元并进行采、出、充等各项采矿工序作业。分段采场垂直矿体走向布置，与最大水平主应力方向基本一致。整个矿体不留矿柱连续回采，分段作业采场可在中段内呈梯状多分段布置。分段采场断面呈似椭圆状多边形，其周边应力集中小，顶板上几乎不存在受拉区，有利于采空区稳定。在分段采场内按6m以内的采矿步距组织采、出、充作业循环；回采与充填作业在分段采场内按采矿步距交替进行。回采时剔除夹石。在巷道内进行凿岩、出矿和充填作业，且形成采空区后立即采用自然级配的废石胶结充填料充填。台车凿岩、铲运机出矿和铲运机运料充填，实现采矿、出矿和充填作业全盘无轨机械化。

采用下盘脉外无轨斜坡道采准系统。在各分段的下盘脉外布置分段沿脉巷道，该下盘

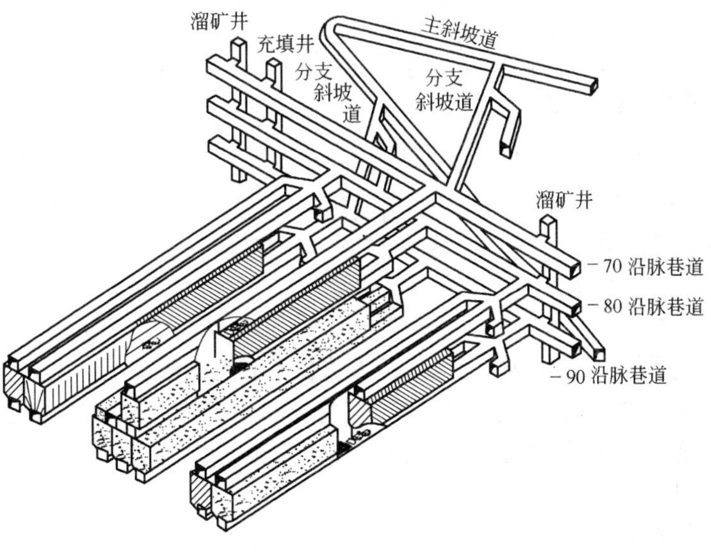

图6-15 丰山铜矿废石胶结充填采矿法方案

沿脉巷道通过分支斜坡道与主斜坡道联通。主斜坡道直通地表，故无轨设备可以从地表一直进入分段采场。从下盘沿脉每隔 20m 开掘一条垂直矿体的采准进路，将分段矿体划分成可以同时作业的采区。

溜矿井和采场充填井均设于矿体下盘。沿矿体走向每隔 50m 设置一个出矿溜井，每隔 150m 设一排水井。不另设废石井，利用暂不出矿的矿石溜井作为废石井。工业生产充填系统的采场充填井设置在下盘脉外，每隔 100m 左右一个，并由充填联络道与下盘沿脉连通。

6.6.1.1 充填材料

采用废石水泥浆胶结充填工艺进行分段充填。采用井下掘进废石和露天剥离废石经破碎后作为充填集料，采用水泥作为胶凝材料。

废石集料均为自然级配料，井下掘进废石或露天剥离废石经破碎后均不再筛分，以全部粒径的废石料作为充填集料。露天剥离废石破碎料的最大粒径为 80mm，井下掘进废石粒径一般小于 200mm（表 6-6）。

表 6-6 丰山铜矿掘进废石自然级配粒度组成

粒径/mm		100	90	60	40	20	10	5	2.5	0.9	0.45	0.28	-0.28	平均粒径/mm
筛余量/%	分 计	9.40	8.41	2.34	14.39	23.52	16.15	9.70	4.10	2.86	2.91	1.69	4.52	37.18
	累 计	100	90.60	82.19	79.85	65.46	41.94	25.73	16.08	11.98	9.12	6.21	4.52	

丰山铜矿南缘采矿方法技术改造投产后，要求采矿生产能力达到 1500t/d，工业试验期间建立的简易废石胶结充填系统不能满足充填能力的要求。因此，在试验研究的基础上建成了工业生产废石胶结充填系统。

根据废石胶结充填法的采矿生产规模，据此确定的日平均应充填的采空区体积为 $437m^3/d$，所需废石胶结充填料为 $468m^3/d$。

按照每天两班工作制，每班制浆时间为 5h，每天工作时间 10h，确定充填材料的消耗量见表 6-7。

表 6-7 废石胶结充填材料用量

水泥浆质量分数 w/%		55		
材料名称		水 泥	水	废 石
材料消耗量	kg/min	78	64	1560
	t/h	4.68	3.84	94
	t/d	46.8	38.4	936

6.6.1.2 充填系统

废石胶结充填系统是丰山铜矿南缘采矿方法技术改造的重要配套工程，是服务于南缘开采的永久性工程。要求系统在满足采矿工艺与技术要求的同时，尽可能做到废石加工、输送，以及水泥浆制备与输送的工艺流程简单、合理、可靠；生产工艺过程的计量、控制、检测简单实用。

A 充填系统配置

充填系统由地面破碎站、地面制浆站和井下充填材料转运系统组成（图 6-16）。

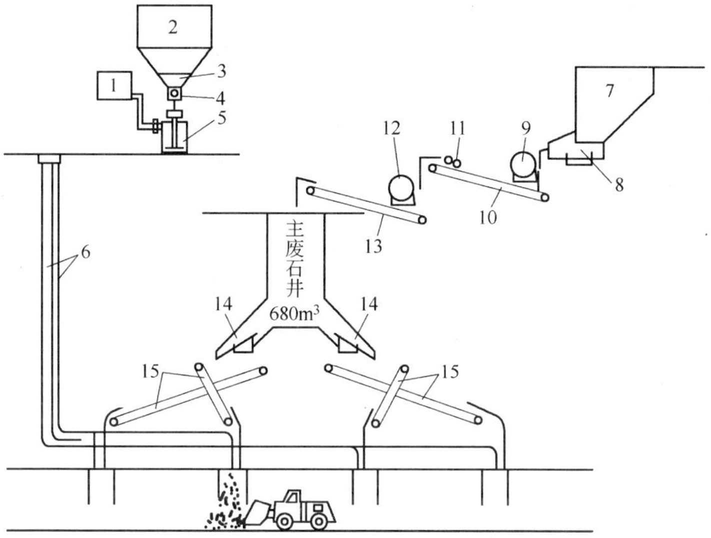

图 6-16 丰山铜矿废石胶结充填系统流程

1—水池；2—200m^3 水泥仓；3—惯性振动；4—电子计量；5—搅拌桶；
6—水泥浆输送管；7—300m^3 碎石仓；8，14—振动放矿；
9，12—破碎机；10，13，15—皮带机；11—悬垂磁铁

（1）地面破碎站。地面破碎站主要负责废石加工和转运到废石充填井。包括废石原料仓、二段破碎机和废石输送设备。

废石料仓：用钢筋混凝土浇筑而成，为了减少破损，在底板衬以 10mm 厚的钢板，底板倾角 50°，便于废石自溜；在废石料仓的顶板安有网度 500mm × 500mm 的格筛，料仓的下部出料口安装有型号为 GZC-4.5/1.5-7.5 的振动给料机；料仓的有效容积为 200m^3。

二段破碎设备：粗碎采用 PE600 × 900 型颚式破碎机，终碎采用 PEX-250 × 1200 型颚式破碎机。

废石输送：在地面破碎站安装两台胶带输送机，将破碎加工后的废石接力输送至主废石充填井。

（2）地面制浆站。地面制浆站包括两个散装水泥仓和两台高浓度搅拌机。水泥仓的设计容积为 200m^3，其仓底锥角为 65°。在水泥仓的下部安装有型号为 GDBP · A · WC 的惯性振动给料斗。高浓度搅拌桶的有效容积为 2.65m^3，规格为 ϕ1500 × 1500。

（3）井下充填材料转运系统。井下充填材料转运系统包括主废石井、-50m 水平水泥浆输送管道、4 台胶带输送机、4 个分充填井。

主废石井的直径为 ϕ3m，在其下部 -50m 水平安装有 GZC-2.3/0.7-3.0 型振动给料机。

水泥浆下料井直径为 ϕ0.5m，在其中安装有 DN80 的钢管。

-50m 水平的水泥浆输送管采用 DN50 的钢管。

在 -50m 水平安装 4 台胶带输送机，负责将主溜井中的废石送往 4 个分充填井，其型号为 TD75-500。

4 个分充填井直径为 $\phi 2.5m$，分别为矿体开采范围内的分段采场提供废石充填集料。

B 充填系统工艺流程

充填系统工艺流程涉及以下几方面：

（1）充填集料制备。充填集料来源于井下掘进废石和露天排土场剥离废石，主要由大理岩和花岗闪长斑岩两类岩石组成，废石密度为 $2.6 \sim 2.8g/cm^3$，自然安息角约 39°。采用 $3m^3$ 露天装载机将废石从露天排土场运至废石料仓。块度小于 500mm 的合格废石进入废石料仓，大于 500mm 的大块带回排土场处理。

仓内的废石经由 GZC-4.5/1.15-7.5 型振动给料机和钢制溜槽进入 PE600×900 型颚式破碎机粗碎。破碎机最大排料块度为 200mm。

粗碎集料用 TD75-650 型胶带输送机送到 PE×250×1200 颚式破碎机终碎。破碎机最大排料粒度 80mm。

最终集料产品用 TD75-500 型胶带输送机输送至主废石井。

（2）水泥浆制备。用散装水泥罐车将散装 32.5 级普通硅酸盐水泥运送至水泥浆制备站，借助压气将其送至散装水泥仓中。通过 GDBP·A·WC 型惯性振动给料机和 $\phi 200mm$ 螺旋输送机，将仓内水泥输送至 $\phi 1.5m$ 高效搅拌桶中，与此同时进行加水和搅拌，将其制备成质量分数为 55% 的水泥浆。

（3）井下输送系统。井下输送系统包括地面以下的废石料输送、水泥浆输送和充填混合料输送等部分。

通过两台振动给料机和 4 台胶带输送机，将废石主溜井中的废石集料分送至 4 个分充填井。

制备好的水泥浆从下浆小井中的 DN80 钢管自流输送到各充填水平。

在分段充填水平的 4 个分充填井混合点，将水泥浆直接浇淋在废石集料堆上。浇淋了水泥浆的废石集料由铲运机直接铲取，运送至采空区卸料充填。

C 系统计量与参数控制

充填系统的计量和参数控制以简单实用和满足生产需要为基本原则。

（1）废石输送计量与参数控制。在井下-50m 水平安装有 2 台 WPC-Ⅰ型多托辊电子皮带秤，可以自动记录进入分充填井中的废石瞬时流量和累计废石量。

通过调节主充填井振动给料机的给料能力，以控制进入各分充填井中的废石输送流量。应用过程中主要通过调节振动给料机的闸门通过量以控制其给料能力。

（2）水泥制浆计量与参数调节。采用 LDC-H-200A 型恒速式螺旋电子秤，对散装水泥仓进入高效搅拌桶中的瞬时水泥流量和累计水泥用量进行计量。通过调节水泥仓的 GDBP·A·WC 型惯性给料机的给料能力，控制水泥输送量。

采用 MWL-K10SI 型涡街流量计，对进入搅拌桶中的充填用水进行计量，通过阀门控制注水流量。

6.6.1.3 应用效果

废石水泥浆胶结充填技术与丰山铜矿南缘矿带采矿方法技术改造密切结合，很好地解决了该矿充填工艺的技术难题。该充填工艺将矿山废物回填至井下，减少了废石对地表环境的污染；并形成高质量的胶结充填体抑制了山体塌陷，有利于保护自然环境；阻滞了雨季地表水经采区渗入井下，消除了井下洪患；有效缓减了采动地压，防止坑道垮塌，有利于矿山生产安全；充分回收矿产资源。

丰山铜矿应用实践表明，废石水泥浆胶结充填工艺与技术具有如下优势：

（1）充填工艺简单、技术可靠、能耗低、充填效率高，充填体水泥单耗低，充填体强度高，与同等强度的尾砂胶结充填相比较显著降低了充填成本。

（2）铲运机运料进行采场充填的工艺机动灵活，充填料不需要在采场脱水，大大改善了井下作业环境。

（3）实现粗集料与水泥浆分流输送和充填料直淋混合，解决了粗集料胶结充填工艺复杂的难题，为大规模应用创造了技术条件。

（4）大量利用了矿山固体废物，尤其是使绝大部分掘进废石不出窿，实现了井下废石内部循环利用，对于废石来源充足，特别是井下掘进废石产出量大的矿山，废石水泥浆胶结充填工艺不失为一种高效率、低成本的充填方式。

6.6.2 铜坑锡矿废石砂浆充填

铜坑锡矿是我国最大的地下锡矿，也是我国重要的有色金属矿产资源综合利用基地。该矿区属高、中温热液锡石-硫化物型特大矿床。矿体规模大，多产于长坡背斜轴部和其东北翼的横向裂隙带内，富集于层间错动交会地带。已探明并开采的矿体主要有细脉带矿体、91号矿体和92号矿体，其中91号和92号为厚大富矿体，构成该矿床的主体。

矿山在开采91号矿体时，为了极大限度地回收矿产资源，应用的采矿方法为嗣后充填的分段凿岩阶段空场采矿法和大直径深孔采矿法。将矿体划分为盘区，再在盘区内划分矿房和矿柱，先采矿房，胶结充填后再采矿柱。在20世纪90年代初，由于与之配套的棒磨砂胶结充填系统未同时交付使用，一步骤采场的充填，在很长时间内成为该矿生产的制约因素，历年积累的采空区体积一度达到30万~40万立方米。

为了保证矿山生产的持续和稳定，在当时条件下亟待解决如下充填技术难题：

（1）矿山生产规模大，空区形成速度快，加之在充填系统投产前积累了大量充填欠账，而棒磨砂胶结充填系统的实际生产能力基本上只能满足正常生产的需要，无法偿还充填欠账。

（2）矿体厚大部分的采场空间大，要求充填体有较高的强度和自立高度，而棒磨砂胶结充填体所具有的强度很难满足矿柱回采时对充填体自立高度和暴露面积的要求。

（3）棒磨砂胶结充填设计水泥单耗200kg/m^{3}以上，生产中实际达到230~240kg/m^3，充填成本在矿山总成本中占有很大比例，削弱了产品的市场竞争力。

（4）棒磨砂浆胶结充填过程中，将大量的水灌入采场，脱水过程中流失大量的胶凝材料，既降低胶结充填体强度，又污染矿山井下环境，并且在采场中存在大量积水，对充填接顶极为不利。

为了解决上述生产中存在的问题，长沙矿山研究院于90年代结合矿山条件研究并推广应用了废石砂浆胶结充填技术，使原有充填系统生产能力增大一倍以上，水泥单耗降低50%以上，并使充填体的允许自立高度和暴露面积大大增加，能满足二步骤高大采场回采时对充填体强度的要求，在生产中取得很好的应用效果。

6.6.2.1 充填系统

充填系统由地表废石集料破碎站、砂浆制备站，以及井下废石输送系统和砂浆输送系统组成。

地表破碎站安装有颚式破碎机，配备了铲运机及运料汽车。地表搅拌站设有两个直径11m、高30m，有效容量2800t的立式砂仓；两个直径7m、高22m，有效容量600t的水泥仓；两台直径为2m的高浓度搅拌机。搅拌站构成两个独立工作的砂浆搅拌系统。

井下废石输送系统包括废石料仓和主废石井，505m中段水平包括有2m³矿车的废石转运系统、分配溜井、充填平巷及输送废石至采场的皮带机输送系统（图6-17）。井下砂浆输送管路系统包括两套从搅拌站至井下充填采场的内径为ϕ113mm砂浆输送管道。

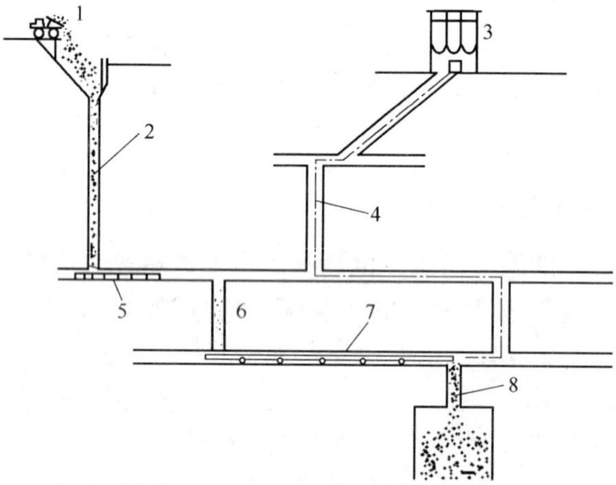

图6-17 废石砂浆胶结充填系统

1—废石料仓；2—主废石井；3—砂浆制备站；4—ϕ113mm砂浆管；
5—10t电机车；6—分配溜井；7—带式输送机；8—采场充填井

6.6.2.2 充填材料制备与输送

充填材料由两部分组成，废石集料和水泥棒磨砂料浆。两种类型的充填料分别通过各自独立的输送系统分流输送到井下充填水平，同时充入采空区。

A 废石集料

废石集料包括井下掘进废石和地表采石场废石。

掘进废石提升到地表后不经筛分被直接利用。地表采石场废石由汽车运送到破碎站，通过颚式破碎机破碎至－300mm。破碎集料块度组成的一般要求是到达充填点时－20mm粒级含量不超过25%。经破碎站破碎后的合格废石集料和井下出窿废石，由汽车运输至地表以下的废石料仓，通过主溜井溜至505m中段转运水平，经2m³矿车转运至采区分配溜井送达各充填平巷，再经皮带运输机送入待充采场（图6-17）。

B 水泥砂浆

地表建有砂浆搅拌站，构成两个独立工作的砂浆搅拌系统。

水泥砂浆由42.5级普通硅酸盐水泥与棒磨砂制备而成。其制备与输送流程为：采用罐车将水泥运送到搅拌站水泥仓；采用－25mm废石作为原材料磨细至粒径为－4mm的棒磨砂（表6-8）；棒磨砂由砂泵送至充填站立式砂仓脱水除泥。由地表搅拌站将棒磨砂与水泥制备成质量分数为70%左右的砂浆，通过管道自流输送至井下充填工作面。

表 6-8 棒磨砂粒级组成

粒径/mm	含量/%	累计/%	粒径/mm	含量/%	累计/%
>3.2	2.64	2.64	0.15 ~ 0.097	8.40	93.69
3.2 ~ 2.0	16.0	19.60	0.097 ~ 0.076	3.29	96.98
2.0 ~ 1.0	24.81	44.41	0.076 ~ 0.037	1.70	98.68
1.0 ~ 0.63	19.67	64.08	0.037 ~ 0.019	1.08	99.76
0.63 ~ 0.30	15.95	80.03	0.019 ~ 0.010	0.14	99.90
0.3 ~ 0.15	5.26	85.29	<0.010	0.10	100

6.6.2.3 采场充填工艺

A 采场准备

在开始充入废石胶结充填料之前，首先封闭采场底部所有出矿进路口，然后充入少量棒磨砂胶结充填料，使采场底部残留的松散矿岩得到充分胶结。

B 采场充填

完成了采场充填准备后，将废石集料和棒磨砂胶结料浆送达采场顶部充填井口，同时向采空区下料充填。在废石料与磨砂料浆下落过程中会发生互相碰撞、掺和，然后坠落到充填料堆顶部，再沿料堆锥面向四周滚动和流动。两种充填料经过碰撞、掺和、滚动和流动等过程，使之得到混合。

为了保证废石砂浆胶结充填体质量，每个采场充填井所担负的充填面积应尽量保持方形。铜坑锡矿阶段矿房法采场长 70 ~ 80m，宽 20 ~ 25m，一般每个采场设 3 个充填井，3 点同时下料充填，并保持 3 个充填料锥堆基本处于同一高度。

在正常充填时，棒磨砂胶结充填料浆和废石集料的配合比取干料质量比 1∶3 。通过调节废石的供料速度实现砂浆与废石的配合比。为了实现充填料配合均匀，要求皮带运输机连续均匀输送废石。

C 接顶充填

废石胶结充填几乎没有多余的水流出采场，不会污染井下巷道。但同时带来的另一个问题是充填料流动性能不佳，充填料堆坡面堆积角一般可达 25° ~ 30°。因而充填体与采场顶板之间存在较大的空区，使充填体失去对采场顶板的支撑能力。为了使充填体尽可能与采场顶板接触，在采场上部采用棒磨砂胶结充填料充填接顶。在部分采场还在两充填料堆之间布置专用充填钻孔下料，以改善充填体和采场顶板间的接顶效果。

6.6.2.4 应用效果

在充填过程中进行了充填料试块强度试验和现场充填体强度试验。试块规格为 300mm × 300mm × 300mm，采用单轴压力试验机进行不同龄期的抗压和抗拉试验。现场充填体强度由声波测定试验测得。通过相关试验揭示了废石砂浆胶结充填体的力学特性，表明废石砂浆胶结充填体的力学性能满足采矿工艺的要求（表 6-9）。

表 6-9 废石砂浆胶结充填体力学性能参数

名 称	实验室	现 场	
养护时间/d	28	90	90
抗压强度/MPa	3.23	3.60	2.34
抗拉强度/MPa	0.47	0.55	0.37
弹性模量/MPa	730	780	780
泊松比		0.185	0.185
凝聚力/MPa	0.68	0.70	0.46
内摩擦角/(°)	41	42	42
声波速度/m · s^{-1}		2806	2806

铜坑锡矿废石砂浆胶结充填效率高，达到 254m^3/h，是传统混凝土胶结充填效率的 15～25 倍，是泵送充填效率的 3～7 倍。

水泥耗量 100kg/m^3，抗压强度 3.2MPa。具有水泥耗量低、强度高的优点。

胶结充填料在采场几乎不泌水，很好地解决了采场泄水污染井下作业环境的难题。

参 考 文 献

[1] Zhou Aimin. Mining Backfill Technology in China: An Overview[C]: Proceedings of the 8th International Symposium on Mining with Backfill, 2004.9: 1～8.

[2] 周爱民，等．丰山铜矿分段碎石胶结充填采矿法试验研究报告[R]．长沙：长沙矿山研究院．1996.

[3] 陈鼎初，等．块石砂浆胶结充填技术研究[R]．长沙：长沙矿山研究院，1993.

[4] 霍米亚科夫 B И 编著．国外矿山充填经验[R]．周问华译．长沙：长沙矿山研究院．1989.

[5] Farsangi P, Hayward A, Hassani F. Consolidated rockfill optimization at Kidd Creek Mines[J]. CIM Bulletin, 1996, 1001: 129～134.

[6] 周爱民，等．奥地利与德国充填采矿技术[R]．长沙：长沙矿山研究院，1990.

[7] Bloss M, Greenwood A. Rockfiil Research at Mount Isa Mines Ltd. [C]. Sixth International Symposium on Mining with Backfill. Brisbane, 1998.

[8] Chen D, Messurier M, Mitchell B. Application of Cemented Aggregate Fill at Barrick's Darlot Gold Mine [C]. Proceedings of the 8th International Symposium on Mining with Backfill. Beijing: 2004, 82～89.

[9] Harnischmacher K, Nelles P L. Bessere Ausnutzung von Vorräten durch Anwendung von Magerbetonversatz in flacher, geneigter und steiler Lagerung auf den Gruben der Sachtleben Bergbau GmbH[J]. Erzmetall, 1985 (9): 411～418.

[10] Gaul T, Hoppe E. Schwerspatgrube Dreislar-Die Entwicklung einer kleinen Ganglagerstätte zu einem modernen, leistungsfähigen Bergwerk[J]. Erzmetall, 1987(5): 225～231.

[11] Dismuke S, diment T. The testing design, Construction and implementation of cemented rockfill at Polaris [J]. CIM Bulletin, 1996(1005): 91～97.

[12] Rheault J, Bronkhorst D. Backfill practices at the Williams mine[J]. CIM Bulletin, 1994, 97: 44～48.

[13] A. Afrouz. Placement of Backfill[J]. IME, 1994, 205～211.

[14] 刘同有，金铭良．中国镍钴矿山现代化开采技术[M]．北京：冶金工业出版社，1995.

7 结构流全尾砂胶结充填

7.1 发展概况

浮选尾砂是矿山的主要废物排放源，尤其在地下矿山占据主导地位。由于尾砂充填可实现管道输送，因而自20世纪60年代开始，已是国内外普遍推广应用的一种充填方式。质量分数在65%～70%的分级尾砂料浆的自流输送工艺，由于其料浆制备简单、管路自流输送可靠、充填能力大、充填成本适中等优点，一直成为矿山充填优先选择的充填工艺。但这种充填工艺在长期生产实践中暴露出如下严重缺点：

（1）分级后的细粒级尾砂（一般为-37μm），排至尾砂库后不能自然堆坝。因此，不但不能减小库容，而且由于沉降速度低，需要增高基坝。

（2）分级尾砂沉砂率一般在50%左右，而对一些多金属矿或高含硫矿，其尾砂产率仅30%左右，不得不增加采石磨砂或外购砂。以至于一方面排放尾砂污染环境，另一方面还要破坏地表和生态。

（3）分级尾砂虽然能适应自流输送和充入采场后脱水快的要求，但由于砂浆浓度较低，对胶结充填来说，添加的水泥极易在采场中离析和随泄水而流失，导致水泥消耗量大，并且污染井下作业环境。

（4）在矿岩稳定性差、开采条件复杂的矿山，大量的充填水对矿岩产生侵蚀，在不能充分接顶的情况下，上盘和矿柱失稳破坏的状况更进一步恶化。

为了解决低浓度尾砂充填存在的问题，自70年代以来，国内外开展了提高砂浆浓度和降低尾砂分级界限的研究，高浓度尾砂充填开始问世。加拿大国际镍公司的所属矿山，首先试验成功了高浓度分级尾砂胶结充填工艺，将分级尾砂胶结充填料的质量分数提高到72%～74%，使这些矿山减少水泥消耗15%以上。高浓度分级尾砂料浆进入似均质非牛顿体范畴，近似于宾汉体，可在较低流速下呈层流状态，砂浆在管道中的沉淀也较慢。这种高浓度分级尾砂充填，改善了传统充填工艺的一些缺点，成了尾砂充填发展的重要方向之一。高浓度分级尾砂充填工艺主要采用自流输送，料浆的屈服应力不能过大，故浓度不能太高，仍然需要排放部分尾泥，因而仍然没有很好地解决尾砂排放和部分矿山脱泥尾砂不能满足矿山充填量所存在的问题。

因此，国内外从80年代末开始试验研究高浓度全尾砂充填和膏体全尾砂充填工艺与技术。至90年代，结构流膏体泵送全尾砂胶结充填已在国内外众多矿山获得成功应用；进入21世纪以来，似结构流全尾砂自流输送胶结充填在国内多座矿山成功应用。

全尾砂胶结充填理论的发展，为全尾砂胶结充填工艺的发展与应用提供了理论基础。传统的充填理论要求水砂充填料必须有良好的渗透性能，其渗透系数须在10cm/h以上。因而在充填料中不允许-43μm的细粒级物料含量超过30%。现代物理化学理论认为，当物质以固态存在时，物料的物理化学作用速度与其表面积成正比，而随着物料的磨细，其表面积急速地增加；根据浆体输送理论，为了获得均质结构流体，最有效的办法则是启用细颗粒物料。因此，在现代物理化学理论和结构流浆体输送理论基础上，产生了新的充填理论，促进了全尾砂胶结充填工艺与技术的发展。

在全尾砂胶结充填理论的支持下，全尾砂充填方式逐步得到发展和应用。前苏联阿奇塞多金属公司于1979年率先在格鲁博基矿试验了高浓度全尾砂胶结充填。该矿全尾砂中$-43\mu m$的细粒级占70%，充填料的质量分数达到78%，采用自流方式，经钻孔和水平管道（$\phi150mm$）输送到采空区，充填能力为每小时$120m^3$。国内则于1990年由长沙矿山研究院结合凡口铅锌矿的全尾砂条件研究成功高浓度全尾砂胶结充填工艺；2000年以来，长沙矿山研究院相继将全尾砂胶结充填工艺成功地应用于南京铅锌矿（图7-1）、莱新铁矿、草楼铁矿和诺普铁矿等十多座矿山的工业生产；中国有色工程设计研究总院设计的冬瓜山铜矿全尾砂胶结充填系统，也成功地投入工业应用。

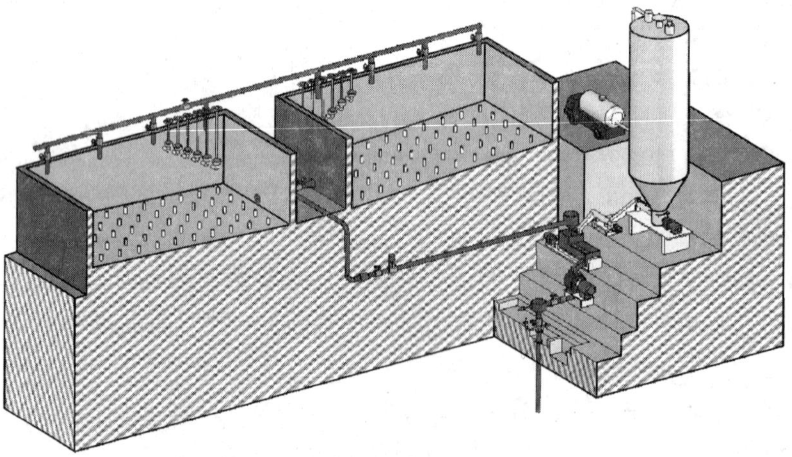

图7-1 南京铅锌矿结构流全尾砂自流胶结充填系统

膏体全尾砂泵送充填是20世纪80年代由德国Grund铅锌矿在混凝土泵送工艺的基础上，开发出来的充填新工艺（图7-2），使充填料浆的质量分数提高到80%以上。膏体料浆的黏度增大，在管道中的流动呈柱塞状，且产生较大的屈服应力，只有施加外力克服屈服应力，膏体才产生流动。但并非所有级配的充填材料在高浓度时均能构成膏体进行输送。根据国内外膏体充填的经验，只有当充填料中$-20\mu m$的超细物料量达到20%以上时，这种充填混合料才能形成稳定性好的可输送膏体。在膏体充填工艺中，物料的渗透性能不再具有意义，这使得全尾砂中超细粒级固有的缺点可以转变为充填料输送工艺的优点。这种稳定性好的膏体还可携带粗集料，其配比可达全尾砂量的1～1.5倍。

对于全尾砂充填集料，因为其泥质含量过高，在低浓度下会因分级离析导致细泥部分难以凝固甚至不能凝固，并在脱水过程中大量流失水泥，带来水泥消耗量过高、严重污染井下作业环境等问题，以至不具备工业实用性。因此，要求在结构流体或似结构流体的高浓度状态下进行全尾砂胶结充填（图7-3），才能达到工业应用的目标。结构流体全尾砂充填工艺不仅提高了充填料浆的浓度，更重要的是为全尾充填创造了工艺条件，使全尾砂充填成为可能；在这种浓度下，料浆的流态发生了变化，使流体的固体颗粒受惯性的制约影

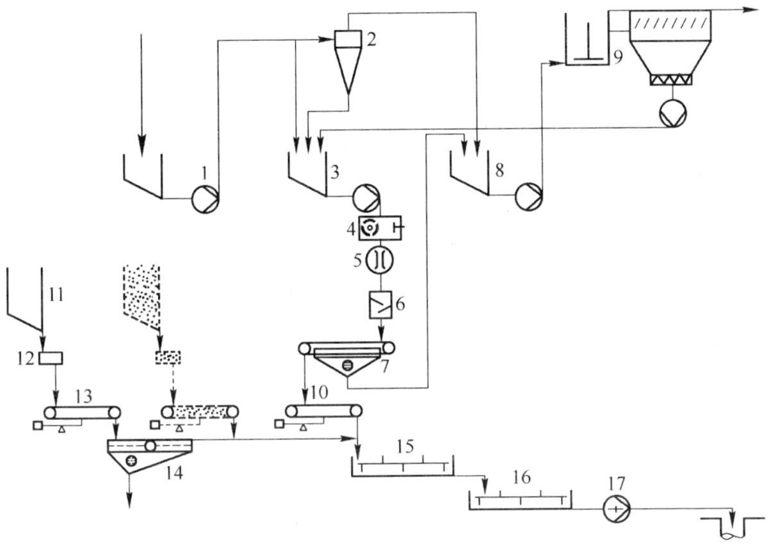

图 7-2　Grund 铅锌矿膏体泵送充填系统

1—选厂尾砂输送泵；2—旋流器；3—底流尾砂仓；4—比重计；5—流量计；
6—絮凝剂；7—真空带式过滤机；8—溢流尾砂池；9—薄板浓缩机；
10—带式输送机；11—废石仓；12—输送机；13—皮带输送机；
14—脱水筛；15—搅拌槽；16—双螺旋搅拌机；17—输送泵

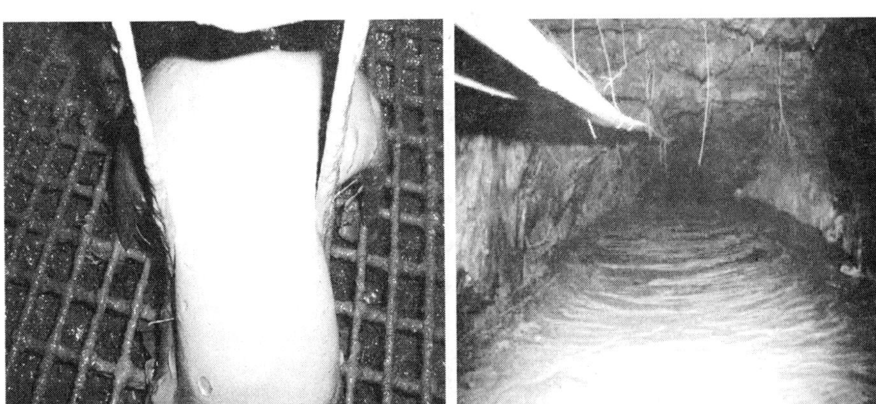

a　　　　*b*

图 7-3　结构流全尾砂胶结充填料

a—管道口全尾砂胶结充填料；*b*—采场全尾砂胶结充填料

响变小，因而能够顺利输送。

根据充填料浆的沉降特性，其浓度大于最大沉降浓度的料浆被称为结构流体，接近最大沉降浓度的料浆可以称为似结构流。在工业应用中，可将浓度接近和大于最大沉降浓度的料浆统称为结构流体；当料浆浓度大于最大沉降浓度时呈膏状，故通常又将这种料浆称为膏体。相应的充填工艺称为结构流充填或膏体充填。由于充填料粒级组成不同，其最大沉降浓度亦不相同，因此很难确切地界定出不同类型充填料的最大沉降临界浓度。全尾砂充填料浆在结构流状态下不再渗透脱水，呈密实泌水特性。

全尾砂充填工艺在下述条件下可以获得更加显著的效果：

（1）需要利用全部尾砂和部分废石（或其他工业废渣），以实现无废开采的矿山，或排除泥水、修筑尾砂库和处理废石的费用较高的矿山。

（2）可用于充填的分级粗尾砂量不足或细粒尾砂难以堆坝，而需要采用全尾砂的矿山。

（3）矿岩遇水泥化、不稳固的矿山，可改善开采条件和工作条件，提高生产能力和回采率。

在这些因素的推动下，尤其是近年来加速开发利用难采矿床，加强了环境保护和矿山安全意识，使得全尾砂胶结充填，特别是全尾砂自流胶结充填工艺在国内矿山获得快速推广应用，大量应用于难采矿床开采。目前在国内已建成的全尾砂自流胶结充填系统共有12套，均在工业生产中正常应用（表7-1），在建的全尾砂自流胶结充填系统有10多套。

表7-1 国内矿山全尾砂胶结充填应用一览表

矿山名称	充填集料	输送方式	料浆质量分数 w/%	料浆流态	系统能力 /$m^3 \cdot h^{-1}$	投产年度	研究设计单位
凡口铅锌矿	全尾砂	自流	70～76	似结构流	48～55	1993	长沙矿山研究院
张马屯铁矿	全尾砂	自流	58～60	高浓度	50～60	1997	长沙矿山研究院
南京铅锌矿	全尾砂	自流	70～72	似结构流	60～80	2004	长沙矿山研究院
杜官庄铁矿	全尾砂	自流	58～60	高浓度	50～60	2005	长沙矿山研究院
阿舍勒铜矿	全尾砂、戈壁集料	自流	77～79	似结构流	80～100	2006	长沙矿山研究院
莱新铁矿	全尾砂	自流	60	似结构流	60～80	2007	长沙矿山研究院
冬瓜山铜矿	全尾砂	自流			80～100	2007	中国有色工程设计研究总院
用沙坝矿	磷石膏	自流	55～58	似结构流	30～50	2007	长沙矿山研究院
草楼铁矿北站	全尾砂	自流	70～72	似结构流	80～100	2008	长沙矿山研究院
草楼铁矿南站	全尾砂	自流	70～72	似结构流	80～100	2009	长沙矿山研究院
吴集铁矿	全尾砂	自流	70～71	似结构流	80～100	2009	长沙矿山研究院
烂泥沟金矿	全尾砂、磨砂	自流	75～78	似结构流	80～100	2009	长沙矿山研究院

全尾砂充填料自流充填工艺简单可靠，输送成本低，因而往往是矿山全尾砂充填首选的输送工艺。但自流输送的料浆浓度相对不宜太高，并且在不借助井下增压输送时，充填服务范围有限。泵压可以满足长距离输送的要求，料浆浓度可以达到膏体状态。因此，20世纪90年代以来膏体泵送充填在国外备受重视，得到快速发展和推广应用（表7-2）。但膏体泵送充填的系统复杂，基建投资大，运行能耗高，国内膏体泵送充填的应用相对较少，共建成四套系统，其中两套已停用。

表 7-2 国外膏体泵送充填工艺应用概览

应用年度	国家及矿山名称	主要应用条件	设备型号
1980	西德 Preussag 公司 Grund 铅锌矿	分段充填，开采深度 600m，$35m^3/h$，5MPa，6 万～8 万 m^3/a	BRA2100×2，160kW
1985	南非 JCI 公司 Cooke 3 号金矿	房柱法，开采深度 80m，$50m^3/h$，5MPa，$25\times10^4m^3/a$	KOS2160×2，132kW
1985	南非 ACC/Welcome	$60m^3/h$，10MPa，试验研究，单次给料 $10m^3$	KOS2100，132kW
1987	英国 Fairclough Civil	房柱法，作业深近 80m，$120m^3/h$，4MPa，$30\times10^4m^3/a$	KOS2180，300kW
1988	美国 Lucky Friday 铜铅锌银矿	下向充填，开采深度 1600m，$60m^3/h$，3MPa	KOS2180，90kW
1988	南非 ACC 公司 Freddies 5 金矿	长壁法开采深部盲矿体，深 1300m，$8\times10^4m^3/a$	BRA1406，160kW KOS1467
1988	西德 Ruhrkohle Monopol 煤矿	长壁法作业，开采深度 1000m，$100m^3/h$，6MPa	KOS3080，132kW
1990	奥地利 Bleiberger 铅锌矿	分段充填法，开采深度 500m，$35m^3/h$，8MPa，$10\times10^4m^3/a$	KOS2160HP，160kW
1990	德国 Leonic 矿	充填地面破坏区	BSA2100HE
1990	德国 Ruhrkohle Walsum 煤矿	长壁法回采后充填采空区，开采深度 900m，$100m^3/h$，12MPa	KOS3080×3，500kW
1992	CSFR OKD Dul Paskov 煤矿	长壁法作业，开采深度 1000m，$60m^3/h$，6MPa	KOS1460HP，160kW
1992	摩洛哥 ONA Hajar 铅锌铜矿	分段充填，开采深度 500m，$115m^3/h$，6MPa	KOS2180，200kW
1993	俄罗斯 Norilsk 镍矿	空场采矿嗣后充填，开采深度 100m，$300m^3/h$，5MPa	KOS2180×3，220kW
1996	葡萄牙 Somincor 公司 Neves Corvo 铜矿	巷道充填与梯段充填，环管试验 $65m^3/h$，11.5MPa	KOS2160
2000	坦桑尼亚 Bulyanhulu Barrick 金矿	全尾砂充填，$80m^3/h$，80MPa	HSP25100HP×2，100kW
2000	加拿大 Matagami 金矿	全尾砂充填	BSA1400，110kW
2001	瑞典 Zinkgruvan 锌矿	全尾砂胶结充填，$102m^3/h$，7MPa	HSP2180HP，315kW
2002	摩洛哥 Cie Miniere des uemas-sa	分段胶结充填，采深 500m，$110m^3/h$，4.5MPa	KOS2180，160kW
2002	加拿大 Laronde	全尾砂充填	KOS1480，132kW
2003	澳大利亚 Plutonic 金矿	全尾砂充填	HSP2180HP，250kW

在不同浓度下的全尾砂充填工艺、技术性能和充填效果不同（表 7-3）。因此，在工业应用中必须根据矿山条件和充填目标进行综合评价，以确定合理可行的充填工艺及充填料浆的浓度。

表 7-3　全尾砂充填工艺与技术性能比较

序号	项目	充填工艺		
		低浓度	高浓度	膏状体
1	充填材料	分级尾砂	全尾砂	全尾砂 + 粗集料
2	渗透速度/$cm \cdot h^{-1}$	大于 10，关键性物理特性	非关键性物理特性	不考虑渗透速度
3	质量分数 w/%	60 ~ 70，低于沉降浓度	72 ~ 78，达到沉降浓度	78 ~ 82，高于沉降浓度，加粗料时 81 ~ 88
4	输送方式	自流为主	自流或泵送	泵压或自流
5	流态	牛顿体两相流	非牛顿体似均质流	非牛顿体结构流
6	流速	高速紊流	中速层流	低速层流
7	物料脱水	旋流分级	过滤脱水、高效浓缩、自然沉降	高效浓缩，过滤脱水、自然沉降
8	料浆搅拌	普通搅拌	活化强力搅拌	卧式搅拌
9	水泥添加方式	地面制备站	地面制备站	地面或井下
10	坑道清理	困难	少	无
11	坑内排水	大	少	小
12	充填体质量	差	中	高
13	水泥单耗	大	中	低
14	劳动强度	高	中	低
15	尾砂处理投资	大	少	中
16	综合能耗	大	低	中
17	一次性投资	小	中	大
18	维护	简单	中	复杂
19	技术要求	简单	中	复杂

随着全尾砂高效浓密、贮仓沉降脱水与活化搅拌技术的不断发展。特别是全尾砂充填可以高效率地利用矿山尾砂，符合工业生态学的矿山充填模式的基本条件，可以使矿山取消尾砂库，是一项结合矿床开采工艺建设生态矿山的充填技术，其环保意义和生态意义十分突出。因此，全尾砂胶结充填受到国内外采矿界的高度重视，其推广应用面日趋广泛，应用前景突显。

7.2　全尾砂充填料制备

7.2.1　全尾砂脱水

全尾砂胶结充填料的主要集料是全尾砂。由于选厂浮选尾砂的含水量很大，需要排出大量的水才能满足高浓度的制备要求。但全尾砂的含泥量高，渗透性差，并且在脱水过程中要避免细泥物料的排放。因此，全尾砂的高效脱水技术成为全尾砂充填料制备工艺的一项非常关键的工艺与技术，一直是国内外致力于研究解决的课题。

目前在工业上应用的全尾砂脱水工艺流程有：

旋流、沉降、过滤三段脱水流程；

浓密、沉降、过滤三段脱水流程；

浓密、过滤两段脱水流程；

浓密、沉降两段脱水流程；

沉缩一段脱水流程。

其中沉缩一段脱水流程完全取消机械脱水，是一种能耗低、效率高的短流程脱水工艺。该流程由长沙矿山研究院结合南京铅锌矿研究开发并成功应用以来，目前已成为国内全尾砂胶结充填系统的主要脱水流程。

7.2.1.1 高效浓密脱水

选厂全尾砂的质量分数一般在20%～25%，经过一段浓密机处理，可使尾砂的质量分数达到40%～55%。这不但可提高过滤的效率，还可及时回收废水供选厂利用。由于充填料制备站均靠近矿体以减少输送距离，若尾砂量大，则普通浓密机占地广，使制备站的配置较为困难。高效浓密机充分发挥絮凝剂对固体颗粒的絮凝作用，借助底部给料和絮凝作用形成动态沉泥层，其处理能力大。凡口铅锌矿采用的 ϕ9m 高效浓密机和山达克金铜矿采用的 ϕ27m 高效浓密机与 ϕ100m 普通浓密机的指标对比表明，高效浓密机较之普通浓密机，其单位面积处理能力提高了42～54倍（表7-4）。因此，在矿山充填工艺中，以采用高效浓密机为宜。

表 7-4 国内部分浓密机处理尾砂指标

矿山名称	设备规格	给入料浆质量分数 w/%	排出料浆质量分数 w/%	-200目物料/%	絮凝剂用量/$g \cdot t^{-1}$	处理量/$t \cdot d^{-1}$	单位面积处理能力/$t \cdot (m^2 \cdot d)^{-1}$
山达克	高效 ϕ27m	26	0.45～0.50	60	12	12000	21
凡　口	高效 ϕ9m	25	0.45～0.55	62～83	30	1717	27
金　川	普通 ϕ100m	20	0.40～0.50	70	0	4000	0.5

高效浓密机在不加絮凝剂情况下，回收率比 ϕ24m 普通浓密机提高26.3%，其定额仍为普通浓密机的1.5倍（表7-5）。当 ϕ24m 普通浓密机达到 ϕ9m 高效浓密机同等效果，则普通浓密机定额降为0.95t/(m^2·d)，即高效浓密机在不加絮凝剂条件下，浓密定额为普通浓密机的4.3倍。

表 7-5 高效浓密机与普通浓密机对比试验

设　备	给　料			底　流		溢　流	
	砂量/$t \cdot d^{-1}$	质量分数 w/%	定　额/$t \cdot (m^2 \cdot d)^{-1}$	产率/%	质量分数 w/%	质量分数 w/%	产率/%
ϕ9m 高效浓密机	263	12.1	4.1	86.3	49.9	13.7	2.1
ϕ24m 普通浓密机	1247	12.1	2.8	60.0	50.0	40.0	5.7

目前，国内矿山充填均主要配备高效浓密机进行全尾砂浓密脱水，如凡口铅锌矿采用的设备规格为 ϕ9m，铜录山铜矿设备规格为 ϕ15m。其中铜录山铜矿高效浓密机的干量处理能力大于1500t/d，通过自动注入聚丙烯酰胺絮凝剂，使全尾砂获得良好的絮凝效果，

能加速沉降；全尾砂浓密后的沉砂质量分数达到40%～45%以上，为进一步脱水提供了有利条件。

国内外高效浓密机的可选品种较多，其共同之处是使用絮凝剂以加速细粒级的沉淀，不同之处是传动机构和耙架形式各异。

A　高效浓密机工作原理

高效浓密机中料浆的浓密沉降，通过料浆与添加适量的絮凝剂进行工作。当料浆与絮凝剂迅速均匀混合，获得最佳絮凝效果，从而使絮凝团快速沉降，实现固液分离。

料浆在进入高效浓密机前，经消气装置除去所含的大部分气体后，从给料管进入混合装置。料浆在混合装置中与适量絮凝剂充分混合，形成良好絮凝状态。然后，从其底部向四周扩散，进入浓缩池底部已形成的高浓度沉泥层。此时，絮凝后的料浆（絮团）向池底部沉降，料浆水则透过沉泥层向上升。沉泥层起到了过滤作用，阻止细粒尾泥上升。尚未充分絮凝的料浆，在到达沉泥层时，将继续与絮团块接触，使絮团不断长大。最后，借助于中心驱动装置驱动耙架，将浓缩的物料推向中心排料口排出，料浆水则从溢流口流出（图7-4）。

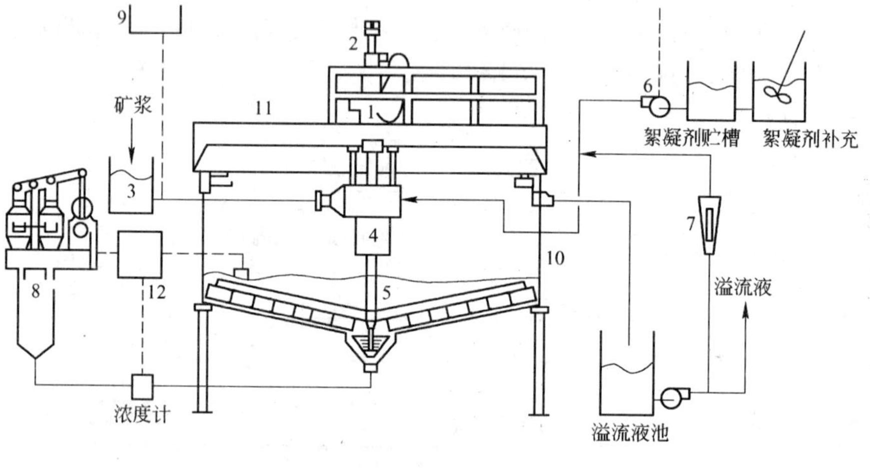

图 7-4　高效浓密机系统示意图

1—中心驱动装置；2—提耙装置；3—消气装置；4—混合装置；5—耙架；6—絮凝剂给料泵；7—玻璃转子流量计；8—底流泵；9—絮凝剂控制系统；10—池体；11—桥架；12—界面、底流浓度串级控制系统

在正常工作条件下，底部沉泥层和上面的澄清液之间有一明显的分界面。为了获得最佳浓缩效果，将界面控制在适当位置很重要。因此，高效浓密机对“适当界面位置”进行自动控制。

为获得稳定的底流浓度和合理的絮凝剂加药量，高效浓密机对底流浓度和加药量也实行自动控制，整个控制系统各参数通过计算机处理。

B　高效浓密机结构特点

高效浓密机具有如下独特的机构装置，可以实现高效率工作。

（1）浓密池内装有不同形式的混合装置。目前通常采用的有串联式机械混合装置和筒式混合装置。

（2）多点串联式絮凝剂加入装置。

（3）在浓密机的给料端设消气装置，避免絮凝剂颗粒的浮选效应，防止浓密池液体表面形成密集的泡沫层，稳定沉泥层，提高溢流水水质。

（4）设有手动和自动操作两种提耙装置，在高效浓密机的负荷过大时，以保证设备的顺利运转与传动机构的安全。

（5）在浓密池内设溢流槽，以增加溢流堰的总长度，降低溢流水上升速度，避免干扰沉泥层。

（6）设有预磁器，对于具有磁性的固体物料可不用絮凝剂，而用更有效的磁凝聚法。物料通过预磁器，使之磁化，形成磁凝聚团。选用多大磁场强度的预磁器，应通过试验确定。

国内生产的 GX 系列高效浓密机的主要技术参数见表 7-6。

表 7-6 GX 系列高效浓密机主要技术参数

型　号	浓缩池内直径/mm	浓缩池深度/mm	沉降面积/m^2	处理能力/$m^3 \cdot h^{-1}$	电机功率/kW	提耙高度/mm	耙子转速/$r \cdot min^{-1}$	机重/t	池体形式
GX-2.5	2500	1730	4.9	15～20	0.75	300	1.68	4	钢板池
GX-3.6	3600	1980	10.0	30～40	0.75	300	1.10	6	
GX-5.18	5180	2380	21.0	60～80	1.50	300	0.80	10	
GX-9	9000	3000	63.0	180～240	3.00	400	0.47	12	钢板池 水泥池
GX-12	12000	3600	110.0	250～350	4.00	400	0.30	16	
GX-15	15000	4200	176.0	350～500	5.50	400	0.24	20	

国外常见的三种高效浓密机类型：

Eimco 型：其中心有混合机械结构，具有良好的混合作用，下部有倾斜沉降板，但结构较其他两种复杂。

Dorr-Oliver 型：其中心无混合机械结构，用一个中心混合筒进行絮凝剂与料浆混合。下部无倾斜板，这种设备的结构比 Eimco 型浓密机简单。

Enviro-Clear 型：絮凝剂在给料管中给入，整体结构较简单。经过多年的生产应用证明，该机型是一种性能良好的高效浓密设备。

C　絮凝剂制备

絮凝剂制备是高效浓密机不可缺少的工序之一（图 7-5）。絮凝剂制备质量直接影响高效浓密机的效能和絮凝剂的消耗量。絮凝剂的品种较多，选用哪种絮凝剂，应根据砂浆的性质决定。

根据尾砂浆料的特性，选择合适的絮凝剂以及配剂制度是高效浓密机使用成功的关键因素之一。一般情况下，至少要在实验室进行下述 6 项沉降试验：

（1）絮凝剂对比试验。

（2）絮凝剂配制浓度试验。

（3）絮凝剂添加量试验。

（4）絮凝剂与尾砂浆料作用时间试验。

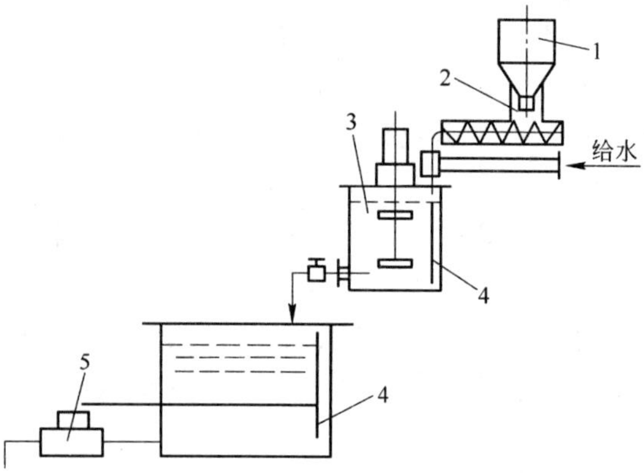

图 7-5 絮凝剂制备系统

1—絮凝剂给料；2—絮凝剂控制盘；3—混合槽；4—液位控制；5—计量泵

（5）尾砂浆料的 pH 值对沉降影响试验。

（6）尾砂浆料的浓度对沉降影响试验。

针对凡口铅锌矿全尾砂选配絮凝剂进行的实验室沉降试验，获得的试验结果为：

（1）经与石灰、腐殖酸钠和阳离子型絮凝剂对比试验后，采用 PHP-600（基质为聚丙烯酰铵）阳离子型粉状絮凝剂较为适宜。

（2）絮凝剂溶质质量分数为 0.1% 时沉降效果最佳。

（3）通过对 10g/t、20g/t、30g/t、50g/t 和 100g/t 等 5 种用量进行试验，30g/t 的絮凝剂用量为佳。

（4）絮凝剂液与尾砂浆料的作用时间以 15s 为最好。

（5）当尾砂浆料的 pH 值为 9 时，效果最佳，呈碱性时均较好（全尾砂浆料的 pH 值为 7 ~ 8）。

（6）尾砂料浆的浓度对沉降效果的影响不显著。

采用上述絮凝剂及其配剂制度，可以使全尾砂的沉降速度由 0.204cm/min 提高到 6.18cm/min，提高幅度近 30 倍。

因此，采用高效浓密脱水应重点考虑絮凝剂的选型及其配剂制度。应针对不同性质的物料要求，通过絮凝剂的选型试验选择合适的絮凝剂。并且也需要考虑到有些全尾砂料浆在投加絮凝剂前需要加入石灰、明矾进行预处理，然后方可进入高效浓密机，再加高分子聚合物类型的有机絮凝剂。

絮凝剂的投加必须以 0.01% ~ 0.1% 的稀溶液多点投入混合装置中，以达到充分混合的效果。

D 高效浓密质量控制

为了保证料浆良好絮凝所需的絮凝剂量，应对絮凝剂加入量实行自动控制。控制装置通过测定给料浓度、给料流量，使固体量与絮凝剂加入量的比例保持恒定。絮凝剂添加量的改变则通过变化絮凝剂输送泵的转速自动实现。

由于将料浆界面高度控制在适当位置十分重要，所以需将界面信号引入控制环节。界面控制与底流浓度控制组成串级调节系统，通过调节底流泵排量，保证界面高度与底流浓度的稳定。

底流浓度是目标参数，对底流浓度的控制是通过自动调节底流泵转数实现的。当底流浓度过高时，泵的转数加快，排出量加大，浓度则由稠密变稀；反之，泵的转数减慢，使浓度增稠。

E 高效浓密机选型

高效浓密机产品既要满足全尾砂充填料制备的下段工序对物料含水量的要求，又要严格控制溢流水的浓度，以减少随溢流排放的细泥量。因此，在高效浓密机的设计选型时，应尽量通过生产性试验或模拟试验确定浓密机的有效面积。在无条件进行系统试验时，也必须根据料浆絮凝沉降试验的有关参数和沉降曲线计算和选择。只有准确掌握料浆的浓密特性，才可参照处理类似料浆的生产指标。

高效浓密机的选型主要根据给砂量及物料的沉降速度。所以，必须重点考虑影响沉降速度的因素，如给料及排料的液固比，给料的粒度组成、料浆及泡沫的黏度、浮选药剂和絮凝剂的类型、料浆温度等。

高效浓密机的排料浓度取决于被浓缩物料的密度、粒度、物料组成、絮凝程度及其在高效浓密机中停留的时间等。

7.2.1.2 过滤脱水

细粒物料的过滤设备主要有压滤机、离心脱水机和真空过滤机。普通压滤机属间断排料，处理能力低，主要用于处理很细的带黏性的物料。全尾砂过滤脱水常用的设备为真空过滤机。其特点是借助真空泵所产生的真空度在滤布（或滤带）两侧形成压力差。固体颗粒在真空度的作用下被吸附在滤布上形成具有一定厚度的滤饼，而水分在真空度的作用下透过滤布作为滤液而被排出。在卸料端，通过鼓风机所产生的压力差或刮刀，将滤饼从滤布上压出或刮下。

常用的真空过滤机有盘式真空过滤机、外滤式圆筒真空过滤机和水平带式真空过滤机。过滤机的选型应根据全尾砂的粒径和处理量而定。原则上，粒径较粗，处理量较大，应选用水平带式真空过滤机；粒径较细，处理量较小，可考虑选用鼓式过滤机；粒径中等，处理量较大，可考虑采用盘式真空过滤机。

A 盘式真空过滤机

盘式真空过滤机由于其占地面积小、处理能力大而成为金属矿山选矿厂精矿脱水最广泛使用的设备。GPY 系列最大规格的过滤机单台过滤面积达 300m^2。凡口铅锌矿自行制造的 68m^2 盘式过滤机用于处理全尾砂，当给入料浆的质量分数为 45% ~55% 时，其滤饼含水 20%，单位面积生产能力为 0.29t/(m^2·h)（表 7-7）。

表 7-7 凡口铅锌矿真空过滤机处理全尾砂指标

项 目	-0.074mm	过滤面积/m^2	给入料浆质量分数/%	滤饼水分/%	单位面积处理能力/t·(m^2·h)$^{-1}$
指 标	85%	68	45 ~ 55	20	0.29

B 外滤式圆筒真空过滤机

常用的外滤式圆筒过滤机有两种类型，一种是普通圆筒真空过滤机；另一种是圆筒带式真空过滤机（图 7-6）。

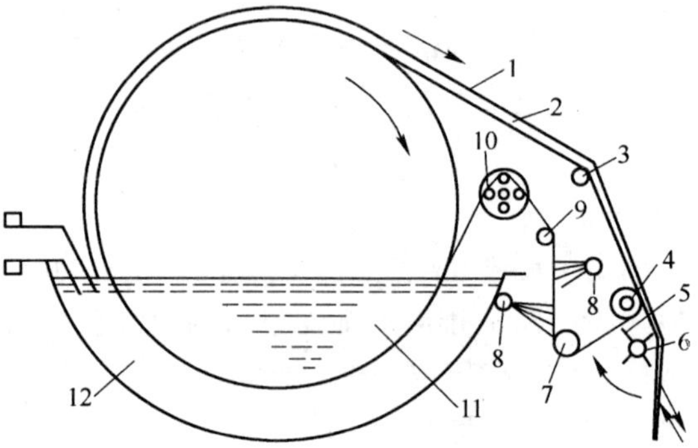

图 7-6 圆筒带式真空过滤机原理图

1—滤带；2—滤饼；3，9—支承辊；4—剥离辊；5—刮板；6—刮辊；7—导向辊；8—洗涤喷嘴；10—滤布跑偏修正装置；11—转筒；12—滤浆槽

普通圆筒真空过滤机又称鼓式过滤机。在相同占地面积下，其处理能力不及盘式过滤机，但操作维护简单，在物料很细的条件下，其卸料情况要比盘式过滤机好，适于在中小型矿山使用。

圆筒带式过滤机比鼓式过滤机更换滤布更方便，卸料不用吹风，故无反水现象，可降低滤饼水分 1% ~2%，且卸料率高（表 7-8），有逐渐取代鼓式过滤机之趋势。中国恩菲技术有限公司吸收德国技术，与有关部门合作制造出了 $40m^2$ 圆筒带式过滤机的新一代产品，其规格品种有 $5m^2$、$10m^2$、$20m^2$、$40m^2$ 等。

表 7-8 $20m^2$ 折带式圆筒真空过滤机处理全尾砂指标①

项 目	过滤面积/m^2	给入料浆质量分数 w/%	滤饼水分/%	单位面积处理能力/$t\cdot(m^2\cdot h)^{-1}$
指 标	20	47	17	0.2

①金川公司采二选厂生产指标。

C 水平带式真空过滤机

水平带式真空过滤机是以循环移动环形滤带作为过滤介质，利用真空设备提供的负压和重力作用，使固液快速分离的一种连续式过滤机，适合处理颗粒较粗的料浆。

水平带式真空过滤机的主要优点有：

（1）过滤效率高。采用水平过滤面和上部加料方式，在重力作用下，大颗粒物料会先沉降在底部形成一个过滤层，这样滤饼结构合理，减少了滤布堵塞，所以过滤阻力小，过滤效率高。

（2）洗涤效果好。采用多级逆流洗涤方式能获得最佳洗涤效果，以最少的洗涤液获得高质量滤饼。洗涤回收率一般可达 99.8%。

（3）滤饼厚度可调节、含水量小、卸料方便。滤饼厚度可根据工艺需要调节，小到 3mm，大到 120mm。由于滤饼中颗粒排列合理，加上滤饼厚度均匀，因此与圆筒真空过滤机相比，滤饼含水量大幅降低。并且滤饼卸料方便，设备生产能力得到提高。

(4) 滤布可正反两面同时清洗。在滤布（又称滤带）的正反两面都设有喷水清洗装置，清洗效果好，消除了滤布堵塞，延长了滤布寿命。

(5) 操作灵活、维护费用低。在生产过程中，滤饼厚度、真空度、洗水量、滤带运行速度和循环时间等都可调整，以取得最佳过滤效果。由于滤带寿命长，维护费用低，因此生产成本降低。

水平带式真空过滤机是近年发展最快的一种过滤设备，目前已有四种形式：移动室型、固定室型、滤带间隙运动型和连续移动盘型。

a 移动室带式真空过滤机

移动室带式真空过滤机的真空盒随水平滤带一起移动，并且过滤、洗涤、干燥、卸料等操作同时进行。当真空盒移动到预定位置时，除去真空迅速返回初始位置，再重新恢复真空，吸上滤布继续前进，以此循环往复动作。其工作原理和结构见图 7-7 和图 7-8，主要型号技术性能和生产能力见表 7-9、表 7-10。

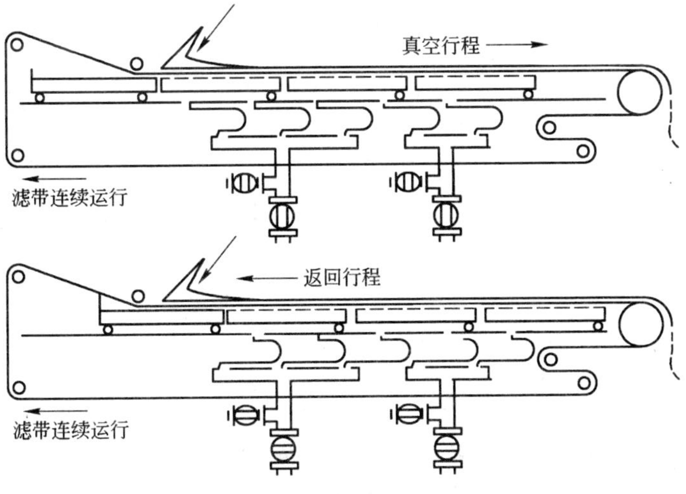

图 7-7 移动室带式真空过滤机工作原理

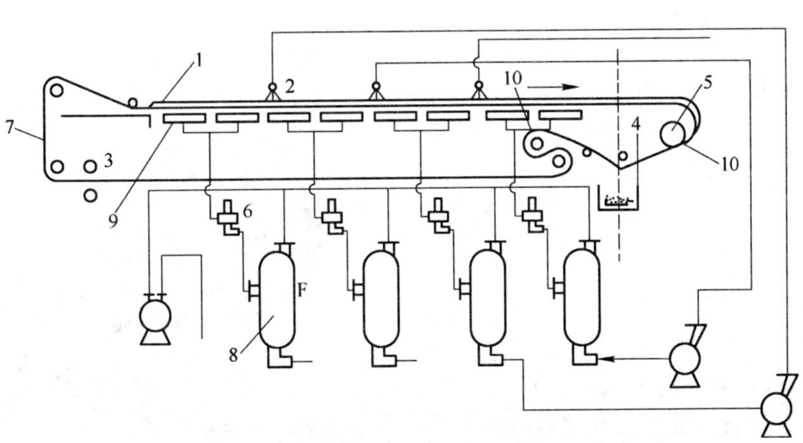

图 7-8 移动室带式真空过滤机结构

1—进料装置；2—洗涤装置；3—滤布导向器；4—清洗装置；5—驱动辊；6—切换阀；7—滤带；8—真空室；9—张紧装置；10—卸料装置

表 7-9　DI 型带式真空过滤机技术性能

系　列	滤布有效宽度/mm	机身宽度/mm	机身高度/mm	滤室长度/mm	整机总长/mm	过滤面积/m²	质量/t	0.053MPa 时真空耗量/m³·min⁻¹
630	630	1100	1320	5250	6780	2.5	2.8	3.5～5.0
				7130	8650	3.75	3.4	4.5～6.0
				8498	10000	5.0	4.0	7.5～10
				10800	12350	6.2	4.6	7.5～12.5
				12800	13750	7.8	5.1	12～16
1250	1250	1806	1380	9876	11500	10	6.1	24～32
				11979	14000	13	6.7	19～25.5
				13128	15000	15	7.2	21.5～29
1600	1600	2006	1440	11500	13060	16	7.4	24～32
				12750	14450	18	7.6	26.4～35
2000	2000	2506	1440	10500	12260	18		
				11520	13260	20		
				12750	14510	22.5		
				14078	15850	25.0		
2500	2500	3006	1640	10500	13260	22.5	11.0	33.5～45
				11500	13260	25.0	12.0	37.5～50
				14500	16000	32.5	14.2	48～65
				15500	17260	35.0	15.0	50～68
3000	3000	3500	1640	14956	16830	40	17.5	45～50
				16638	18500	45	20	50～55
				18320	20150	50	23	55～60

表 7-10　移动室水平带式过滤机生产能力

滤布有效宽度/mm	630				1600				2500				
过滤面积/m²	25	38	50	63	80	96	128	144	150	175	225	275	325
能力/m³·min⁻¹	5	8	10	12.5	16	19	25.5	29	30	35	45	55	65

b　固定室带式真空过滤机

固定室带式真空过滤机的工作原理是真空盒与滤带间构成运动密封，滤带在真空盒上移动。该结构克服了移动室带式过滤机每动作一次都要卸掉真空消耗能源的缺点。实现了连续过滤，生产过程的过滤、洗涤、脱水、卸料、滤布清洗可随滤布运行依次完成。因而过滤效率高，节约能源。要处理的料浆首先经过进料装置均匀分布到移动的滤带上。料浆在真空的作用下进行过滤，过滤后形成的滤饼运行至滤布转向处依靠自重卸料。滤带和滤布在返回时经洗涤获得再次利用。固定室水平带式真空过滤机工作原理及结构示意图见图 7-9 和图 7-10。

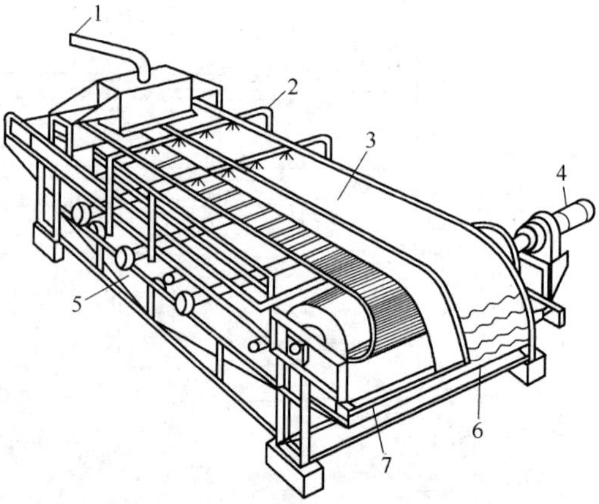

图 7-9　固定室水平带式真空过滤机工作原理
1—料浆供给；2—滤饼洗涤水；3—滤布与滤饼；4—带速调节；5—真空箱；6—卸料；7—滤布清洗

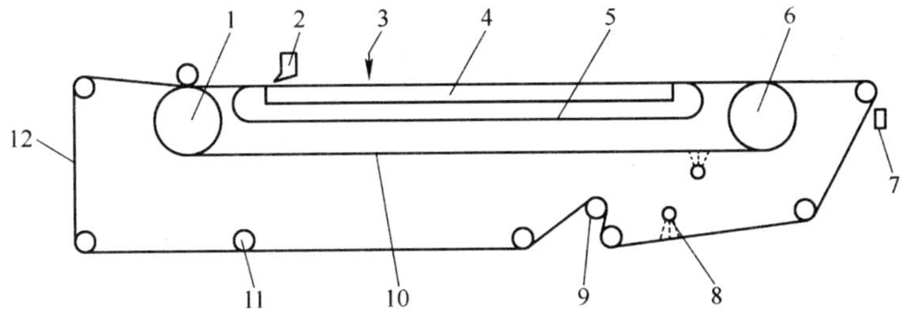

图 7-10 固定室水平带式真空过滤机结构示意图

1—从动辊；2—进料；3—洗水；4—真空箱；5—摩擦带；6—驱动辊；7—滤饼；
8—洗涤装置；9—滤布张紧；10—橡胶带；11—滤布调偏；12—滤布

7.2.1.3 沉缩脱水

全尾砂胶结充填料制备站的来料为全粒级尾砂。经过浓密和过滤，全尾砂中的少量细料会随浓密机的溢流和过滤机滤液的排放而带走。因此，充填用的全尾砂仍然不是全部尾砂。通过浓密和过滤后的全尾砂一般可达到来料量的95%左右（水力旋流器分级粗尾砂的利用率为40%～50%）。为了使用全部尾砂和降低制备能耗，自然沉缩脱水将是一种很有发展前途的脱水方式。

长沙矿山研究院率先针对南京铅锌矿的选厂全尾砂进行的自然沉缩实验及压气造浆实验表明，$-20\mu m$ 粒级占45%的细粒径全尾砂，经自然沉缩后通过压气造浆的放砂质量分数可达70%以上，远高于常规浓密机底流浓度。全尾砂沉降厚度越大，沉缩时间越长，放砂浓度越高。

研究表明，细粒径全尾砂经自然沉缩脱水、压气造浆后的放砂质量分数达到70%，在添加水泥后的全尾砂胶结充填料浆质量分数可达72%～74%，呈似结构流状态。

由于全尾砂料浆含泥量较多，组成粒级差别大，不同粒级、形状的颗粒，其沉降速度不同，势必沿仓体深度形成沉砂粒级分布不均。因此，仓内脱水成品的造浆工艺与技术，对充填料的质量具有至关重要的作用。

自然沉缩脱水方式具有以下突出优点：

（1）脱水过程中可以实现分层排出静态水，几乎不会带走尾砂细泥，可以充分利用全部尾砂，实现尾砂零排放。

（2）全尾砂自然沉缩仓可设为立式，亦可设为卧式，结构简单，相对于浓密或过滤脱水，可大大降低基建投资，缩短基建周期。

（3）采用自然沉缩脱水，整套脱水设施无运动部件，较浓密或过滤脱水，其工艺与装备的可靠性高，并可大大节省能耗，从而使脱水成本大大降低，同时操作简单、维修方便。

（4）全尾砂造浆后，浓度较均匀，有利于胶结充填料制备过程的工艺控制，使充填料浓度稳定，从而有利于全尾砂胶结充填料的顺利输送。

7.2.1.4 组合脱水

全尾砂的粒级组成及其给料浓度，对真空过滤脱水的效率和滤饼质量影响大（表7-11）。因而，在工业应用中往往采用两种以上的脱水方式，组合成多段全尾砂脱水工艺，以保证其生产能力和脱水质量。

表 7-11 全尾砂浓密后过滤和直接过滤效率对比①

脱水工艺	过滤机面积 /m^2	全尾砂粒级特征值			给料质量分数 w/%	滤饼含水/%	单位面积产量 /t·(m^2·h)$^{-1}$
		d_{50}/μm	+64μm/%	-20μm/%			
浓密后过滤	15	28	24	14.6	37	22	0.69
直接过滤	15	28	24	14.6	21	26	0.253

①金川二选厂水平带式真空过滤机对比试验指标。

一般而论，全尾砂粒径愈细、密度愈小，则脱水愈加困难。当产量较高时，一般采用多段组合的脱水工艺。

凡口铅锌矿全尾砂胶结充填制备站采用 ϕ9m 高效浓密机配 68m^2 盘式过滤机（图 7-11），滤饼含水 20%，单位面积产量 0.29t/(m^2·h)，日处理全尾砂 1700t/d。

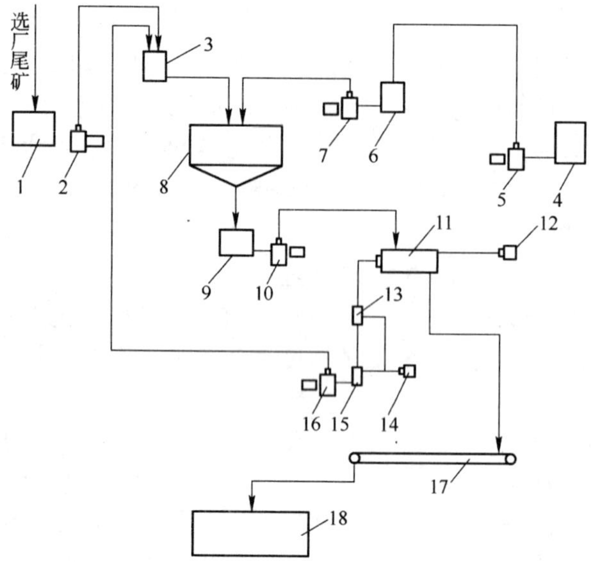

图 7-11 凡口铅锌矿全尾砂脱水系统流程及设备配置

1—尾砂池；2—3PN 离心泵；3—ϕ2000×2500 砂泵缓冲槽；4—ϕ2000×2000 絮凝剂搅拌机；5—1S60-32-125 清水离心泵；6—ϕ2000×2000 絮凝剂缓冲槽；7—J-ZD300/87 柱塞计量泵；8—ϕ9000 高效浓密机；9—贮砂池；10—2PNTA 衬胶砂泵；11—68m^2 过滤机；12—L42WD 罗茨鼓风机；13—ϕ900×2000 气水分离器；14—SZ-6 真空泵；15—ϕ900×2000 滤液缸；16—2PNTA 衬胶砂泵；17—胶带运输机（B=650，L=12m）；18—高浓度全尾贮砂池

在能够满足脱水质量与矿山充填产量要求的前提下，应尽量采用简单的脱水流程，以减少脱水工序与环节，保证流程的可靠性和降低脱水成本。

德国格隆德铅锌矿原设计的全尾砂脱水流程为选厂浮选全尾砂先经水力旋流器分级，沉砂送过滤机，溢流经倾斜浓密箱处理，浓密底流再送过滤机。选用的带式过滤机滤带宽 2.4m，真空段长 14.5m，过滤面积 32.5m^2，滤饼厚度 5～10mm，滤饼含水 18%～20%。由于全尾砂粒径较粗，过滤机效率较高（表 7-12），因而，在生产中取消了水力旋流器和倾斜浓密箱，直接将质量分数为 20% 的全尾砂浆料送入水平带式真空过滤机进行过滤。构成不经浓密而直接采用水平带式过滤机对全尾砂进行过滤的脱水工艺。

表 7-12 水平带式真空过滤机直接过滤粗粒径全尾砂①

过滤机面积 /m^2	全尾砂粒级特征值			给入料质量分数 w/%	滤饼含水/%	单位面积产量 /t·(m^2·h)$^{-1}$
	d_{50}/μm	+64μm/%	-25μm/%			
32.5	80	60	25	20	18~20	1.23

①格隆德铅锌矿生产指标。

铜录山铜矿原设计为浓密、沉降、过滤三段脱水，后因压滤机故障较多，经对沉降工艺进行改进后可满足浓度要求，因此在生产中采用了浓密、沉降两段脱水工艺。选厂全尾砂料浆质量分数约 10%，经高效浓密机第一段脱水后，泵入立式砂仓进行第二段沉降脱水，从砂仓放出砂浆直接进入搅拌。第一段脱水采用内径 ϕ15m 的高效浓密机，絮凝剂（聚丙烯酰胺）用量 3.3g/m^3，使 10% 的全尾砂获得良好的絮凝效果，沉砂质量分数达到 40%~45% 以上。第二段脱水通过中转砂仓进行沉降，放砂质量分数可达 80%。

7.2.1.5 滤饼堆存与给料

经过滤脱水获得含水 20% 左右的全尾砂滤饼，可直接进入搅拌机，但一般是输送到卧式贮仓内贮存，并设置缓存仓，以便向搅拌机均匀给料。

贮存在卧式贮仓内的全尾砂滤饼，可选用耙斗或抓斗从仓内取料并卸入中间仓。但不论使用耙斗或抓斗，都要对标准的耙斗或抓斗的结构作适当改造。从缓存仓内放出全尾砂滤饼料时，普通的圆盘给料机、螺旋喂料机均不太适用，需要采用带破拱架的振动放料机才能获得好的放料效果。长沙矿山研究院结合凡口铅锌矿全尾砂胶结充填系统缓存仓给料，研制出 CWZ-Ⅱ型振动放料机放料（图 7-12）。

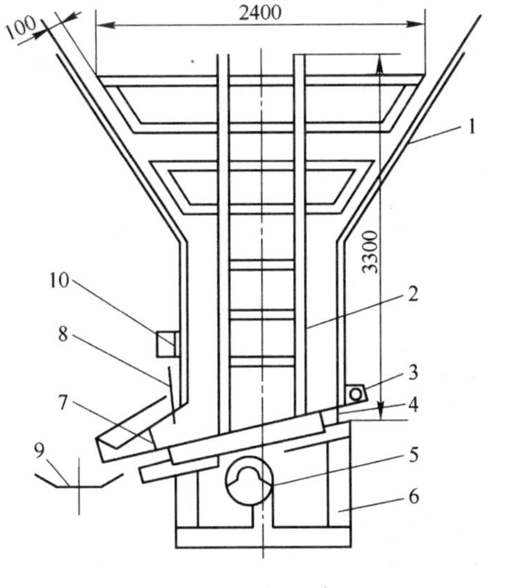

图 7-12 CWZ-Ⅱ型振动放料机
1—料仓；2—破拱装置；3—防漏胶条；4—橡胶条；5—振动电机；6—机架；7—振动台板；8—板式闸门；9—带式输送机；10—电动缸

CWZ-Ⅱ型振动放料机由惯性振动放料机和破拱装置组成。惯性振动放料机是利用偏心质量旋转时所产生的惯性力作震源，所产生的震波通过振动台板和破拱装置传给滤饼，使之松动并沿振动台面向前流动。放料机由于阻尼较大，共振时的振幅峰值不大，工作时较为平稳。

破拱装置为中间 4 根槽钢立柱，间距 0.6m，高 3m。顺漏斗边壁（净距 0.1m）伸出角钢，并连接成环形圈，使整个破拱架能承受较大的冲击载荷，又不会阻碍尾砂的流动。通过调节 CWZ-Ⅱ型放料机的眉线高度和激振力控制全尾砂的放出量。板式闸门可以在一定范围内调节眉线高度，以控制物料流量。其控制方式为点动，并将在板式闸门下部设计为锯齿形，将振动台板上流动的全尾砂切割开，有利于放料均匀。

CWZ-Ⅱ型振动放料机放出全尾砂生产能力与眉线高度及激振力的关系分别可以用式（7-1）和式（7-2）表达：

$$Q = 125H + 64.7 \tag{7-1}$$

$$Q = 4.12F + 13.53 \tag{7-2}$$

式中 Q——生产能力，t/h；

H——眉线高度，m；

F——激振力，kN。

CWZ-Ⅱ型振动放料机主要参数指标：

台面倾角	15°
最大眉线高度	270mm
最大眉线角	41°
台板宽度	1200mm
台板长度	2200mm
激振力	14.7～439.2kN
额定功率	3kW
生产能力	90t/h

7.2.2 全尾砂造浆

经过脱水工序获得的高浓度全尾砂料浆产品，用于制备胶结料浆时需要进行造浆。全尾砂造浆的作用主要体现在两个方面：其一是使全尾砂料浆获得均匀的浓度和很好的流动性，能以稳定的流态与胶凝材料配合；其二是使全尾砂料浆的粒级分布均匀，能形成均质浆体。

针对过滤脱水获得的全尾砂滤饼，由于其含水量少，几乎没有流动性，故需要再次加水后采用机械搅拌方式进行造浆。这种造浆方式可以获得浓度稳定、粒级分布均匀的料浆，但能耗较高，尤其是过滤脱水后又再次加水搅拌造浆，造成无用能耗。

采用沉缩脱水获得的高浓度全尾砂料浆产品，其含水量较多，造浆时一般不需再次专门加水，并且通过砂仓脱水后往往不再转运，直接在仓内采用流态化进行造浆。这种造浆方式的工序简单，能耗低，但仓内全尾砂在沉降过程中存在明显的分级现象，需要布设压气或水气联合造浆系统，才能使全尾砂料浆充分流动和液化，形成粒级分布均匀、浓度稳定的料浆。

目前国内矿山流态化造浆方式主要有锥底立仓全面造浆、锥底立仓局部造浆和缓坡底卧仓全面造浆。全面造浆方式是指通过气流使仓内全部料浆形成流态，将全仓料浆充分液化后达到造浆目的。局部造浆方式是指气流只对立仓底部料浆进行扰动，使其局部料浆充分液化达到造浆目的。全面造浆方式可以保持料浆浓度稳定，粒级分布均匀，但需要将进料、沉缩与造浆排料分步实施。局部造浆方式可以在一个作业时段内，在低浓度全尾砂料浆向立仓内供料的过程中，同时对沉砂进行造浆排料，形成进料、沉降和造浆排料的连续流程，但造浆浓度较难控制。这两种造浆方式可以根据作业制度与料浆性态选择。

立仓局部造浆方式的造浆系统，只在立仓下部一定范围内设置压气造浆喷嘴。其造浆原理：当高速气流从喷嘴中喷出后，带动立仓底部沉砂具有向上和水平方向的运动；立仓锥形底部的高速气流引导底部沉砂在水平方向从四周向立仓中心汇合，造成尾砂颗粒之间相互碰撞，水平方向的合力减小，水平方向运动速度逐渐下降；在立仓的中心轴方向上，尾砂颗粒受到高速气流水平方向分力的碰撞作用，获得的向上初速度相对较小，向上的运动达到一定高度时停止。因而通过合理布置压气造浆系统，可以对立仓底部的局部尾砂实现流态化造浆。但尾砂沉降后容易在较短的时间内压缩密实，使尾砂颗粒之间相互支撑。

因此，在立仓局部造浆排料过程中，容易发生立仓上部尾砂相互支撑而固结成拱不能连续下降，或破拱后使大量结块尾砂进入造浆区，造成全尾砂料浆浓度不稳定。立仓全面造浆方式的造浆系统在全仓范围设置了压气造浆喷嘴，可以使仓内料浆全部流态化，因而避免发生固结成拱不能连续下料或结块下料难以充分液化的现象。

缓坡底卧仓全面造浆方式的造浆系统，在仓库全部范围内设置压气造浆喷嘴(7-13)。其造浆原理：底部向上高速喷射的气流带动尾砂颗粒向上运动；受到向上高速气流的引导，使底部沉砂具有趋于喷嘴中心轴方向的速度，使得喷嘴四周的尾砂向喷嘴汇合；气流对尾砂的作用全部转化为尾砂向上的初速度，使卧仓底部尾砂获得的能量可以向上运动到卧仓的上部。因而，通过合理设计压气造浆系统，可以使卧仓中的全部尾砂充分液化，使全仓尾砂料浆的浓度和粒级分布均匀。

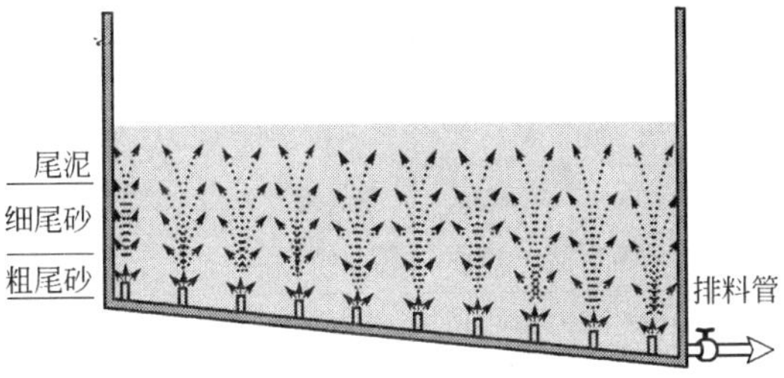

图 7-13　卧仓全尾砂造浆示意图

7.2.3　充填料浆搅拌

7.2.3.1　高浓度全尾砂料浆搅拌

全尾砂和水泥的混合物具有触变性，在相对静止的凝胶状态下显示出固体特性。但在强力机械作用下，当对颗粒的机械冲击力超过分子之间的黏着力时，混合物的固体颗粒丧失其自身连接水膜，结构被稀释成具有流动性的溶胶状态。混合物的颗粒做激烈的伪布朗运动，使水泥颗粒分布均匀，水化反应完全。

结构流全尾砂胶结料浆在输送过程中没有混合作用，必须依赖制备站内的搅拌设备实现全尾砂滤饼和水泥的均匀混合。若采用一段制备，要求在较短搅拌时间和连续排料的条件下达到滤饼和水泥的均匀混合是相当困难的。因为任何搅拌设备，即使是间断排料、带有自转和公转叶片的干硬混凝土搅拌机，被搅拌物料在叶片的推动下将按照一定轨迹运动，必然存在死角。因此，一般采用两台不同类型的搅拌机组成两段搅拌流程，可以较好地解决全尾砂滤饼与水泥的均匀混合问题。

制备全尾砂料浆的两段搅拌设备有：双轴叶片式搅拌机、高速活化搅拌机。

A　双轴叶片式搅拌机

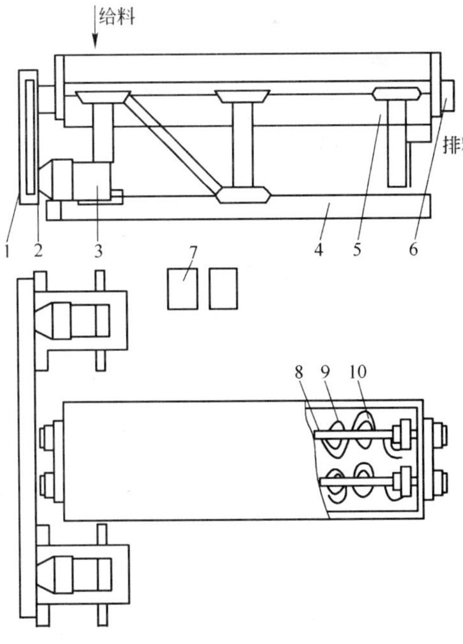

图 7-14　双轴叶片式搅拌机

1—大链轮链条；2—小链轮链条；3—减速电机；4—支架；5—槽体；6—轴承；7—变频器；8—中空轴；9—内螺旋叶片；10—外螺旋叶片

双轴叶片式搅拌机由卧式槽体、搅拌机构、机座、传动装置和电控装置组成（图7-14）。搅拌叶片通过螺栓与叶柄相连，叶柄又用螺栓固定在两根平行的中空转轴上。这样，叶片和叶柄磨耗后可及时更换。交流变速电机由变频器控制，电动机可直接或经链轮、链条（或皮带轮、皮带）驱动减速机，通过减速机带动两根平行空心轴同步反向旋转，叶片向外翻转以搅拌物料，并从入料端排向出料端。目前在国内充填系统中应用较多的型号有SJ06.00、ATDⅡ-ϕ600（表7-13）。

表 7-13　双轴叶片式搅拌机性能

型　号	槽体尺寸			有效容积 /m^3	处理能力 /$m^3 \cdot h^{-1}$	电　机		搅拌轴转速 /$r \cdot min^{-1}$	制造单位
	长/mm	宽/mm	高/mm			功率 /kW	转数 /$r \cdot min^{-1}$		
SJ06.00	2480	1190	1180	1.7	50～80	45	1480	46	长沙矿山研究院
ATDⅡ-ϕ600	4070	1060	900	2.5	35～80	37	980	30～66	中国恩菲技术有限公司

B　高速活化搅拌机

触变性是全尾砂胶结料浆的一种特性，即搅拌时液化，放置后又重新呈凝固状。全尾砂与水泥组成的高浓度胶结料浆的触变性，可以理解为在水泥浆料初凝的过程中，水泥水化所生成的硅酸凝胶、铝酸凝胶、钙矾石和其他水化物的晶体结构被搅拌机剪切力所破坏，使浆料呈现出流动性。

针对高浓度全尾砂胶结充填料浆的搅拌制备，长沙矿山研究院专门研制出了GJ系列高速活化搅拌机，已在国内二十多座矿山应用。该机由半圆柱形的上、下机壳、搅拌转子、机座和传动电机四大部件组成（图7-15）。搅拌转子的两端分别有一个转子盘固定于轴上。在转子盘上呈同心圆周形布置了两圈转子杆，而且内外两层转子杆错开布置。上、下机壳分别装有进料管和出料管。

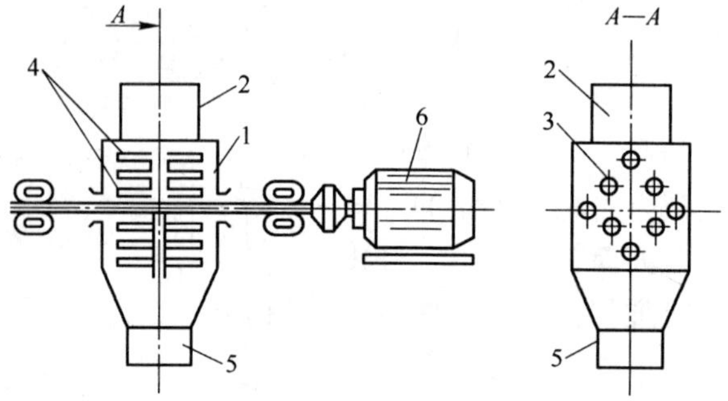

图 7-15　活化搅拌机

1—机壳；2—进料口；3—转子；4—转子杆；5—出料口；6—电机

活化搅拌机主要技术参数：

生产能力	50～80m^3/h
转子转速	900～1200r/min
圆柱体外壳直径	350～500mm
电机功率	30～40kW

生产实践证明：从双轴叶片式搅拌槽出来的全尾砂胶结料浆，仍然存在一些全尾砂的团块。经过高速活化搅拌后，这些团块消失。料浆的流动性得到改善，坍落度提高4%～7.5%。更为重要的是，高速搅拌使固体颗粒之间互相碰撞，水化的水泥颗粒不断暴露出新的表面，加强水泥水化的效果，使充填料的胶结强度有较大提高。当灰砂比为1∶5时，28天单轴抗压强度提高10%，当灰砂比为1∶10时，强度提高16%。在相同强度指标条件下，若将料浆质量分数由70%提高到78%，采用高速活化搅拌机可将水泥用量从275kg/m^{3}降低至150kg/m^3。

7.2.3.2 膏体全尾砂料浆搅拌

根据采矿工艺要求和充填物料的配合组分，膏体料浆的搅拌作业一般实行不同组合的两段搅拌流程。

第一段搅拌可以采用多台搅拌机实行间断制搅拌，也可由一台搅拌机连续搅拌混合物料。加入粗集料的膏体全尾砂充填料的第一段搅拌可以是间断制或连续制；单一全尾砂膏体料浆的第一段搅拌一般采用连续制搅拌工艺。

第二段搅拌必须采用连续搅拌机，并且不间断地将料浆给入膏体输送泵的受料斗，要求搅拌机容积较大，国外常用为5～20m^3，国内目前最大为5m^3。

A 间断搅拌

膏体料浆第一段搅拌时可采用建筑工程中通用的卧式搅拌机进行间断搅拌。作业时干物料分别贮存、分别计量，按配比加入搅拌机。在一般情况下，有2～3台卧式搅拌机顺序运行，几台间断搅拌机的合计生产能力和第二段连续搅拌机的生产能力相匹配（图7-16）。可将第一段搅拌的间断作业与第二段搅拌的连续作业衔接起来，将第二段连续搅拌好的膏体料浆不间断地给入膏体输送泵的受料斗。

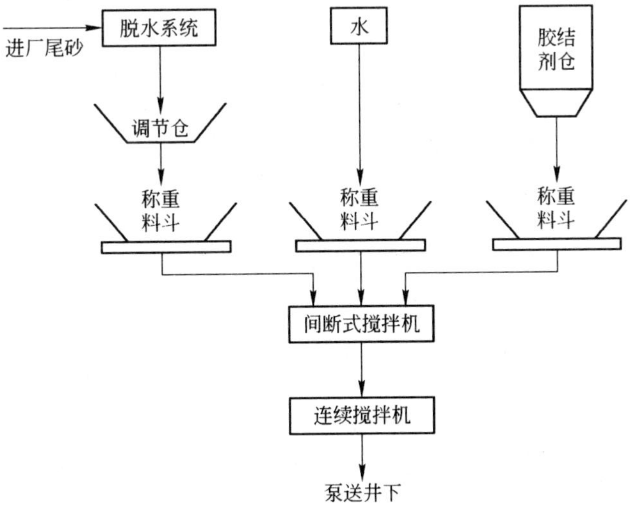

图7-16 间断搅拌作业流程

间断搅拌物料计量准确、可靠，搅拌质量好。并可通过搅拌器的受力及能量消耗，与事先进行了黏度标定的膏体进行比较，一旦发现不符合黏度要求的膏体，可通过添加不同粒级的物料或清水来调整。因此，可控制不合格的膏体进入井下管路，这一点连续搅拌机难以做到。

建筑用间断搅拌机品种较多，可根据不同物料和搅拌条件选择。目前国外矿山通常采用卧式圆盘搅拌机，搅拌机呈多脚形铲状分布。

KABAG 公司制造的 PGM 型卧式圆盘搅拌机的搅拌器呈星形状运动，可分一个星形与两个星形搅拌器（图 7-17）。搅拌器由电机驱动在盘内公转，同时还自转，形成全方位搅拌。该类搅拌机技术规格见表 7-14。

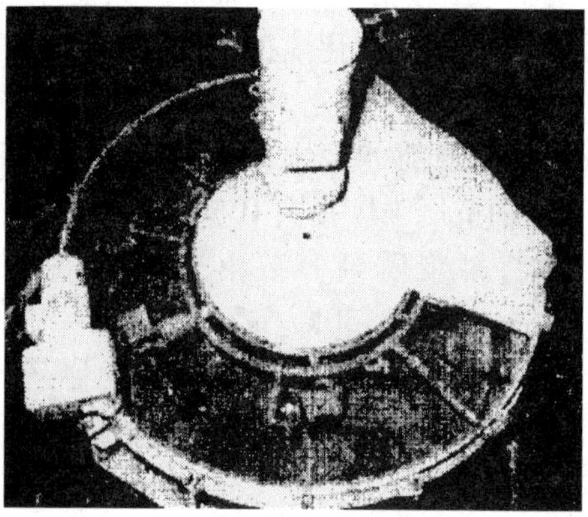

图 7-17 KABAG 公司 PGM 型卧式圆盘搅拌机

表 7-14 KABAG 公司搅拌机技术参数

PGM 型号	375	500	750	1125	1500	1875	2250	3000	3750
干料给入量/L · 次$^{-1}$	375	500	750	1125	1500	1875	2250	3000	3750
生产能力/m^3 · h^{-1}	15	20	30	45	60	75	90	120	150
筒体直径/m	1. 38	1. 64	1. 846	2. 27	2. 62	2. 62	2. 62	2. 85	2. 85
转子转速/r · min^{-1}	18. 2	18. 2	14. 2	13. 3	9. 8	9. 8	9. 8	9. 8	9. 8
搅拌器转速/r · min^{-1}	46. 2	46. 2	42. 6	30. 3	35. 1	35. 1	35. 1	35. 1	35. 1
搅拌功率/kW	7. 5	11	18	30	45	45	55	92	92

Teka 公司生产的间断搅拌机的搅拌铲呈圆周状分布（图 7-18），其主要技术规格见表 7-15。

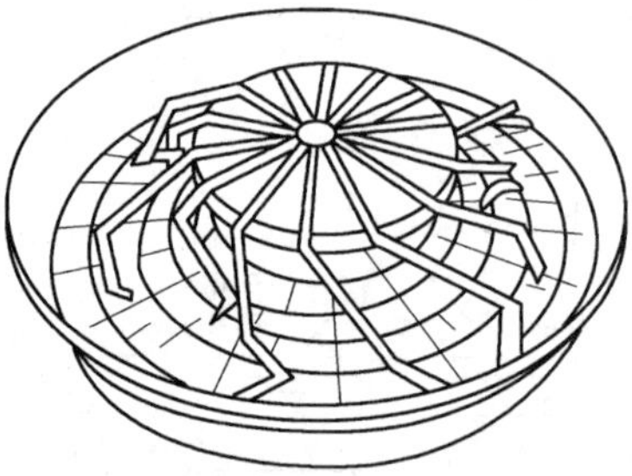

图 7-18 Teka 公司间断搅拌机

表 7-15 Teka 公司间断搅拌机主要技术规格

THZ 型号	375	500	750	1125	1500	1875	2250	3000	3750	4500
干料给入量/L · 次$^{-1}$	375	500	750	1125	1500	1875	2250	3000	3750	4500
膏体排出量/m^3 · 次$^{-1}$	0. 25	0. 33	0. 5	0. 75	1. 0	1. 25	1. 5	2. 0	2. 5	3. 0
搅拌器转速/r · min^{-1}	36	30	29	27	23. 5	24	20. 5	20. 5	19	19
搅拌机功率/kW	11	15	22	30	37	45	55	75	90	110
盘体直径/m	1. 7	1. 9	2. 21	2. 52	2. 87	2. 99	3. 37	3. 84	4. 15	4. 35

B 连续搅拌

连续搅拌作业要求按设计的各种物料定量、同时、连续地给入搅拌机，并连续定量加入清水。经过连续搅拌机不间断的混合、搅拌、排料，将膏体充填物料送入第二段搅拌机或膏体输送泵的受料斗（图7-19）。

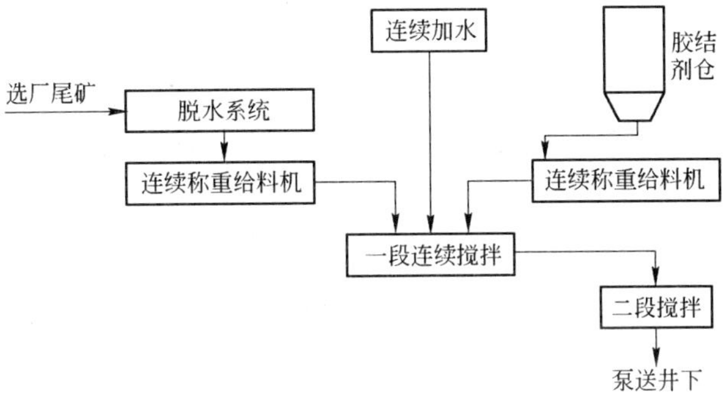

图 7-19 连续搅拌作业流程

自20世纪90年代以来，为膏体泵送充填工艺专门配置的ATD型连续混合搅拌机，已形成ATDⅢ系列型号。

a ATDⅠ-ϕ500 双轴叶片式搅拌机

工作原理及结构：双轴叶片式搅拌机由减速电机上的链轮经链条驱动齿轮箱上链轮，通过齿轮箱带动双轴同步运转。两根轴水平配置，并装有多组交叉叶片，轴上叶片随轴旋转。各种物料由端部给料口加入槽体内，经双轴叶片搅拌混合，并在搅拌过程中向前推进，最后从排料端排出。

采用变频调速控制，运转中根据物料情况选择最佳运行条件。叶片形状和角度可根据不同性质优化选用。适当增加转速，减小单位时间推进距离，增加搅拌时间，也就是强化了搅拌混合作用，可获得较好的搅拌效果。

ATDⅠ-ϕ500 型搅拌机结构如图7-20所示，主要技术参数见表7-16。

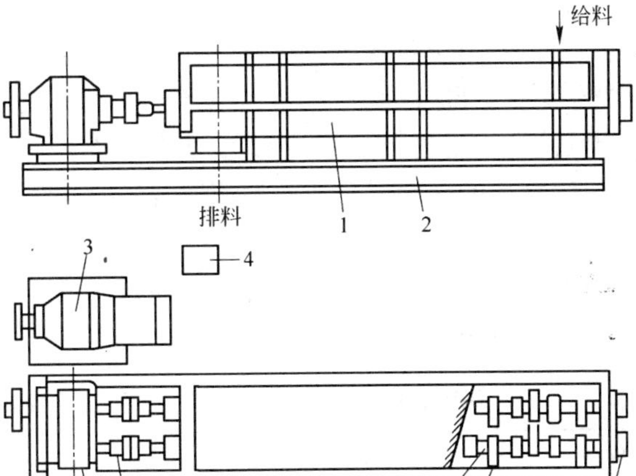

图 7-20 ATDⅠ-ϕ500 型搅拌机结构

1—槽体；2—底座；3—减速电机；4—变频器；5—齿轮箱；
6—联轴器；7—中空轴；8—叶片；9—轴承

表 7-16 ATD Ⅰ-ϕ500 双轴叶片式搅拌机主要技术参数

序号	名称	参数	序号	名称	参数
1	槽体尺寸（长×宽×高）/mm×mm×mm	400×1052×726	4	叶片直径/mm	600
			5	轴转速/$r \cdot min^{-1}$	30~50
2	槽体最大容积/m^3	2	6	电机功率/kW	37
3	生产能力/$m^3 \cdot h^{-1}$	60~80	7	最大给料粒度/mm	30

b BATD Ⅱ-ϕ500 型双螺旋搅拌输送机

工作原理及结构：槽体中水平布置两根并列的螺旋轴，每根轴上装有一大（外螺旋）一小（内螺旋）两个螺旋叶片，其旋转方向相反。工作时，如外螺旋向前推进，内螺旋则反向使其内部物料向后运动，强化了槽中前后物料的搅拌混合效果。两根螺旋轴分别由两台减速电机驱动，电机由变频器控制调速。左右螺旋可以同时同速向前推进搅拌混合物料，也可以不同速度推进物料，这样可加强物料在槽中的搅拌混合。

设备主要技术参数见表 7-17。

表 7-17 BATD Ⅱ-ϕ500 型双螺旋搅拌输送机主要技术参数

序号	名称	参数	序号	名称	参数
1	槽体尺寸（长×宽×高）/mm×mm×mm	400×1020×710	4	叶片直径/mm	520
			5	轴转速/$r \cdot min^{-1}$	20~50
2	槽体最大容积/m^3	2.25	6	电机功率/kW	22
3	生产能力/$m^3 \cdot h^{-1}$	80	7	最大给料粒度/mm	6

c ATD Ⅲ 型系列搅拌机

ATDⅢ型系列搅拌机是矿山膏体充填工艺中为正排量泵配套的专用设备。ATDⅢ-ϕ600 型双轴叶片式搅拌机,采用间断非等螺距交叉组合叶片搅拌器;ATDⅢ-ϕ700 型双螺旋搅拌输送机,采用内外反向螺旋搅拌器。其工作原理及结构与 ATD-ϕ500 型基本相同。充分考虑到两根搅拌轴上布置的多组交叉叶片,由于叶片间运动轨迹重叠,因此设计搅拌叶片的结构、形状、选择相对运动的相位和速度关系时,都应确保两轴上叶片不干涉为前提。该机选用了同步交叉运动，使多组叶片既不发生干扰，叶片间物料又能得到充分剪切、磨碎、混合等作用。

ATD Ⅲ-ϕ700 型双螺旋搅拌输送机排料端设置了一套与水平横向主搅拌器相垂直的竖直辅助搅拌器，将受料斗中物料的循环混合变为湍流混合，防止振动引起局部离析，保证入泵前膏体质量。

将密封端移至槽体外并改进密封材料，较好解决了漏浆问题。

主要技术参数见表 7-18 和表 7-19。

表 7-18 ATDⅢ-ϕ600 双轴叶片式搅拌机主要技术参数

序号	名称	参数	序号	名称	参数
1	槽体尺寸（长×宽×高）/mm×mm×mm	4100×1060×900	4	叶片直径/mm	600
			5	轴转速/$r \cdot min^{-1}$	30~66
2	槽体最大容积/m^3	2.5	6	电机功率/kW	37
3	生产能力/$m^3 \cdot h^{-1}$	35~80	7	最大给料粒度/mm	30

表 7-19 ATDⅢ-ϕ700 双螺旋搅拌输送机主要技术参数

序号	名称	参数	序号	名称	参数
1	槽体尺寸（长×宽×高）/mm×mm×mm	6020×1400×900	5	轴转速/$r \cdot min^{-1}$	20~50
			6	电机功率/kW	37
2	槽体最大容积/m^3	5	7	辅助搅拌器叶片直径/mm	400
3	生产能力/$m^3 \cdot h^{-1}$	35~90	8	辅助搅拌器电机功率/kW	4
4	叶片直径/mm	700	9	最大给料粒度/mm	30

7.3 全尾砂胶结料输送

7.3.1 自流输送

结构流全尾砂胶结充填料自流输送是借助矿山充填系统的高差造成的料浆压差输送充填料的工艺。这一工艺的输送动力为充填料的自重，因而不需要加压装置和能耗，其系统投资与输送成本低。但由于输送动力受系统高差的制约，水平输送距离有限。当开采深度较大，能获得足够的充填倍线，可以在较高的浓度条件下输送充填料。当开采深度较小，其水平输送距离又相对较大时，要求充填料的浓度相对较低。因此，自流输送的全尾砂充填料浆浓度，一般根据开采深度和充填系统的服务范围选取。

在自流输送条件下，为了提高充填料浆的浓度或增大自流输送距离，在充填工艺中可通过添加减水剂实现。

全尾砂充填料浆的流动性对自流充填系统的水平输送距离起决定性作用。料浆浓度和全尾砂粒度的变化对充填料浆流动性的影响十分显著。综合考虑压力损失与稳定性等因素，适宜于自流输送的料浆坍落度应保持在 22cm 以上。全尾砂的粒径越细，自流输送的浓度越低（表 7-20）。

表 7-20 不同浓度全尾砂料浆的流动性指标

全尾砂样品	d_p=0.085mm			d_p=0.075mm		
质量分数 w/%	75	78	80	70	72	75
坍落度/cm	26~26.5	20~21	7.3~7.9	23.6~24	20.5	8.0

7.3.2 增压输送

7.3.2.1 增压输送特点

鉴于自流输送条件下结构流充填料的输送范围有限，在井下施加外力增压，是一种有效地利用充填料的自重势能实现长距离输送的技术方案，可以有效扩大输送距离。在长距离输送条件下具有投资少、成本低、系统和工艺简单可靠的特点。

井下增压输送工艺的基本方案是在充填管线的井下适当位置安装增压泵，通过新增压力将充填料输送到更远的距离。增压泵的三通把整个输送管道分成两大部分：喂料管道和出料管道。三通的第三个接口与增压泵的输送缸相连（图 7-21）。

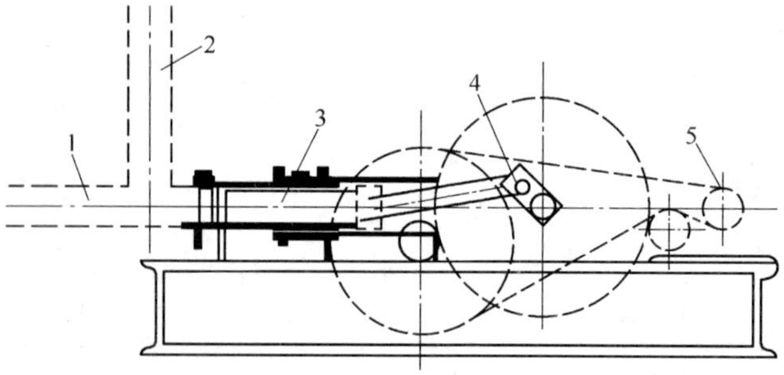

图 7-21 增压输送原理图

1—出料管道；2—喂料管道；3—活塞；4—曲板机构；5—电机

这种井下增压输送工艺与地面泵压工艺相比的不同之处，在于有效地利用了充填系统的料浆自重势能；与自流输送工艺相比的不同之处，是在自重势能被消耗后获得新增外部压力，将充填料输送到更远的采场。

针对井下增压输送工艺发明的 JB040 型专用增压泵，借助充填系统的料浆自重，取消了易损、易耗和容易产生故障的输送泵分配阀。在输送料浆的过程中，活塞在输送缸内作来回往复运动。当活塞回拉时，输送缸内将产生一定的空腔，喂料管道内的充填料浆在管道内料浆自重作用下，加速向低压方向移动，以填充输送缸的空腔。当活塞推压时，活塞将输送缸内的充填料浆推出。这时料浆在压力作用下有两种运动趋势：其一是流入出料管道，使出料管道内料浆加速向采场方向移动，从而流入采空区；其二是流入喂料管道，使喂料管道内的料浆加速向受料漏斗方向移动。

对于第一种运动趋势的力学条件为：

$$F_1 > F > F_2 \tag{7-3}$$

对于第二种运动趋势的力学条件为：

$$F_2 > F > F_1 \tag{7-4}$$

式中 F——活塞推压力；

F_1——喂料管道垂直管段内料浆自重压力与料浆沿喂料管道壁移动而产生的摩擦阻力之和；

F_2——料浆沿水平输出管道移动而产生的摩擦阻力。

显然，只要选择合适的增压位置，式（7-3）的条件能满足。因此，在没有分配阀的三通条件下，料浆受压后仍取单向运动。

7.3.2.2 增压输送泵

A 增压泵结构

JB040 型井下增压泵主要由三通、输送缸、活塞和动力执行部分组成。该装置采用曲柄连杆结构，由电机带动减速箱，减速箱输送轴与曲柄连杆相连，进而带动活塞做往复运动（图 7-21）。

考虑到增压输送泵在工业充填系统中实际应用的可靠性，故采用技术上成熟的活塞式结构（图7-22）。输送泵由液压驱动，一台电机带动主油泵，一台电机带动辅助油泵，给主机提供动力。主油泵采用恒功率泵，对主油缸提供压力油，其输出功率直接用于对充填料浆增压。辅泵主要控制换向阀和对润滑系统提供动力，在更换充填料浆输送活塞时，也向主油缸提供压力油。充填料输送缸是整个增压输送泵的关键部件。在设计中对输送缸活塞密封方式、密封件材料作了特殊设计，保证其工作可靠性和耐用性。

B 增压泵主要参数

JB040型充填料增压泵的主要技术参数见表7-21和图7-23。

图7-22 增压输送泵

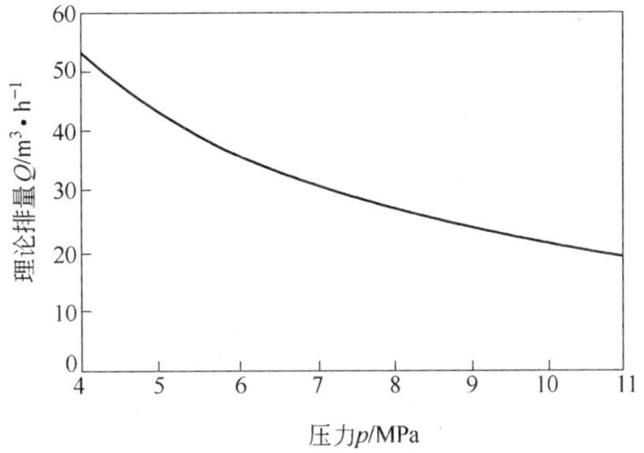

图7-23 料浆排量Q与压力p的关系

表7-21 JB040型增压泵技术参数

主机功率	75kW	泥浆排量	19.6～54m^3/h 随压力而变
系统用油	YB-N46 抗磨液压油	活塞寿命	4000m^3/套
系统工作温度	20～55℃		

C 增压泵特点

为了说明井下增压泵的特点，特给出库依曼型混凝土泵（图7-24）的原理图进行对比说明。这种泵有一个卧式缸及两个由连杆操纵联动的旋转阀，它成功地解决了混凝土泵的构造原理问题。至今，许多混凝土泵仍然保存了这种设计的基本特点，只是在动力、传动机构以及分配阀方面进行了改进。

比较图7-21与图7-24，明显地看到，增压泵结构中省去了库依曼型混凝土泵中的吸入阀和排出阀，以及操纵吸入阀和排出阀的连杆，结构大为简化。

活塞式混凝土泵均具有分配阀，而且是一个关键部件，是混凝土泵的心脏，它直接影响到混凝土泵的使用性能。但是在工业应用过程中，混凝土泵的分配阀极易磨损，需要频繁更换，是混凝土泵运营费用高的一个重要因素。在矿山充填过程中还容易发生故障。

由此表明，井下充填料增压泵与已有混凝土泵相比，具有结构极为简单，易损件极

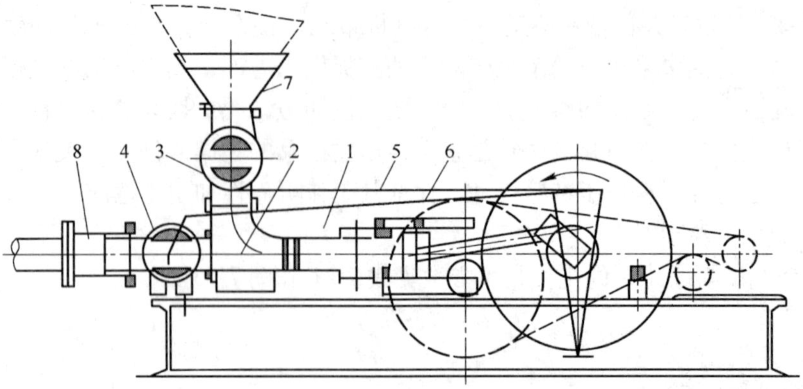

图 7-24　库依曼型混凝土泵原理图

1—活塞；2—混凝土缸；3—吸入阀；4—排出阀；5—操纵吸入阀的连杆；
6—操纵排出阀的连杆；7—料斗；8—混凝土输送管

少，无分配阀等优点。

7.3.2.3　增压输送模拟实验

实验装置由供料斗、垂直管、增压输送泵和水平管道组成（图 7-25）。输送管直径 26.8mm，垂直管长 3.63m，水平管 15.25 ~21.28m。

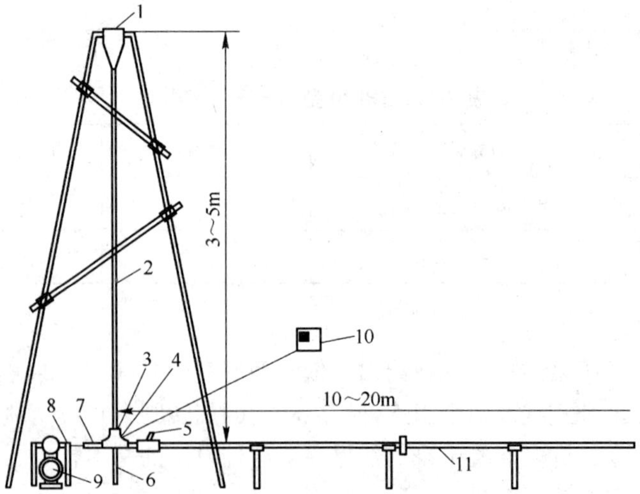

图 7-25　增压输送试验装置

1—漏斗；2—垂直管；3—三通管；4—压力传感器；5—放气管；6—固定支架；
7—活塞；8—连杆；9—电动机；10—示波器；11—水平管

实验尾砂为铜录山矿全尾砂。实验时，将给定浓度的尾砂浆连续装入给料漏斗，保证漏斗中浆面处于同一水平，尾砂浆在重力作用下自流至水平管道出口；然后，逐步延长水平管道直至料浆在重力作用下不能流出时，启动增压输送泵。

通过实验观察到，在尾砂浆自流输送达不到出口的情况下，启动增压输送泵，在水平管出口可见料浆有规律地间断流出，即在增压泵的活塞冲程时，料浆流出；在增压泵的活塞回程时，料浆停止流出。这与理论分析相吻合。因此，实验结果证明了高浓度充填料井下增压输送工艺的理论依据充分。

实验还观察到，在其他实验条件完全相同时，延长水平管道，料浆流速将降低，相应的流量减少。

在料浆质量分数为76.73%时，实验最大水平管道长为21.28m，相应的充填倍线为6.86（表7-22）。

表7-22 增压输送试验结果

输送类别	管径/mm	质量分数/%	倍 线	流速/$m \cdot s^{-1}$
自 流	26.8	75.75	2.24	0.047
			2.88	0.032
增 压	26.8	76.73	5.20	0.056
			6.86	0.031

7.3.2.4 增压泵安装位置

正如前述，由于增压泵取消了分配阀，料浆的流向需要借助充填料的自然压头进行控制，故合理确定增压输送泵的安装位置至关重要。一般应满足以下两个原则：

原则Ⅰ：在活塞回拉过程中，喂料管道内料浆在自重作用下达到足够大的移动速度，以填满输送缸的有效空腔。

原则Ⅱ：在活塞推压过程中，充填料浆的力学条件满足式（7-3），即输送缸内的料浆只流向出料管道，使出料管道内的料浆加速向采场流动。

根据室内增压输送模拟实验表明，对于不同的输送倍线，不同的充填物料和料浆浓度，增压输送泵的合理安装位置均不一样。在工业应用中，一般可以根据充填工艺和井下工业场地的要求，初步选择增压泵在充填管线的安装位置，然后用上述两项原则验算输送装置安装在这些位置能否满足要求。

A 按原则Ⅰ校验

当活塞由推压变为回拉时，喂料管道内的充填料浆在垂直管道料浆自重作用下加速向三通方向移动，以至填充输送缸空腔，而出料管道内料浆由于没有推力，其速度减至零。

假定料浆为不可压缩体，在活塞回拉过程中，喂料管道内料浆在自重作用下加速流动。如果料浆在结构流状况下流动，按照宾汉流体进行计算，对喂料管道内料浆进行受力分析并整理后有：

$$v = \left(\rho g H - \frac{16}{3D}\tau_0 L_1\right)\frac{D^2}{32\mu_\beta L_1} + Ce^{-At} \tag{7-5}$$

$$S = \left(\rho g H - \frac{16}{3D}\tau_0 L_1\right)\frac{D^2 t}{32\mu_\beta L_1} - \frac{Ce^{-At}}{A} + \frac{C}{A} \tag{7-6}$$

式中 v——喂料管道内浆体流速，m/s；

ρ——浆料密度，kg/m^3；

g——重力加速度，m/s^2；

H——喂料管道的垂直管道总长，m；

D——管道直径，m；

τ_0——浆体的屈服应力，Pa；

L_1——喂料管道总长，m；

μ_β——塑性黏度，Pa · s；

t——喂料管道内浆体流动时间，s；

S——时间 t 内喂料管道中浆体流动的距离，m；

C——待定常数。

$$A = \frac{32\mu_\beta}{\rho D^2} \tag{7-7}$$

将条件 $t=0$ 时，$v=0$ 代入式（7-5），可求出常数 C。

由式（7-6）则可计算一定时间内料浆的流动距离。因而，根据缸体参数也就可以确定料浆填满输送缸所需时间。

满足原则 I 的条件是要求在活塞回拉时间内，喂料管道内的料浆能填满输送缸的有效容积。

B 按原则Ⅱ校验

当活塞由回拉变为推压时，输送缸内的压强将突增至一个很大值。这时，一方面喂料管道内料浆将减速运行直至速度为零；另一方面，出料管道内料浆由于推压而加速向采场出口方向移动。当喂料管道内料浆速度降为零时，出料管道内料浆极可能已加速至一个稳定值。作为一种判断，只验算出料管道内料浆达到稳定流速值时，喂料管道内料浆是否向上移动。

对喂料管道内料浆进行受力分析，只有增压泵产生的出口推压力 p 满足式（7-8），喂料管道内料浆才会向上移动。

$$p \geqslant \rho g H - \frac{16}{3D}\tau_0 L_1 \tag{7-8}$$

式中 p——增压泵输出压力，Pa；

其他符号意义同前。

充填料浆在结构流状态下输送时，若出料管道内料浆达到稳定流速，那么为克服流动阻力，要求增压泵提供的出口推压力 p 满足下式：

$$p = \left(\frac{16}{3D}\tau_0 + \frac{32}{D^2}v\mu_\beta\right)L_2 \tag{7-9}$$

式中 L_2——出料管道总长，m；

其他符号意义同前。

则满足原则Ⅱ的条件是：由式（7-9）确定的输送压力小于增压泵的正常输出压力，且不能满足式（7-8）。

以铜录山铜矿井下增压输送系统为例，按照表 5-5 中的流变力学参数进行分析计算，其井下增压输送泵的合理安设位置应在 2 ~ 2.5 的充填倍线处。考虑到铜录山全尾砂料浆质量分数在72% ~74%之间可输送，增压输送泵的回拉和推压时间可以通过调节节流阀作一定的调整。其安装位置可以结合现场实际工程情况，在充填倍线2~3之间选择，尽量利用现有工程，以减少增压输送泵安装硐室工程量。

铜录山铜矿原自流充填系统采用的充填管道为内径 ϕ100mm 的无缝钢管。充填管道从地表充填站到达井下各充填采场，要求实行增压输送的充填区域的充填最大倍线为5.49。由于增压输送的充填倍线可在一定范围内变化，且服务范围较小，故取增压输送所服务的充填区域的中线引线处的充填倍线，作为选择增压输送泵安装位置的依据。

7.3.3 膏体泵送

膏体全尾砂泵送充填的主要特点是充填料浓度高，充填体质量高，充入采场后几乎不泌水。但膏体充填系统投资高，系统的控制与管理要求严，对充填料的配合要求高。因此，这一充填工艺一般适用于技术支撑条件比较好与管理规范的大中型矿山。

充填泵是膏体泵压输送工艺不可缺少的关键设备，是泵送充填系统的核心。矿山膏体充填泵是在建筑工程混凝土泵的基础上发展起来的。最初由德国制造混凝土泵的 Putzmeister 公司与 Preussag 矿业公司合作，结合 Grund 铅锌矿的泵送充填系统研制成功。德国拥有一批世界著名的混凝土设备制造公司，如 Putzmeister 公司、Schwing 公司、Scheele 公司、Stetter 公司等。Putzmeister 公司和 Schwing 公司的矿用充填泵已在国内矿山使用。用于矿山充填的最大正排量泵的出口泵压已达到20MPa，输送能力159m^3/h，最大水平输送距离1600m，最大扬程高度432m。

在泵压输送工艺中，根据充填料浆的输送参数，可以通过合理选择充填泵类型和泵压参数，将料浆输送到需要充填的采场。在充填料输送管线太长的条件下，可以在井下设置接力泵站。膏体泵压充填系统设计的核心，是让充填泵与充填料浆的特性相匹配。下面针对 KOS 双缸泵介绍膏体充填泵的结构性能、工作原理及其选型要求。

7.3.3.1 充填泵

矿用活塞泵由两大部分组成：双缸活塞泵和液压系统。双缸活塞泵由料斗、液压缸及活塞、工作缸（膏体缸）、换向阀（分配阀）、冷却槽以及搅拌槽等组成（图7-26、图7-27、图7-28）。液压系统主要有电动机、多组液压泵及液压管路系统（与缸体各动作部件用高压油管相连）、液压油箱及冷却系统、动力及电控操作系统等。

图7-26 KOS 双缸液压活塞泵

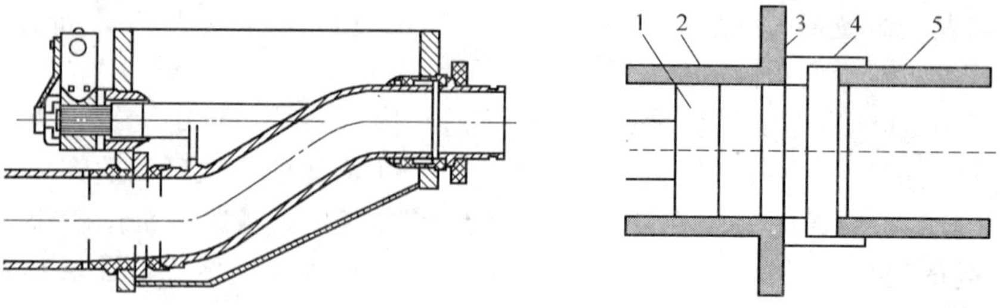

图 7-27 S 形转向分配管阀

1—活塞；2—工作缸；3—双孔板；4—耐磨环；5—S 管阀

图 7-28 卧式双轴搅拌槽

KOS 双缸液压活塞泵的功能稳定可靠，其关键在于借助两个大的准确定位的柱塞缸，使 S 管阀变换方向迅速，磨损小。在 S 管阀和两个输送缸之间的双孔板与耐磨密封环是重要部件。双孔板对应两个输送缸设有两个配合精确的大孔。双孔板的孔径与输送缸内径相等。转换方向时，S 管阀上的耐磨环滑移到双孔板上。在充填泵运行过程中，耐磨环必须保证双孔板和 S 管阀之间的绝对密封。S 形换向管阀、耐磨密封环、双孔板是充填泵的易耗部件。

双缸液压活塞泵具有两个很好的工作特性：

（1）自动密封。随 S 管阀运动的耐磨环在泵压力作用下会紧紧挤压在双孔板上（图 7-27*b*）。泵压越大，对耐磨环的挤压越紧，密封也就越严密。

（2）输送混合物料适应性强。双缸活塞泵不仅适用于泵送膏体全尾砂充填料浆，也可泵送粗集料与细集料的膏体混合物料。当输送缸内径为 200mm 时，输送物料中的最大粒径可以达到 80mm。

7.3.3.2 充填泵工作原理

充填泵工作时，料斗内的膏体充填料在重力和液压活塞回拉吸力作用下进入第一个工作缸（图 7-29）；通过液压驱动 S 管阀换向，第一个工作缸中的液压活塞向前推挤膏体料浆使其快速流入充填管道，第二个工作缸中的液压活塞则后退并吸入膏体充填料。当一个活塞行程结束后，与输送缸连接的 S 管阀的一端迅速转接到另一输送缸上，开始另一个活塞行程。此时，第二个工作缸的活塞向前推压膏体料浆进入充填管道，第一个工作缸的活

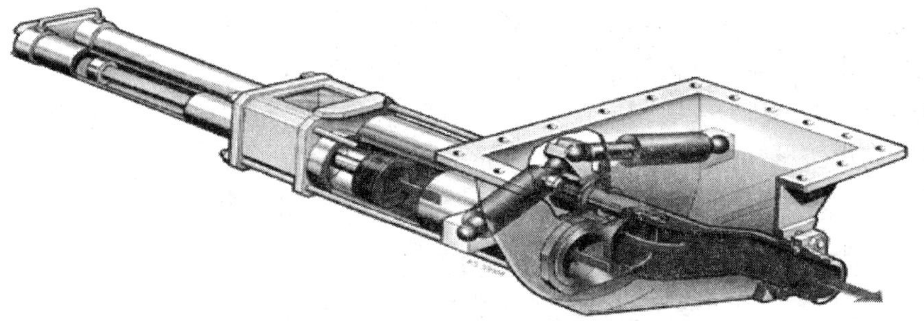

图 7-29 双缸活塞泵工作原理示意图

塞后退吸入膏体充填料。如此反复动作，使膏体充填料源源不断地流入充填管道。

输送泵运转过程中，两个工作缸总有一个缸与 S 形换向管阀相连通，S 管阀的另一端则始终保持与输送管道相连接。

膏体充填料在管道中的流速取决于活塞往复运动的频率。当活塞推动膏体流动时，一个行程期间的膏体流速是一定的（图 7-30）。设活塞行程时间为 t_1，管阀换向时间为 t_2，全行程平均流速为 v_p，产生流动的流速为 v，则流速 v 可以式（7-10）表示。

$$v = \left(1 + \frac{t_2}{t_1}\right)v_p \tag{7-10}$$

t_2/t_1 比值随泵的缸体长度、换向阀结构、膏体充填料的配比等条件而变化。

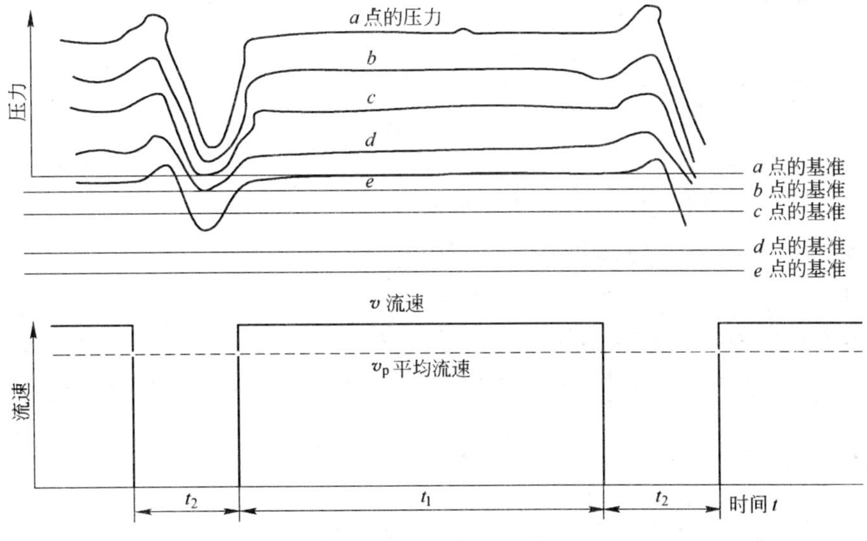

图 7-30 液压活塞泵压力曲线与流速关系

活塞泵的往复式冲程产生脉冲动作，物料在泵的每一次行程中都必须首先加速到最高速，然后再降到速度为零。这样一方面会产生压力波动，另一方面由于管道和泥浆之间的摩擦会产生瞬间变化的压力损失。每一冲程在换向管切换位置时，会产生很大的震动，使设备及与其相连接的管道冲击一次，对管道内的膏体物料的稳定性也产生不利影响。为此，德国 Putzmeister 公司专门研究了解决方案，在泵的排料口前端设计了一个缓冲装置（液压止回阀）。当 S 管换向连接时防止高压物料回流，在输送管道中保持一定的静压，防止在管道系统中产生减压锤击现象。同时，为实现更好的减振效果，并使膏体保持连续流动，可在紧靠泵的出口处安装减振管。其原理是：向输送管道内挤压膏体料浆的同时，向竖直缓冲管内也挤压膏体；在一个冲程终止的瞬间，即换向的瞬间，减振管液压系统启动，缓冲管内膏体反向挤压进入排料管内，使膏体保持连续流动。

输送泵的泵出流量可按下式测算：

$$Q = \frac{0.06q\left(\frac{D}{d}\right)^2 K}{1 + \frac{t_2}{t_1}} \tag{7-11}$$

式中　Q——泵的排出量，m^3/h；

q——油泵的排油量，L/min；

D——输送缸内径，m；

d——油缸内径，m；

K——输送缸充盈系数，与活塞行程、膏体坍落度有关，一般为 0.8～0.9；

$\frac{t_2}{t_1}$——S 管换向时间与输送缸活塞移动一个行程所需时间之比。

当泵送膏体流量一定的条件下，则根据式（7-11）可求出要求供给的油泵排油量。液压油泵排油量与其转速有关。故油泵排油量也可由式（7-12）求得。

$$q = q_0 \cdot n \cdot K_0 \tag{7-12}$$

式中　q_0——油泵每转的排油量；

n——油泵转速，r/min；

K_0——油泵的容积系数，可取 0.9。

充填泵的运转依靠液压驱动，并通过液压系统对运转过程实行控制。由电机带动液压油泵，使液压油油压升高，然后通过液压油管连接到泵的各有关部位，带动泵的运转（图 7-31）。液压油的油压 15～30MPa，随着泵的输出压力而自动升降。

高压油可以由泵的液压缸活塞杆端进入，也可由活塞顶端进入。当高压油从活塞杆端进入时，其受压面积减少（活塞面积减去活塞杆面积），因而在同样单位面积油压的条件下，活塞的总推力变小，从而泵的排出口压力相应降低。当高压油从活塞顶端进入，其受压面无活塞杆，受压面较前者大，同等单位面积油压时，活塞的总推力变大，泵的排出口压力升高。

7.3.3.3　充填泵选型

矿山充填站服务时间较长，位置固定，适合于采用固定式泵，一般不宜选用移动式双活塞泵。移动式泵的维护检修不如固定式的方便，在物料的制备过程中，泵与搅拌机的配合及设备配置也不如固定式方便。另外在相同的输送量条件下，移动式泵的缸体短、直径小、频率快，则活塞、缸体及转向管阀的寿命较固定式短，不适合于矿山充填的长时间连续工作。

德国生产的膏体输送泵已经系列化（表 7-23、表 7-24），国内沈阳建设机械总公司生产的混凝土泵也可供选用（表 7-25），可以根据矿山生产规模和不同的输送要求与条件进行选择。

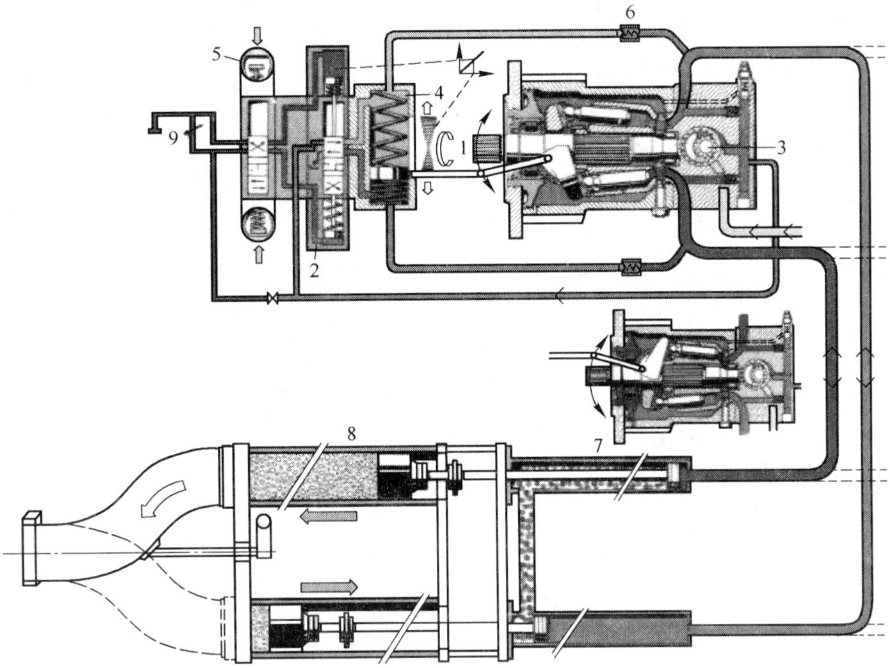

图 7-31 双缸活塞泵液压控制原理

1—可反转液压泵；2—平稳流量调整器；3—吸油泵；4—伺服油缸；5—转换/关闭阀；6—调节阀；7—驱动缸；8—输送缸；9—输送控制器

表 7-23 德国 Putzmeister 公司 KOS 充填泵型号与参数

充填泵型号		类型	输送能力 $/m^3 \cdot h^{-1}$	输送压力 /MPa	外形尺寸/mm			机重 /kg	输送缸内径与冲程/mm	输送缸容量/L
					长	宽	高			
KOS1000	KOS1020	S	11	10	3400	920	800	800	100×1000	7.8
		B	11	10	3400	920	800	800		
		HP	11	16	3400	920	800	900		
	KOS1030	S	16	8	3400	920	800	800	120×1000	11.3
		B	16	10	3400	920	800	800		
		HP	16	1.3	3400	920	800	900		
	KOS1040	S	25	7.5	3905	920	800	1300	150×1000	17.6
		B	25	7.5	3905	920	800	1300		
		HP	25	15	3905	920	800	1400		
	KOS1050	S	36	7.5	3905	920	800	1320	180×1000	25.4
		B	36	7.5	3905	920	800	1320		
		HP	36	11	3905	920	800	1450		
	KOS1060	S	45	6	3905	920	800	1350	200×1000	31.4
		B	45	7.5	3905	920	800	1350		
	KOS1070	S	60	4.5	3905	920	800	1400	230×1000	41.4
		B	60	6.5	3905	920	800	1400		

续表 7-23

充填泵型号		类型	输送能力/$m^3 \cdot h^{-1}$	输送压力/MPa	外形尺寸/mm			机重/kg	输送缸内径与冲程/mm	输送缸容量/L
					长	宽	高			
KOS1400	KOS1450	S	36	7.5	4705	920	800	1500	180×1400	35.6
		B	36	7.5	4705	920	800	1500		
		HP	36	15	4705	920	800	1600		
	KOS1460	S	45	6	4705	920	800	1550	200×1400	43.9
		B	45	7.5	4705	920	800	1550		
		HP	45	13	4705	920	800	1650		
	KOS1470	S	60	4.5	4705	920	800	1600	230×1400	58.1
		B	60	7	4705	920	800	1600		
		HP	60	8.5	4705	920	800	1700		
KOS2100	KOS2160	S	60	6	6120	920	800	3800	200×2100	65.9
		B	60	8.5	6120	920	800	3800		
		HP	60	10	6120	920	800	4000		
	KOS2170	S	80	4.5	6120	920	800	3900	230×2100	87.2
		B	80	7.5	6120	920	800	3900		
		HP	80	8.5	6120	920	800	4100		
	KOS2180	S	115	5	6600	920	800	4000	280×2100	129.3
		B	115	7.5	6600	920	800	4000		
KOS3000	KOS3080	S	115	6	8550	1960	1400	5800	280×3000	184.7
		B	115	8	8550	1960	1400	5800		

注：1. S 活塞杆端驱动；B 活塞顶端驱动；HP 高压型。
2. 表中输送压力为启动时峰值压力，连续工作压力会降低，其值取决于输送条件。

选择充填泵的主要因素是充填工艺所要求的输送能力和膏体料浆的输送特性参数。对于某一泵型，输送料浆的能力由料浆输送特性确定，实际输送能力一般比理论值小5%～10%。简单地说，充填泵的选择过程就是在满足矿山充填能力的条件下，让充填料浆的输送特性与输送泵的各项技术参数指标达到最优匹配（表7-26）。

对充填泵选型起决定性作用的料浆输送参数是料浆的压力损失，它决定泵的输送压力和输送能力是否满足矿山充填工艺的要求。由于充填料流变特性的不同，泵送时的管道压力损失相差很大，选择充填泵时应取得较可靠的管道压力损失参数值。

表 7-24 德国 Schwing 公司 KSP 系列泵技术规格

泵型号		KSP25						KSP40				KSP50						KSP80						KSP140	KSP220	
型 式		KSP25 KSP25V			KSP25R KSP25RV			KSP40 KSP40V		KSP40R KSP40RV		KSP50 KSP50V			KSP50R KSP50RV			KSP80 KSP80V			KSP80R KSP80RV			KSP140R	KSP220V KSP220RV	
传 动		S	K	HD	S	K	HD	S	K	S	K	S	K	HD	S	K	HD	S	K	HD	S	K	HD	HD	S	
输出 /$m^3 \cdot h^{-1}$	最大	36	36	36	36	36	36	50	50	50	50	70	70	70	70	70	70	115	110	105	115	110	105	135	0.83	0.83
	最小	4	2	1.5	4	2	1.5	2	1.5	2	1.5	5	4	2	5	4	2	6	5	3	6	5	3	5	8	5
最大输送压力/MPa		4	6	12	4	6	8.5	6	12	6	12	5	9	14	5	9	14	4	7	10.6	4	7	10.6	12	7	12.5
长度/m		3.76	3.76	3.92	3.35	3.35	3.48	5.08	5.08	4.60	4.60	4.42	5.42	5.42	4.46	4.46	5.42	6.24	6.24	5.42	5.56	5.56	5.54	6.52	9.6	9.6
宽度/m		0.68	0.68	0.68	0.83	0.83	0.83	0.68	0.68	0.83	0.83	1.0	1.0	1.0	1.56	1.56	1.8	1.0	1.0	1.0	1.56	1.56	1.8	1.60	1.7	1.7
质量/kg		900	900	1020	990	990	1275	1450	1450	1540	1540	2460	2460	2560	2295	2295	2380	2640	2640	2780	2470	2470	2560	4965	5600	5600
泵缸容积/L		50.8			50.8			81.3		81.3		100.6			100.6			166.2			166.2			141.4	438	
泵缸直径×行程/mm×mm		180×1000						180×1000				200×1600						230×2000						300×2000	300×2000	
驱动缸直径/mm		90	90	125	90	90	125	120				120	120	150	120	120	150	125	125	150	125	125	150	200	200	

注：S 活塞杆端驱动；K 活塞顶端驱动；HD 高压型。

表 7-25 沈阳建设机械总公司混凝土泵参数

型 号	最大输送量/$m^3 \cdot h^{-1}$		最大泵送压力/MPa		最大输送距离/mm		缸径×行程 /mm×mm	原动机功率/kW		料斗容积×上料高度/L×mm	油箱容积 /L	质量 /kg
	P	γ	P	γ	垂直	水平		电 机	柴油机			
HBT30	20	30	11.9	8.0	180	1300	180×1000	55		430×1179	150	2650
HBT50（BC1405）	35	50	10.6	7.1	150	1000	200×1400	9		900×1230	125	3200
HBT60（BSA1406）	40	60	10.6	7.1	150	1000	200×1400	75		900×1230	125	3200
HBT60R（BSA1406D）	40	60	10.6	7.1	150	1000	200×1400		118	900×1230	125	3200
HBT100（BSA2100）	65	97	16.0	11.5	248	2000	200×2100	160	167	900×1300	200	5700

注：P 为活塞顶端驱动，γ 为活塞杆端驱动。

表 7-26 KOS-2170 型泵的主要技术参数

编号	项目	参数	编号	项目	参数
1	主油泵高压/MPa	28	8	S 管阀最大剪切压力/MPa	12
2	全速最大低压/MPa	2.5	9	蓄压器压力/MPa	9
3	安全阀给进压力/MPa	3.4	10	全速搅拌器压力/MPa	9
4	开泵全速给进压力/MPa	2.6	11	空负荷输送缸行程时间/s	3.6
5	油流量/min	45	12	空负荷油泵最大转速/$r \cdot min^{-1}$	1500
6	运转起始控制压力/MPa	0.4	13	空负荷电机最大转速/$r \cdot min^{-1}$	1500
7	运转终止控制压力/MPa	2.2	14	最大理论输出压力/MPa	8.5

在获得料浆的相关特性参数值后，可参考经验公式（7-13）确定充填系统所需的最小压力，作为选择泵压的依据。

$$p = \lambda_1 + \lambda_2(L + B) + 0.1\rho(H - G) \tag{7-13}$$

式中 p——泵所需压力，MPa；

λ_1——泵启动所需压力，对于 KOS 泵可取 2MPa；

λ_2——水平管道压力损失，MPa/m；

L——系统管线总长度，m；

B——全部弯管及管件折合水平管线长度，m；

ρ——膏体密度，g/cm^3；

H——向上泵送的高度，m；

G——向下泵送的高度，m。

在工业应用中选择泵的压力时应留有一定的余地，以适应充填系统和物料特性的波动变化。确定泵的输送能力时，应将理论输送量乘以 0.8 ~ 0.85 的系数，同时还应注意这是所要求的工作压力下的输送量，而不能选取最低压力下的输送量。

当矿山生产过程中充填站服务范围发生较大变化，充填系统原有泵压不能满足矿山充填要求时，可以在原系统的基础上于井下增加泵站实现增压（图 7-32），而不需要重建系统。

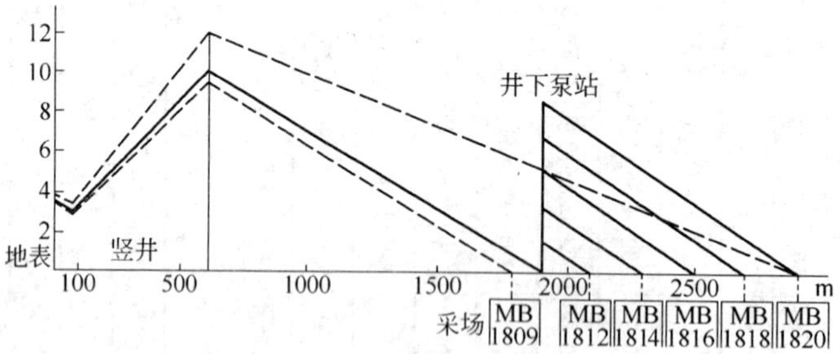

图 7-32 Grund 泵送系统井下增压后的输送压力变化

7.4 采场充填

7.4.1 自流充填

采场自流充填工艺是指充填料浆自制备站直到充入采场，均借助自重势能自流充入采场。自流充填要求料浆流动性好，故料浆充入采场的流平性较好。

采场充填作业包括：架设采场充填管道、设置采场渗排水设施、构筑充填隔墙。

采场充填管道的架设与采矿方法关系密切，应根据采矿工艺的要求合理布置采场充填管道。特别是进路采矿法的采场充填，应考虑到充填接顶。

满足工业生产要求的全尾砂充填料浆充入采场后不会产生离析脱水现象，但为了获得足够的流动性态，制备全尾砂自流充填料所需的水量会超出水化作用所需的水量，则充入采场的全尾砂充填料会有少量水需要泌出。当料浆浓度较高时，充填料的泌出水将通过充填体和岩体吸收。当料浆浓度相对较低，则有部分泌出水需要排出。这时需要针对泌出水设置渗出采场的设施。自流输送管道的清洗是必要的，清洗管道水往往对采场充填料造成不良影响，因此，应该针对管道清洗水设置排出采场设施。

构筑充填隔墙应与采矿工艺相配套，并考虑充填料浆的泌出水能够排出采场。

7.4.2 泵压充填

借助泵压进行充填，其水泥的添加方式可以采用地表添加水泥与全尾砂搅拌成混合料浆后输送到采场。也可以在井下将水泥干粉或水泥浆加入全尾砂料浆中，再充入采场。也可通过坑内中间搅拌站添加水泥，但其工艺和系统较复杂。

在地表添加水泥制备充填料属常规工艺，水泥与全尾砂料浆的混合也较均匀。但是每次充填结束都需要清洗管道。清洗管道的工作繁重，尤其是冲洗水对充填体的质量极为不利。

针对地表加水泥的这一弊端，国内外应用膏体泵送充填的一些矿山也采用在坑内添加水泥的方式，即在膏体充填料进入采场前30m左右处，将水泥干粉或水泥浆通过泵压加入管道中，借助压力与加入装置使水泥与充填集料混合均匀。

坑内添加水泥的最大优点，是添加水泥前的长距离管道在充填结束后无需清洗。由于膏体料浆的稳定性好，可以置于管道中长达3~5天仍可继续泵送。格隆德矿膏体泵压充填系统中不加水泥的膏体料浆在停泵3天后开泵，膏体仍能正常泵送。这样每次充填结束后仅需用压风清洗加水泥后的一小段管道，大大简化了清洗工作。坑内添加干水泥的工艺需增加水泥风力输送系统，添加水泥浆的工艺需增加水泥浆泵送系统。但无论在坑内添加干水泥或水泥浆，均应较好地解决向管道中添加水泥的喷射技术。

泵送建筑混凝土的经验表明，向上输送的垂直管超过50m、水平管线超过300m时，其输送条件困难；向下输送或管路复杂、水泥单耗小于300kg/m^3、坍落度在8~10cm以下、集料直径大于40mm，其输送条件困难。对于矿山充填来说，则无论在充填料的制备、充填管路的长度、配管的复杂程度、管中压力、特别是向下泵送等，在泵送工艺技术方面均要比泵送建筑混凝土复杂得多，困难得多，属于典型的难输送条件。因此，泵送充填工艺中应重点注意如下技术问题：

(1) 向下泵送。向下泵送时，因膏体充填料的自重下落，在钻孔中将产生真空段，启动充填泵时应将设置在钻孔口弯管处的放气阀打开，使膏体料浆逐步充满钻孔和管路。这样可以使输送泵在满管条件下正常工作。但当垂直管段较长，而井下水平段又较短时，垂直段不能满管，则膏体充填料将在泵压下断续下落。因而在管路中，特别是在钻孔中部和钻孔底部弯管处，会产生真空段。因此，在弯管处应设置气门，必要时打开气门吸入空气，使管内压力平衡。

满管输送是膏体泵送充填工艺希望达到的要求，但是在深矿井有时会出现不满管的条件。这时可采取以下措施：尽量提高膏体的浓度；加大泵送流量，即提高流速；设置放气阀。

（2）电动门阀。在钻孔底部弯管后的水平段安装电动液压门阀。它的作用是：

1）启动充填泵之前关闭（充填倍线大时）使钻孔满管后再慢慢打开，使膏体在管道中流动平稳；

2）停泵时关闭门阀保持满管状态；

3）清洗管路时为了使水不进入采场，则将门阀关闭，切断水压，分别打开水平管和门阀前的放砂口，将水平管和钻孔中的水放出。

（3）钻孔口的放气装置。向下泵送充填料必须在钻孔口设置有效的放气装置，否则在开始向下泵送料浆或不能满管输送时，系统将经常出现排气和吸气，无法使泵正常工作。而这种放气阀，不能是一般的闸阀，不能是堵头结构，否则在高压下浆体将被泌出成为像蜂窝煤状的“干饼”，将放气口堵塞。

（4）启动充填泵。启动充填泵是向下输送充填料的技术难点。国外经验是先用水将井下水平管和钻孔充满，然后放两个海绵球，用膏体料浆慢速压送，直至采场或电动门阀处放出海绵球。电动门阀在开泵前关闭，让水和膏体充满钻孔后再慢慢打开。但是在金川工业系统中采取这种启动方式却不理想。在吸取了自流输送的经验后采用了打开电动门阀而不是关闭的措施，并在启动充填泵时不加碎石，以保证膏体料浆具有良好的稳定性，直至采场见到膏体充填料后，再加大浓度和流量，并添加碎石，这一程序被证实也是可行的。

（5）膏体泵送管路的清洗。膏体泵送管路的清洗，是泵送结束后一项繁重的工作。一旦清洗效果不好，将造成下一次充填时发生堵管事故。一般程序是停泵后先清洗搅拌机，然后在充填泵出口处的清洗口放入两个海绵球，可用水泥袋装纸包好，用水压将海绵球压入管道中，将膏体压入采场。必须注意避免在接触部位使水渗入而稀释膏体，发生这种情况时有可能在弯管处造成堵管。一般在结束前停止添加粗集料。采场见海绵球后便停泵，同时关闭电动门阀和采场前的手动门阀，并打开手动门阀后面的放砂口。当打开电动门阀时，依靠自然压头的高压水可将整个管路冲刷干净。

在进行泵送充填操作时则应重点注意以下事项：

（1）开始泵送时要注意观察泵的压力和各部分运转情况，开始时速度慢，操作工应处于可随时采取加速、反抽、停泵等措施的准备状态，当认为可顺利泵送时，才能用正常的速度进行泵送。

（2）泵送过程应连续，尽量不要中途停泵，遇有不正常情况，可放慢泵速。当膏体充填料供应不及时，宁可降低泵速，也要保持连续泵送。特殊情况下需要停止泵送时，料斗中应保留足够的充填料，作为间隔推动管内充填料之用。

（3）泵送过程中要定时检查活塞冲程，不使其超过最大冲程。为防止油缸不均匀磨损，宜采用较长冲程的泵。

（4）在泵送过程中应注意料斗内至少要保持料面不低于上口500mm，否则不但吸入效率低，而且易吸入空气形成堵塞。

（5）清洗管路中的充填料，需要从充填泵的出口塞入海绵球，然后泵水将充填料推出。加海绵球前，将泵反抽2～3次，以降低管路中的剩余压力。

7.5 矿山应用

7.5.1 凡口铅锌矿自流充填

20 世纪 90 年代，长沙矿山研究院与凡口铅锌矿合作，在国内率先试验研究了全尾砂胶结充填工艺，并建成高浓度全尾砂自流胶结充填系统投入应用。

7.5.1.1 充填材料

充填材料包括全粒级尾砂、32.5 级普通硅酸盐水泥和水。全尾砂直接采自选厂的尾砂浆，经两段脱水后取得滤饼产品。来自选厂尾砂浆的质量分数为 15% ~20%，脱水后的滤饼产品含水率 20%。尾砂密度 3.2g/cm^3，堆积密度 1.19 ~1.49g/cm^3，孔隙率 53.3% ~62.8%，渗透系数为 0.25 ~0.38cm/h。尾砂粒径小于 0.074mm 的含量为 62.06% ~83.77%、粒径小于 0.037mm 的含量为 42.33% ~64.92%。

7.5.1.2 充填系统

高浓度全尾砂胶结充填系统由脱水装置、搅拌装置和输送管路三部分组成，共有两段脱水和两段搅拌（图 7-33）。

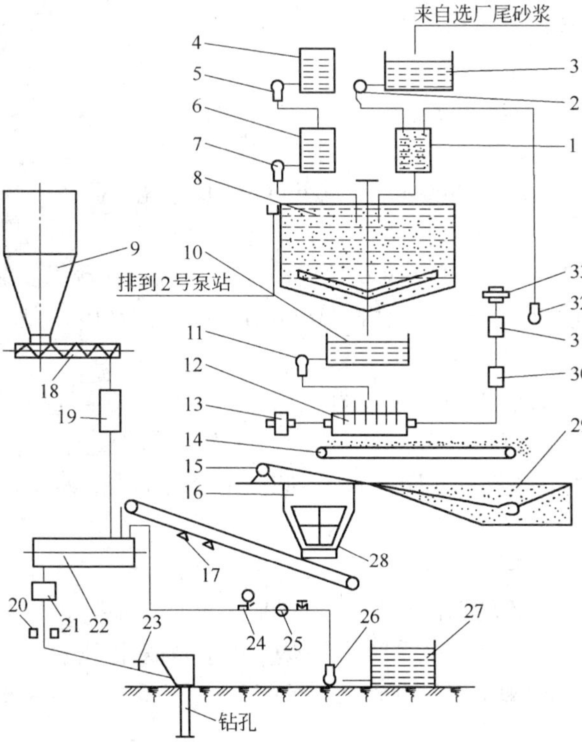

图 7-33 凡口矿高浓度全尾砂胶结充填工艺流程

1—缓冲槽；2—离心砂泵；3—贮砂池；4—絮凝剂搅拌槽；5—离心水泵；6—絮凝剂槽；7—柱塞计量泵；8—高效浓密机；9—水泥仓；10—沉砂池；11，32—衬胶砂泵；12—真空过滤机；13—罗茨鼓风机；14—皮带输送机；15—电耙绞车；16—分配漏斗；17—带计量秤皮带输送机；18—双管螺旋喂料机；19—冲量流量计；20—γ 浓度计；21—高速搅拌机；22—双轴搅拌机；23—夹管阀；24—电动夹管阀；25—涡街流量计；26—清水泵；27—水池；28—带破拱架振动放料机；29—卧式砂泵；30—气水分离器；31—滤液缸；33—真空泵

充填系统的关键设备包括：高效浓密机、CWZ-Ⅱ型振动放料机、双轴桨叶式搅拌机和高速活化搅拌机。

高效浓密机槽体直径为 ϕ9000mm（图 7-34），给入浆料质量分数为 17% 时的生产能力为 1195t/d；给砂质量分数为 15% ~ 20% 时，底流浆料质量分数为 45% ~55%。其主要技术参数为：

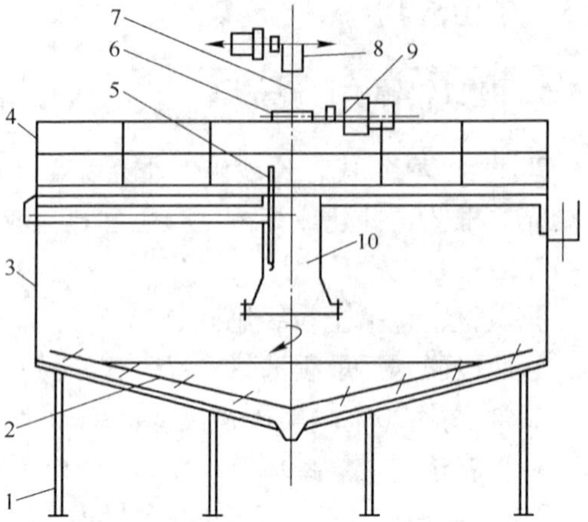

图 7-34 ϕ9m 高效浓密机的结构示意图

1—支撑架；2—耙架；3—筒体；4—桥架；5—给药管；6—过载指示器；7—驱动轴；8—提升装置；9—主传动装置；10—给料井

（1）筒体：直径 ϕ9000mm，深度 2500mm，面积 63.6m^2，容积 173m^3。

（2）耙子驱动装置：电机功率 3kW

型号：Y100L2-4

转速：1430r/min

减速机型号：BWY-27-71-3

耙子转速：0.25r/min

（3）耙子提升装置：电机功率 1.5kW

型号：Y90S-4

转速：1400r/min

（4）耙子提升高度：300mm

（5）外形尺寸：9860mm ×9000mm ×8640mm（长 × 宽 × 高）

（6）质量：34t

为配合全尾砂放料专门研制的 CWZ-Ⅱ型振动放料机，其台板安装角度 150°，台板长度 1200mm，台板宽度 1200mm，最大眉线高度 270mm；振动电机型号 YZU40-6/3 型，激振力为 14.7 ~39.2kN，生产能力为 90t/h。

双轴桨叶式搅拌机的搅拌筒体长 2480mm，宽 1190mm，容积 1.7m^3；叶片角度 40°，叶片转数 45r/min；电机功率 40kW。

高速活化搅拌机的转子转速 1470r/min；圆筒形外壳直径 500mm，长度 400mm；生产能力为 40 ~60m^3/h；电机功率 22kW。

7.5.1.3 充填料制备

质量分数为 15% ~20% 的选厂全尾砂浆被泵送至贮浆池，再通过 3PN 型离心砂泵扬至 ϕ2000mm ×2500mm 缓冲槽，然后自流至 ϕ9000mm 高效浓密机。质量分数为 50% 左右的沉砂流入贮砂池，由 2PNJA 型衬胶砂泵扬至配备有 SZ-6 型真空泵和罗茨鼓风机的 68m^3 圆盘真空过滤机。

通过两段脱水获得含水率为 20% 左右的滤饼，由带宽为 650mm 的皮带机运送至充填站的卧式砂仓。高效浓密机的溢流直接流入溢流水池，并且扬至尾砂库。真空过滤机的滤液通过气水分离器和滤液缸，由 2PNJA 型衬胶砂泵扬至缓冲槽，再流入高效浓密机。为了提高浓密机的浓密定额，添加“广粉-600”PHP 型阴离子絮凝剂，并在 ϕ2000mm ×2000mm 搅拌桶内配制成质量分数为 0.1% 的溶液后，由 IS60-32-125 型离心清水泵扬至 ϕ2000mm ×2000mm 缓冲槽，然后通过 J-ZD300/87 型柱塞计量泵定量供给高效浓密机。

用水泥罐车将水泥运至充填站，借助风力经管道输送卸入水泥筒仓。

筒仓内水泥经 ϕ250mm 可调速双管螺旋喂料机和冲量流量计进入双轴桨叶式搅拌机。卧式砂仓的湿尾砂由 55kW 电耙间断输送到缓存贮料仓，然后由 CWI-Ⅱ型带破拱架的振动放料机均匀地供给带宽为 650mm 的皮带运输机，经转运送入双轴桨叶式搅拌机。湿尾砂由电子皮带秤称量。

通过 3BA 型清水泵和 ϕ51mm 供水管从低位贮水池将水扬至搅拌楼的四层水平，然后分支为两根 ϕ25.4mm 管。其中一根直接向双轴搅拌机供水，并由笼式调节阀控制；另一根向尾砂下料筒定量供水，并与尾砂一起进入双轴搅拌机，以防止尾砂堵塞下料筒。

通过 ϕ51mm 供水管上的涡街流量计测定给水量。设有双轴桨叶式搅拌机和高速强力活化搅拌机两段搅拌。由双轴桨叶式搅拌机初步混合的充填料自流进入高速活化搅拌机进行二次有效混合。

制备好的充填料通过 ϕ125mm 管路自流进入充填钻孔，然后利用自然压头进行自流输送。钻孔从地表 +126m 水平直通井下 -40m 水平，然后通过阶梯形设置的井下管路输往待充采场。井下管路转弯半径为 700mm。

7.5.1.4 充填系统自动监控

凡口铅锌矿高浓度全尾砂胶结充填系统配置自动监控装置，在充填料制备与输送过程中实行自动监控。自动监控包括仪表自动检测和微机综合处理。监控装置由检测仪表、中央控制台和微处理机三部分组成（图 7-35）。检测参数包括尾砂重量流量、水泥重量流量、加水量和混合料浆的质量分数。主要控制参数为混合浆料的质量分数和灰砂比。高浓度全尾砂胶结充填系统自动检测见图 7-36。主要检测仪表的技术性能见表 7-27。

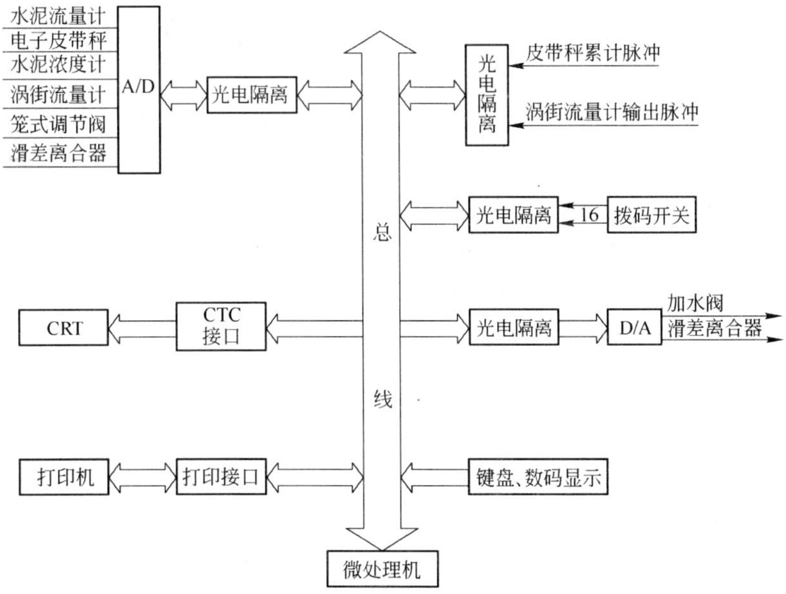

图 7-35 自动监控微机系统硬件结构

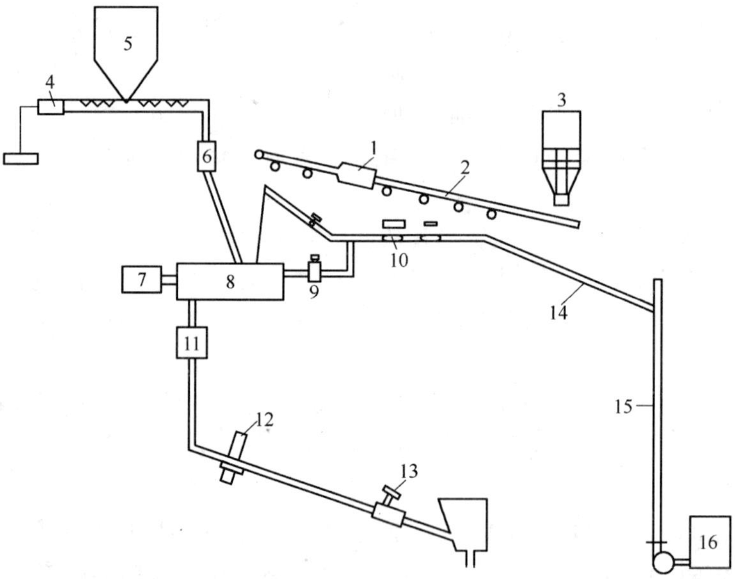

图 7-36 高浓度全尾砂胶结充填系统自动检测示意图

1—皮带秤；2—运输皮带；3—砂仓；4—调速电机；5—水泥仓；6—双管螺旋冲量流量计；
7—ZLK-5 速度控制器；8—双轴搅拌机；9—笼式调节阀；10—涡街流量计；
11—高速搅拌机；12—γ 射线密度计；13—手动胶管阀；
14—ϕ51mm 水管；15—ϕ76mm 水管；16—水池

表 7-27 主要检测仪表的技术性能

序 号	名 称	型 号	规格及性能
1	微电脑多功能电子皮带秤	WPC-D_1	称重传感器最大感量 150kg，双重质量累计，瞬时流量，带速数字显示，精度 1%
2	冲量流量计	LFD-25	精度 1%，流量范围 0～25t/h，重量累计，瞬时流量指标
3	涡街流量计	MWL-L105-2	流通管径 ϕ50，流量范围 0～25t/h，精度 2%
4	转差离合器调速装置	ZLK-5	调速范围 0～1400r/min，手动/自动选择
5	电动直通双座调节阀	ZAN-1025	流通直径 ϕ25
6	电动操作器	DFD-09	打印机，CRT，A/D，D/A 转换接口
7	微机系统		

尾砂重量流量利用安装在皮带运输机上的 WPC-D 型电子皮带秤检测。称重传感器感量为 0～150kg。二次仪表有瞬时流量、累计流量和带速等数字显示，以及上、下限报警功能。

水泥添加量由 LFD-125 型冲量流量计检测。流量范围 0～25t/h，计量误差小于 1%。

加水量由 MWL-L105-2 型涡街流量计检测。一次仪表可显示瞬时流量和累计流量，计量范围0~20t/h，计量误差小于2%。

混合料浆的质量分数由γ射线密度计自动检测。

一次仪表检测的工艺参数除在中央控制台上由相应的二次仪表上显示外，还被送入微机进行综合处理。微机系统由微处理器、屏幕显示器、打印机等，以及抗干扰的模入模出接口电路组成。计算机综合处理后的信息可在屏幕显示器显示，或随时用键命令显示。

操作人员在中央控制台调节双管螺旋喂料机的转速及笼式调节阀的阀位，分别改变水泥和水的重量流量，以满足规定的灰砂比和料浆浓度。

在仪表室集中控制搅拌设备的运行与停车，并配备有与井下充填采场及主要中段的通信联络。

7.5.1.5 *主要参数与充填质量*

充填系统主要输送参数为：

灰砂比	1∶4
流速	1.13m/s
料浆体积密度	1.9t/m^3
压力损失	2.4~3.0kPa/m

充填系统主要指标：

充填能力	48~55m^3/h
充填料浆质量分数	70%~76%
水泥消耗量	210kg/m^3

充填质量：全尾砂胶结充填料浆具有良好的均质性和流动性，在采场可保持平整均匀的工作底板。冲洗管道水浮在表面，对其下面的充填料不产生明显的稀释作用，因而对充填体强度和均质性影响不大。充填体28天单轴抗压强度2.4~3.8MPa；充填体强度变化率低于30%。

使用全粒级选矿尾砂作为充填料，增加了矿山充填料来源，缩小了地表尾砂库库容，不仅减少矿山基建投资，而且有利于环境保护和生态平衡。全粒级尾砂料的细粒级含量大，具有良好的管输性，减少堵管事故和管道磨损。充填料输送浓度高，采场泌水量极少。既减轻了井下环境污染，又提高了充填体质量。

7.5.2 南京铅锌矿自流充填

南京铅锌矿地处栖霞山风景区，地表不允许建造尾砂库与废石场。早期充填工艺不能利用采空区排放全部采选固体废物，严重制约了矿山的正常生产，至2003年老窿空区填满后，矿山面临停产。

南京银茂铅锌矿业有限公司委托长沙矿山研究院开展了全尾砂胶结充填技术的试验研究，2004年建成了结构流全尾砂自流胶结充填系统投入工业应用（图7-37）。充填系统自投入工业生产后，正常运行至今，全尾砂胶结充填料浆的质量分数为70%~72%，呈结构流态，不脱水、不离析，充填体整体性好，充填体强度满足采矿方法要求。结构流全尾砂充填工艺在矿山的成功应用，为实现尾砂零排放提供了技术支撑，在环境保护十分严格的开采条件下保证了正常开采，避免矿山停产；并且有效解决了矿山产量低和采选指标差的

图 7-37 南京铅锌矿结构流全尾砂胶结充填站

技术瓶颈。建成了三废零排放示范矿山，地表不建尾砂库和废石堆场，在矿产资源开发过程中有效保护生态环境，消除了末端治理工程及费用，消除尾砂库溃坝及废石场泥石流等安全隐患，实现矿业开发与资源、环境和经济的和谐协调发展，取得显著的经济效益和社会环境效益。

7.5.2.1 充填材料

充填材料包括全尾砂、水泥和水。通过试验获得了全尾砂充填料的相关特性及其变化规律。

全尾砂粒径极细，其中 −20μm 含量达到 47%（表 3-6）。全尾砂料浆试样的最大自由沉降质量分数为 71.01%，沉降 4h 后几乎达到最大沉降浓度，达到最大沉降浓度所需的时间为 6h（表 7-28）。

表 7-28 全尾砂自由沉降试验

沉降时间	料浆容积/cm^3	料浆质量分数 w/%	料浆密度/$g \cdot cm^{-3}$	状态特征
0min	775	50.00	1.55	初始状态
5min	670	54.79	1.63	全尾分级
20min	530	62.83	1.80	粗粒沉降
1h	450	68.57	1.94	细粒浓缩
4h	425	70.59	2.00	沉缩密实
6h	420	71.01	2.01	最大浓度

全尾砂充填料浆坍落度与质量分数的关系见表 7-29。

表 7-29 全尾砂充填料浆坍落度

料浆质量分数 w/%	80	78	76	74	72	70	68	66
坍落度/cm	11	18	21	23	25.5	27	28	28

全尾砂充填料浆质量分数从 76% 降至 72% 时，料浆的屈服剪切应力及黏性系数产生突变（表 7-30）。

表 7-30 全尾砂料浆的流变参数随质量分数变化关系

流变参数	料浆质量分数 w/%			
	76	74	72	70
τ_0/Pa	42.04	25.01	14.61	7.95
μ/Pa·s	24.792	17.413	0.524	0.227

7.5.2.2 充填系统设计参数

（1）充填系统制备与输送能力为 $60m^3/h$，日最大充填能力 $800m^3/d$，年充填能力 10 万 m^3/a。

（2）全尾砂胶结充填料浆制备与输送的质量分数为70% ~72%，坍落度为23 ~26cm。

（3）设计灰砂比为1∶4 ~ 1∶12 可调。其中灰砂比1∶4 的充填体28 天单轴抗压强度大于2.5MPa；灰砂比1∶6 的充填体3 天单轴抗压强度大于0.2MPa；灰砂比1∶8 的充填体28 天单轴抗压强度大于0.8MPa。

7.5.2.3 充填工艺流程

充填系统建设方案包括充填料浆制备及输送两大系统。通过大量的试验后，研究采用了卧式仓沉缩脱水、分层排水、本仓贮存、平行气流造浆及活化搅拌制备全尾砂胶结充填料的短流程工艺，将全尾砂脱水、造浆和贮存各工序集中在一个装置内完成；经研究采用结构流自流输送工艺（图7-38）。

全尾砂充填料制备短流程：低浓度全尾砂料浆通过多个放砂阀送入卧式砂仓；砂仓中的全尾砂颗粒在自重和絮凝作用下沉缩，沉砂质量分数达到70%左右；砂仓上部的静置水经适度净化后供选厂循环利用；高浓度沉缩尾砂不再转运，本仓贮存备用；砂仓内沉缩尾砂通过平行气流进行流态化造浆（图7-39），料浆被充分混合均匀后排入搅拌设备；通过活化搅拌使全尾砂与水泥充分混合与活化，形成结构流体胶结充填料。

该短流程将传统的多段全尾砂脱水、转运与滤饼再次造浆的离散长流程转化为集中在一个装置内完成的短流程，取消了滤饼转运和再次加水造浆工序，不但大幅度减少设备、能耗和占地，更重要的是保证了流程的可靠性和快速利用全部尾砂。

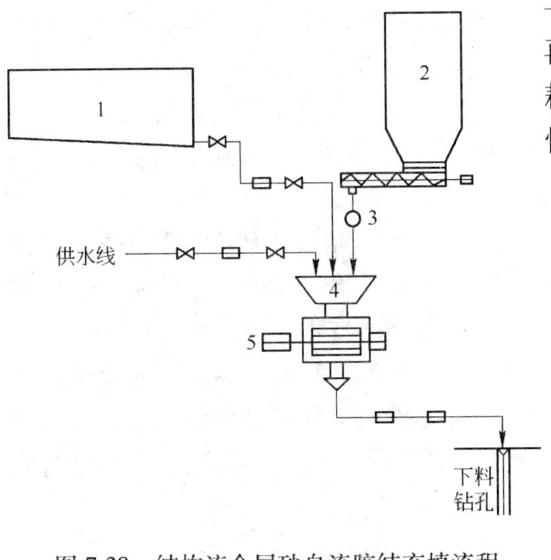

图 7-38 结构流全尾砂自流胶结充填流程

1—卧式砂仓；2—水泥仓；3—螺旋给料；4—双螺旋搅拌槽；5—活化搅拌机

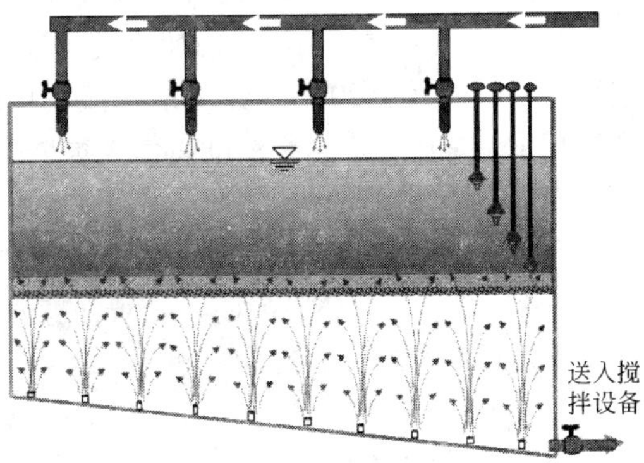

图 7-39 全尾砂沉缩脱水与流态化造浆

7.5.2.4 应用效果

当充填料浆质量分数为70% ~72%时，在充填倍线为4.2的条件下可实现理想的自流输送，其中质量分数为71.5%的料浆流量可达到50 ~ 80m³/h。在充填倍线为3.2的条件下，料浆质量分数达到73.6%时仍可实现理想的自流输送。

质量分数为70%的全尾砂胶结充填料浆充入采场空区后，呈结构流状态流动。在采场充填过程中，充填料浆表面无积水，料浆粗细颗粒不产生分离，从根本上消除了充填料浆脱水离析、分层所带来的一系列难题。充填料浆自身屈服剪切应力较小，无法自然堆积，料浆在采场中流平性好（图7-40）。

图7-40 结构流全尾砂充填料浆在采场流动状态

为了研究充填料浆是否在采场中产生粗细颗粒分离及离析现象，在采场的充填体中的不同位置取样进行了全粒级分布测定。针对多个样品的粒级分布测定结果表明，不同取样点样品的粒级分布相当接近，其粒级分布差别不大。可见结构流全尾砂充填料浆在采场中不存在离析分级现象。

经矿山长期生产实践表明，结构流全尾砂胶结充填料充入采场后，不脱水，少量泌水可通过围岩和充填体自身吸收。灰砂比为1∶6时，充填结束16h观察充填体表面无积水现象，充填料已凝结，人员可在充填体上行走并进行架模与移动充填管道等作业，3天后可进行凿岩等回采作业。

7.5.3 莱新铁矿自流充填

莱新铁矿位于山东莱芜市西南约12km的牛泉镇，所处地理位置经济较为发达，矿区地表为村庄及高产农田，不允许陷落。矿山试生产期，充填料浆质量分数仅为40% ~ 45%，充填系统能力及充填体强度满足不了采矿方法的要求，有多个采场出现充填欠账现象。充入空区的充填料浆较长时间未凝固，加之采场淋水的影响，充填料浆离析严重。同时由于浓度低，胶固粉添加量大，灰砂比高达1∶3，充填成本高。

2006年该矿委托长沙矿山研究院开展结构流全尾砂胶结充填技术研究，对原充填系统进行全面改造，于2007年建成结构流全尾砂自流胶结充填系统，应用于工业生产，大幅度提高了全尾砂充填料浆浓度，使充填体强度满足采矿方法的技术要求。

充填系统制备输送能力60 ~ 80m³/h，全尾砂料浆质量分数55% ~60%，充填料浆在管道及采场中呈结构流态，不产生分层及离析现象。全尾砂充填料凝结固化迅速，充填后3天打开挡墙，充填体已凝固，表观强度好，采场充填体接顶情况较好。充填系统运行稳定，各运行参数均可实现检测和调节。

7.5.3.1 充填材料

充填材料包括全尾砂、胶固粉和水。

通过试验表明莱新铁矿的全尾砂密度较小，孔隙率较大（表7-31）。

表 7-31 全尾砂物理性能

密度/g·cm^{-3}	堆积密度/g·cm^{-3}	实堆积密度/g·cm^{-3}	孔隙率/%	自然安息角/(°)
2.57	1.05	1.46	43.19	39.5

全尾砂全粒级组成由激光粒度测定仪测得（表 7-32）。

表 7-32 全尾砂粒级分布组成

粒径/μm	-5	-10	-20	-50	-75	-100	-150	-180	+180
累计/%	18.29	28.01	40.35	65.27	76.99	82.05	84.49	90.56	100

将全尾砂充填料配制成质量分数为 60% ~76% 的料浆进行坍落度试验，不同质量分数的全尾砂料浆的坍落度测定结果见表 7-33。

表 7-33 全尾砂料浆坍落度

料浆质量分数 w/%	76	74	72	70	68	66	64	62	60
坍落度/cm	2.5	5.0	10.0	12.0	16.5	20.5	23.0	23.5	25.0

7.5.3.2 充填工艺流程

在充分利用原有充填设施的基础上，将选厂全尾砂经 ϕ30m 及 ϕ15m 两段浓密机浓密，获得质量分数约 35% 的底流浆料。一部分底流直接输送至充填车间压气造浆池。一部分底流通过泵输送至压滤车间进行压滤，获得含水率为 12% ~15% 全尾砂滤饼，滤饼送入卧轴搅拌机进行预造浆，制备成高浓度全尾砂浆。高浓度全尾砂浆通过溜槽流入压气造浆池，与质量分数约 35% 浓密底流进行压气造浆。经造浆混合均匀后，通过管道放砂至搅拌机。

采用胶固粉作为胶凝材料。胶固粉由散装水泥罐车运至充填站后，直接气卸至水泥仓。水泥仓安装有双管螺旋给料机、螺旋电子秤及单管螺旋输送机。胶固粉经给料及计量后输送至搅拌机。

全尾砂浆与胶固粉经双卧轴搅拌机和高速活化搅拌机两段搅拌，形成混合均匀的全尾砂胶结充填料浆，沿充填钻孔及井下管网自流输送至井下采空区，凝固硬化形成胶结充填体。

7.5.3.3 应用效果

充填系统充分利用了原有充填系统及尾砂处理设施。将尾砂滤饼通过搅拌机制浆后与浓密机底流一道进行压气造浆，保证了向搅拌机供给高浓度全尾砂料浆，并且保证了料浆浓度稳定。因此，为充填系统制备和输送稳定的结构流奠定了基础。浓度稳定的结构流全尾砂充填料浆使采场实现了充填接顶，从而为不稳固矿段的安全回采提供了技术支撑。

经改造后的充填系统大幅度提高了充填料浆的质量，提高充填料浆浓度和料浆的稳定性。胶固粉给料量可保持稳定，所以充填料配比稳定，从而使充入采场的充填料质量得到有效保证。因此，很好地解决了原有充填系统因尾砂滤饼存在黏结、结块现象而无法顺利添加至搅拌机，以及 40% ~45% 的低质量分数充填料进入采场后需要脱水、离析现象严重、充填体凝固时间长、强度低等制约矿山生产的瓶颈问题。

结构流全尾砂充填工艺流程顺畅，充填能力稳定、可靠，不产生堵管事故，使充填作业组织管理得到简化。充填料浆进入采场后凝结硬化快，加快了采场作业循环，从而有利于矿山高产稳产。

提高充填质量意味着在满足采矿方法技术要求的条件下减少了充填过程中胶固粉用

量，大幅度降低了充填成本。在以往的生产中，灰砂比达到1∶4甚至1∶3，充填体强度仍然很低，不能满足采矿方法要求。实现结构流全尾砂胶结充填后，灰砂比为1∶4 ~ 1∶5的浇面充填和灰砂比为1∶6 ~ 1∶8的分层充填，可满足采场作业要求。并且充填料浆在采场中不脱水、不对井下巷道及水仓等设施产生污染，节省了排水、清淤及排泥等费用。

莱新铁矿结构流全尾砂胶结充填工艺使选矿尾砂得到充分利用。尾砂充填利用率达到80%以上，结合矿山采取的其他措施，使全部尾砂得到了利用，矿山不建尾矿库。

7.5.4 霍邱地区铁矿自流充填

安徽霍邱地区是我国重要的铁矿石基地，矿区南北长32km，东西宽5km，目前已探明铁矿石储量达到17亿吨，远景储量达30亿吨。这些矿床的共同特点是矿床储量大，单条矿脉长达1 ~3km，单个矿床储量一般达几千万吨，最大可达3亿 ~5亿吨；矿石品位较低，一般不超过30%；地处淮河中下游冲积平原，其上覆第四系覆盖层厚达100m以上，其中含有1 ~4层流砂层；矿区地势平坦，地面植被良好，人口较为密集。可见，该矿区均属于典型的难采铁矿床，以至于长期以来使得这一矿区难以得到开发利用。

进入21世纪以来，随着国民经济的持续快速发展，对铁矿石的需求越来越大，特别是全尾砂充填技术取得长足发展，使得这些矿床的开发利用受到重视。预计在五年后该地区的铁矿石生产能力将达30000kt/a以上，成为我国重要的铁矿石生产基地。

有效地开采这一矿区的矿床，需要进行采空区充填以保证上覆岩层不塌陷导通含水层，并保护地表植被；而矿山充填需要利用尾砂作充填材料，以解决冲积平原上无充填集料来源的问题；尾砂充填又需要采用全尾砂充填工艺，以解决分级尾砂作为充填料不足和溢流尾泥难以在平原上堆坝等瓶颈问题。因此，全尾砂充填对于这一地区的开采具有关键性支撑作用。

为此，长沙矿山研究院受安徽金安矿业公司及安徽诺普矿业公司的委托，分别结合草楼铁矿和吴集铁矿开展了结构流全尾砂胶结充填技术的试验研究，在该地区率先实现了全尾砂胶结充填，建成三套结构流全尾砂自流胶结充填系统，其中草楼铁矿北区充填系统于2008年建成投入工业生产，南区充填系统于2009年建成投入使用（图7-41）；吴集铁矿充填站于2009年建成投入工业生产（图7-42）。

图7-41 草楼铁矿结构流全尾砂自流胶结充填站

图7-42 吴集铁矿结构流全尾砂自流胶结充填站

7.5.4.1 充填材料

充填材料包括铁矿全尾砂集料、水泥胶凝材料和水。草楼铁矿全尾砂细粒级含量相对较少，更有利于作为矿山充填集料（表7-34，表7-35）。

表 7-34 草楼铁矿全尾砂粒级组成①

粒径/μm	-5	-10	-20	-50	-75	-100	-150	-180	+180
累计/%	7.93	13.27	22.11	48.52	67.21	81.71	95.20	97.99	100

① $d_{10}=6.72\mu m$，$d_{50}=51.84\mu m$，$d_{90}=123.14\mu m$，$d_p=60.22\mu m$。

表 7-35 吴集铁矿全尾砂粒级组成①

粒径/μm	-5	-10	-20	-50	-75	-100	-150	-180	+180
累计/%	9.10	14.65	24.31	52.50	70.18	82.81	93.71	96.29	100

① $d_{10}=5.71\mu m$，$d_{50}=46.82\mu m$，$d_{90}=125.87\mu m$，$d_p=59.68\mu m$。

7.5.4.2 充填工艺流程

两座矿山的充填工艺流程均由全尾砂沉降造浆、水泥供料、充填料浆搅拌制备，以及自流输送、自动控制等子系统组成。

(1) 充填料制备。选厂全尾砂经直接输送至充填站立式砂仓，进行沉缩脱水，排除全尾砂料面上的澄清水后采用压气造浆，造浆均匀的全尾砂料浆供给搅拌机。

散装水泥运至充填站后卸入水泥仓。仓内水泥经双管螺旋给料及电子秤计量后向搅拌机供料。

选用双卧轴搅拌机加高速活化搅拌机两段连续搅拌制备全尾砂料浆流程。全尾砂料浆与水泥通过两段搅拌后，被制备成具有结构流特性的全尾砂胶结充填料浆。

(2) 自流输送。呈结构流态的全尾砂胶结充填料浆通过测量管及下料漏斗进入充填钻孔，通过井下输送管道自流输送至采空区充填。

(3) 自动控制。充填系统检测的参数包括全尾砂放砂流量、水泥给料量、调浓水量、充填料浆流量及浓度、水泥仓料位等。

系统调节的参数包括放砂流量、水泥给料量、调浓水量等。

7.5.4.3 草楼铁矿应用效果

草楼铁矿南北充填站的充填能力为$(7\sim8)\times10^4m^3$/月，可满足3000kt/a的采矿生产能力对充填作业的要求。

通过对已充采场进行钻孔取样，其充填体岩芯较完整（图7-43）。原位充填体岩芯试样单轴抗压强度1.5~2.56MPa，达到了设计强度要求。

图 7-43 全尾砂胶结充填体原位取样岩芯

7.5.5 用沙坝磷矿自流充填

用沙坝矿为贵州开磷有限责任公司矿业总公司的下属矿山。矿区地形复杂，地表为陡峭的山体。岩石主要成分为白云石，由于受长期风化和雨水侵蚀作用，完整性差，节理裂隙发育，断层多，稳固性差。采用中深孔房柱采矿法开采。

开磷有限责任公司所属的重钙厂每年生产磷酸产生的工业废弃物磷石膏达 500kt/a，不仅占用了大量的耕地，而且对矿区的环境造成了严重的污染。

2006 年由长沙矿山研究院在中南大学开展的磷石膏充填材料试验的基础上，研究开发了磷石膏胶结充填工艺，并与化工部长沙设计研究院共同设计建成了磷石膏自流胶结充填系统，于 2007 年投入工业应用。

7.5.5.1 充填材料

充填集料为重钙厂的磷石膏，胶凝材料采用 42.5 级普通硅酸盐水泥，添加料为粉煤灰。

磷石膏的密度为 2.87g/cm³，渗透系数 1.06cm/h，其粒度较细（表 7-36）。粉煤灰的密度为 2.32g/cm³，渗透系数为 2.33cm/h，其粒级组成见表 7-37。磷石膏和粉煤灰的主要化学成分组成见表 7-38。

表 7-36 磷石膏粒级组成①

粒径/μm		-30	-45	-75	-106	-300	+300
产率/%	分 计	34.5	14.5	32.0	10.5	6.0	2.5
	累 计	34.5	49.0	81.0	91.5	97.5	100

① $d_{10}=14\mu m$，$d_{50}=43\mu m$，不均匀系数 3.71。

表 7-37 粉煤灰粒级组成①

粒径/μm		30	45	75	106	300	300
产率/%	分 计	5.5	17.5	30.5	20.5	22.0	4.0
	累 计	5.5	23.0	53.5	74.0	96.0	100

① $d_{10}=35\mu m$，$d_{50}=72\mu m$，不均匀系数为 2.31。

表 7-38 充填料矿物组分

成分/%	CaO	Fe_2O_3	MgO	SiO_2	Al_2O_3	K_2O	Na_2O	TiO_2	P_2O_5
磷石膏	30.0	0.88		5.40	0.37	0.05	0.61	0.26	0.44
粉煤灰	4.81	16.99	0.29	43.7	20.52	1.98	0.83		0.08

充填材料配比为水泥∶粉煤灰∶磷石膏 = 1∶1∶4 ~ 1∶1∶10 可调，充填料浆质量分数为 55% ~58%。

7.5.5.2 充填系统设计参数

充填料浆制备能力为 50 ~70m³/h，平均 60m³/h。

充填能力为 30 ~50m³/h，平均 40m³/h。

日平均充填量 246m³/d，日充填能力 369m³/d。

正常供水流量为 24 ~36m³/h，冲洗管道的最大供水流量为 90m³/h。

7.5.5.3 充填工艺流程

经试验与对比分析研究，选用了由振动放料机放料、两段活化搅拌的充填料制备工艺，以及结构流自流输送方式（图 7-44）。

料仓内的磷石膏通过带破拱架的振动放料机放料，经皮带输送机送入打散破碎机，被

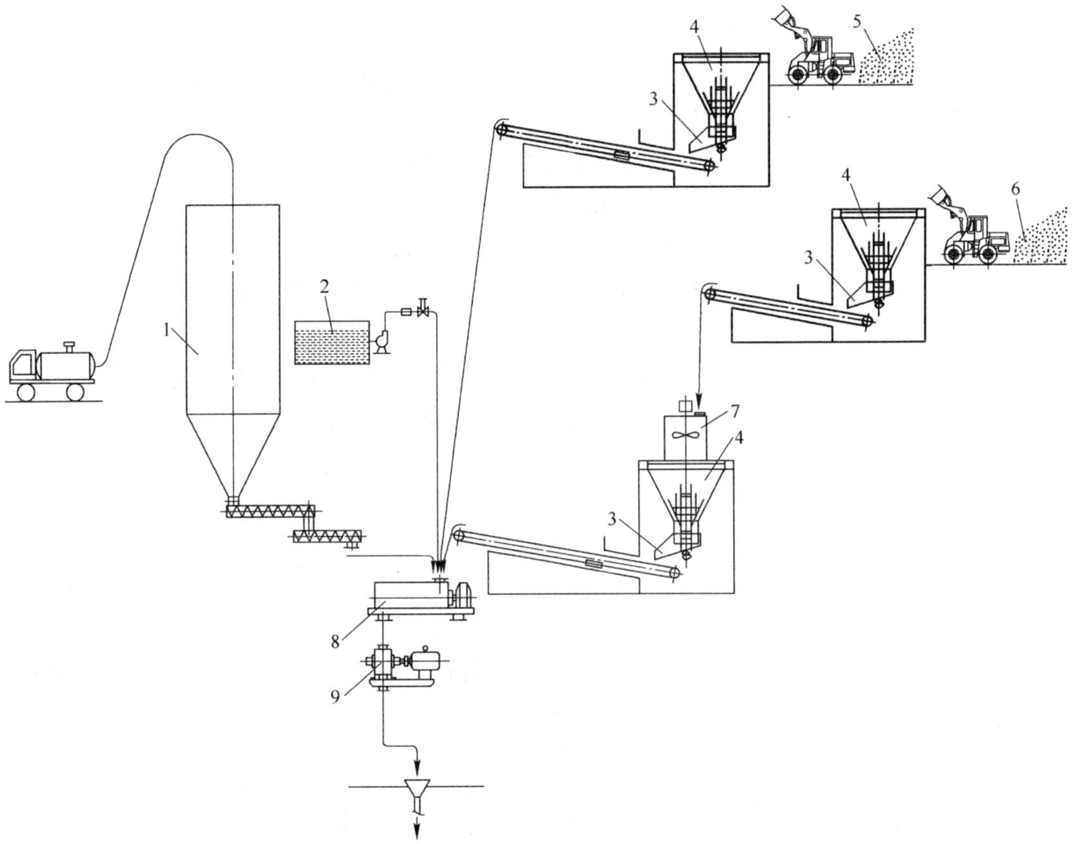

图 7-44 磷石膏自流胶结充填工艺流程

1—水泥仓；2—水池；3—振动放料机；4—料仓；5—粉煤灰堆场；6—磷石膏堆场；
7—打散破碎机；8—双轴搅拌机；9—高速活化搅拌机

打散破碎后的磷石膏送入中间料仓，然后由皮带输送机送入双轴搅拌机。

料仓内粉煤灰通过带破拱架的振动放料机放料，经皮带输送机送入双轴搅拌机。

磷石膏与粉煤灰都由皮带电子秤自动计量。根据计量结果，通过调节振动放料机的变频调速器的频率以调控磷石膏给料量。

水泥仓中的水泥由双管螺旋喂料机给料，经螺旋电子秤计量后输送到双轴搅拌机，并通过调节双管螺旋喂料机的变频调速器的频率调控水泥给料量。

充填用水由水泵加压输送，经电磁流量计计量，由电动阀调节给水量。

磷石膏、粉煤灰、水泥和水先经双轴搅拌机进行一段搅拌，再经高速活化搅拌机进行二段活化搅拌。搅拌均匀的充填料浆通过充填管道自流输送到井下充填采场。

充填料浆流速为2.12m/s，充填系统的最大自流充填倍线为5.7。

7.5.5.4 主要充填设施

磷石膏堆料高度1.5～2.0m，容积900～1200m^3，能满足4～5个班的充填量。

粉煤灰堆料高度1.5～2.0m，容积540～720m^3，能满足6～9天的充填量。

水泥仓为钢结构，容量为100t，能满足3个班的充填量。水泥仓配备有除尘设备。

水池容积大于400m^3。

7.5.5.5　工艺技术特点

（1）在磷石膏供料系统中，首次采用打散破碎技术，解决了磷石膏料中大块处理难的问题，使磷石膏的利用率从90%提高到100%。

（2）采用了带破拱架的振动放料技术，解决了磷石膏和粉煤灰在放料过程中的结拱现象，确保磷石膏和粉煤灰能连续均匀地供料。

（3）采用了双轴搅拌和高速活化搅拌技术，解决了磷石膏胶结充填料细、搅拌困难等技术难题，使制备的胶结充填料浆呈似结构流态，并且混合均匀、流动性好、采场脱水量少。

（4）采用了计算机控制技术和视屏监视技术，整个系统由计算机控制调节，能确保充填料配比符合充填工艺的要求，并大量减轻了人员作业强度。

7.5.6　烂泥沟金矿自流充填

贵州锦丰矿业公司烂泥沟金矿为澳大利亚澳华公司开发，采用露天地下联合开采，设计综合生产能力为150万t/a，露采规模为75万t/a，地采规模前期为75万t/a，待露采结束，地采规模逐渐提高至150万t/a。

贵州锦丰矿业公司于2008年委托长沙矿山研究院开展全尾砂胶结充填工艺与技术的试验研究，2009年建成结构流全尾砂加细砂自流胶结充填系统投入工业应用。

7.5.6.1　基本要求

烂泥沟金矿矿体及上下盘围岩均不稳固，并且遇水易软化垮塌，设计采用上向进路充填采矿方法。

充填料进入采场后不能脱水，并要求快速凝结硬化，早期强度高，以满足开采强度大，必须加快采场作业循环和快速转层的采矿工艺要求，以及满足大型无轨设备采矿作业要求充填体早期及后期强度高的需要。

采场充填应能充分接顶，以保证上向进路采矿法的安全正常作业，避免相邻进路回采后，使采区顶板连成一大片临空暴露面导致采场冒落。

充填系统设计参数：

单套系统制备输送能力	80～100m^3/h
一次连续最大充填量	1200～1500m^3
充填料浆质量分数	75%～78%
灰砂比	1∶4～1∶12

7.5.6.2　充填材料

根据上述基本要求以及烂泥沟金矿所处地理环境、内外部条件及可供选择的充填集料，经过实验室试验与方案对比研究，选择浮选尾砂、人造灰岩细砂作为充填集料，硅酸盐水泥作为胶凝材料。全尾砂与细砂质量比为3∶7。

7.5.6.3　充填工艺及系统

经试验研究后采用全尾砂加细砂的结构流体自流胶结充填工艺。其充填系统由全尾砂供料、细砂制备与贮存给料、水泥给料、调浓水供给、充填料搅拌及输送和自动控制等子系统构成。

（1）全尾砂供料。质量分数约40%的浓密机底流尾砂料浆，经泵输送至充填站容积为300m^3的缓冲槽。缓冲槽设有搅拌装置以防全尾砂料浆产生沉淀，并以50～60m^3/h的流量向搅拌机连续供料。采用γ浓度计及电磁流量计对全尾砂料浆的浓度和流量进行检测，并通过手动阀及电动调节阀对全尾砂料浆流量进行调节。

（2）细砂制备与贮存给料。采用露天剥离的灰岩作为细砂原料，其最大块度400mm，密度2.7g/cm^3，松散系数1.6。细砂粒度为－6mm，破碎车间小时处理能力60～100t/h，破碎比66.67。考虑到破碎比大，故采用C80颚式破碎机、GP100C圆锥破碎机和B7150SE立轴冲击式破碎机组成的三段闭路破碎流程制砂。

破碎后的最终产品进入容积为880m^3细砂贮存仓。贮仓内的细砂通过圆盘给料机定量给料后，下落至B500皮带输送机上，向搅拌机的进料斗供砂。细砂给料量由皮带输送机上的电子皮带秤检测。通过调节圆盘给料机转速调节细砂给料量，以满足充填料不同配比要求。

（3）水泥给料。32.5级硅酸盐水泥由散装水泥罐车运送至充填站卸入容积为228m^3的散装水泥仓。散装水泥仓顶装备有水泥过滤箱、除尘器、雷达料位计及检查孔，仓底安装有ϕ250×2500双管螺旋给料机。

水泥添加量由螺旋电子秤检测，通过改变双管螺旋变频调速电机的输入频率可调节双管螺旋转速，从而调控水泥给料量，以满足充填料的配比要求。

（4）调浓水供给。当充填料浆浓度过高时，须向搅拌机供水以调节充填料浆浓度。系统调浓水来自高位水池。调浓水量由电磁流量计检测，电动调节阀调节。

（5）充填料搅拌及输送。全尾砂浆、细砂、水泥及调浓水经各自的供料线按设计配比供给进料斗后，经两段搅拌机进行连续搅拌。第一段搅拌机为ATDⅢ-ϕ600双轴叶片式搅拌机，其槽体规格为4100mm×1060mm×900mm，槽体容积2.6m^3，生产能力50～80m^3/h，叶片直径600mm，轴转速30～66r/min，配套电机功率37kW，最大给料粒度30mm。第二段搅拌机为ATDⅢ-ϕ700型双螺旋搅拌输送机，其槽体规格为6020mm×1400mm×900mm，槽体容积5m^3，生产能力50～90m^3/h，叶片直径700mm，电机功率2×30kW，最大给料粒度30mm。

充填料各组分经两段连续搅拌后，制备成呈结构流态的充填料浆，然后经测量管进入下料斗，通过充填钻孔及井下管网自流输送至采场空区。

测量管上安装有电磁流量计及γ射线浓度计，对充填料浆流量及浓度进行检测。

（6）自动控制。设置了自动控制系统，对系统各运行参数进行检测和调节，同时辅以视屏对系统进行监视。

细砂供料线：其给料量由皮带电子秤检测、操作室瞬时流量及累计量显示；控制室变频调速器调节圆盘给料机转速实现细砂给料量的调节。

全尾砂浆给料线：由γ浓度计检测浓度，控制室浓度显示；由电磁流量计检测流量，控制室瞬时流量及累计流量显示；在控制室内调节电动调节阀的开度实现全尾砂浆流量的调节。

水泥供料线：水泥仓料位由雷达料位计检测，控制器料位显示；由螺旋电子秤检测水泥给料量，控制室瞬时流量及累计量显示；控制室内调节变频器输出频率，改变双管螺旋转速以调节水泥给料量。

调浓水供给线：由电磁流量计检测调浓水量，控制室流量显示；控制室调节电动阀开度可实现调浓水量的调节。

充填料浆流量及浓度：测管量上安装有电磁流量计及 γ 射线浓度计、控制室显示充填料浆瞬时流量、累计流量及料浆浓度。

所有上述检测参数可用无纸记录仪进行记录、查阅，并配备计算机对上述参数进行记录、显示，编制报表和打印。

7.5.6.4 应用效果

工业应用表明，全尾砂加细砂充填料浆呈结构流状态（图 7-45），自流输送性能好，料浆充入采场不脱水。采用添加人造细砂的方式，使充填料浆质量分数提高至75%以上，充填体强度较全尾砂充填体大幅提高，实现结构流体充填满足采场充填料不脱水的要求，避免了充填脱水对采场围岩稳定性造成负面影响。

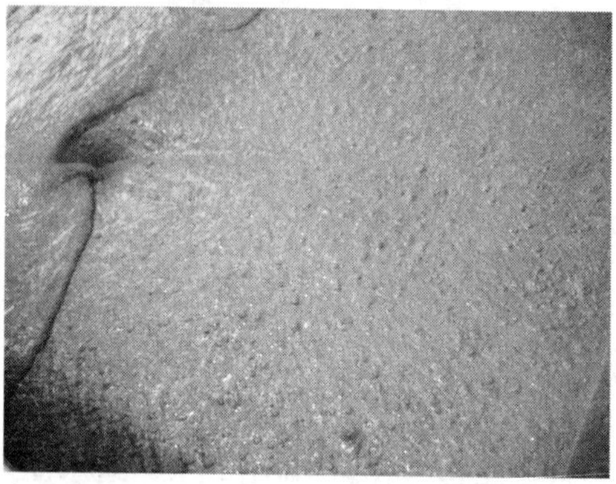

图 7-45 结构流全尾砂加细砂充填料浆

充填生产过程中对充填料浆进行取样试验表明，灰砂比为 1∶4 时，试块单轴抗压强度 R_3、R_7、R_{28}分别为 0.44 ~ 0.53MPa、1.2 ~ 1.52MPa、2.9MPa，满足矿山采矿工艺的要求。

7.5.7 金川二矿泵送充填

金川二矿为了满足下向进路充填采矿法对高质量充填体的需要，于 20 世纪 90 年代建成了膏体尾砂加磨砂泵送充填系统。该系统由北京有色冶金设计研究总院进行设计，先后经历了试验研究、设计建设、系统调试、试生产运行、改进完善等 5 个阶段，于 1998 年投产应用，充填系统能力为 $80m^3/h$。

7.5.7.1 膏体充填料试验

A 充填料配比

根据采矿工艺对胶结充填体单轴抗压强度 R_{28}高于 4MPa 的要求，针对全尾砂、-3mm 的磨砂、-25mm 的碎石、粉煤灰和 32.5 级普通硅酸盐水泥等材料组分（图 7-46），进行了不同组分配合及其配合比试验，获得了三组满足力学强度要求的物料组分配方。

(1) 全尾砂 + 水泥 + 粉煤灰

水泥单耗 240 ~ 250kg/m³，灰砂比为 1∶4，水泥∶粉煤灰为 2∶1，料浆质量分数为 74% ~76%。

(2) 全尾砂 + 棒磨砂 + 水泥 + 粉煤灰

水泥单耗 180 ~ 200kg/m³，灰砂比为 1∶6，全尾砂∶磨砂为 1∶1，水泥∶粉煤灰为 2∶1，料浆质量分数为 76% ~80%。

(3) 全尾砂 + 碎石 + 水泥 + 粉煤灰

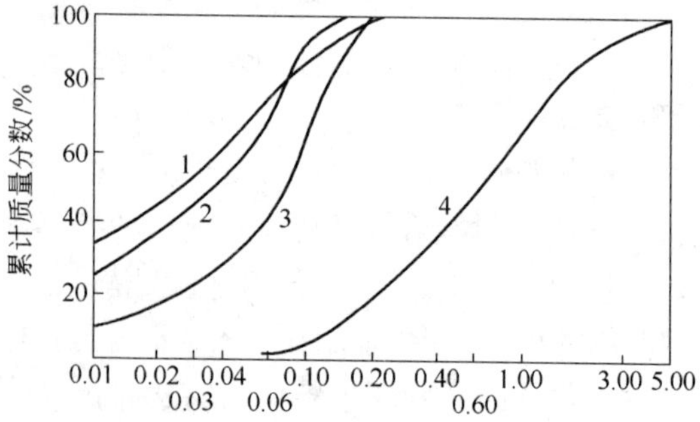

图 7-46 膏体充填材料粒级曲线

1—粉煤灰；2—选厂尾砂；3—尾砂库尾砂；4—棒磨砂

水泥单耗 150～160kg/m^3，灰砂比为1∶8，全尾砂∶碎石为1∶1，水泥∶粉煤灰为2∶1，料浆质量分数为80%～84%。

B 膏体流变参数

为了研究膏体充填物料的管输特性和流变特性，系统地分析膏体物料可泵送条件的相关因素，针对不同组分的膏体充填料浆进行了测试研究。获得的流变参数为：

（1）不加水泥的膏体全尾砂料浆的屈服应力 τ_0 为 140～560Pa，黏度系数 μ_{HB} 为 1.5～3.7Pa·s，流动指数 n 为 0.7～1.0。

（2）全尾砂加碎石料的膏体料浆的屈服应力 τ_0 为 40～350Pa，黏度系数 μ_{HB} 为 1.0～35.0Pa·s，流动指数 n 接近 1.0。其流变特性曲线分别见图 7-47～图 7-49。

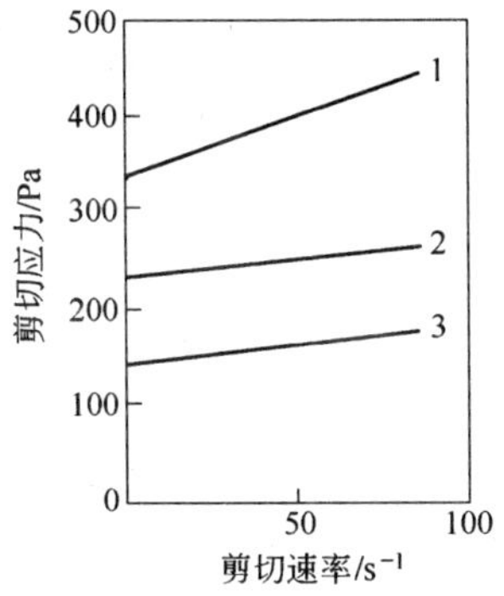

图 7-47 全尾砂碎石不同浓度料浆流变曲线

1—料浆质量分数 84%；2—料浆质量分数 82%；3—料浆质量分数 80%

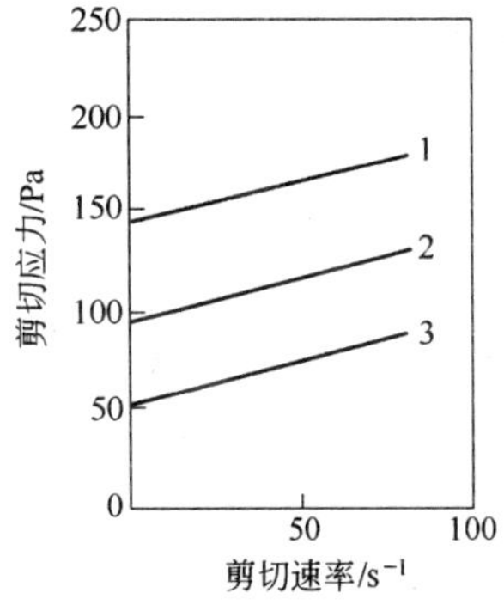

图 7-48 全尾砂碎石不同配比料浆流变曲线

1—全尾砂与碎石配比为 3∶2；2—全尾砂与碎石配比为 1∶1；3—全尾砂与碎石配比为 2∶3

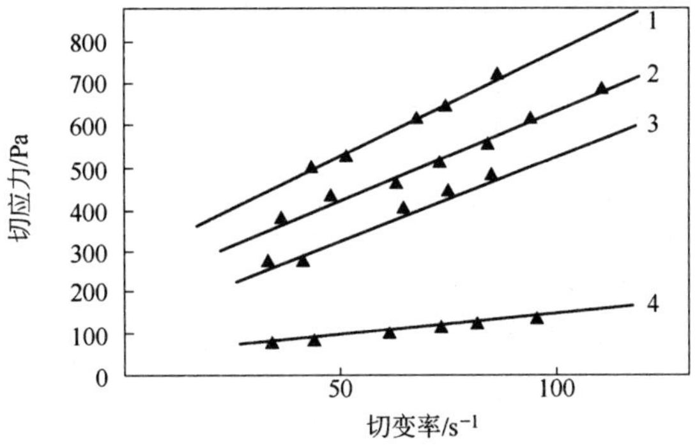

图 7-49 全尾砂＋碎石＋粉煤灰＋水泥料浆流变曲线

（灰砂比 1∶8，水泥∶粉煤灰 2∶1）

1—全尾砂∶碎石为 3∶2，体积分数 63%；2—全尾砂∶碎石为 1∶1，体积分数 64.9%；3—全尾砂∶碎石为 1∶1，体积分数 63.9%；4—全尾砂∶碎石为 1∶1，体积分数 53.8%

C 膏体料浆输送试验

针对膏体料浆的泵压输送进行了闭环试验和工业试验（图 7-50）。闭环管路长 80～200m，管径为 ϕ123mm，并在闭环管路中串联了 ϕ100mm 和 ϕ143mm 钢管。

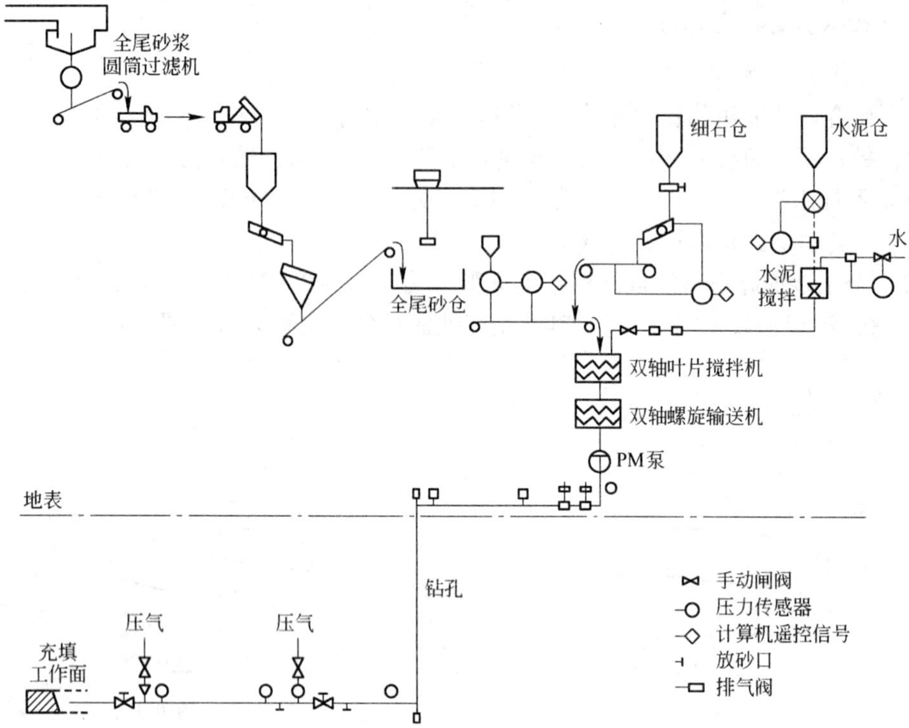

图 7-50 膏体充填试验流程

通过闭环输送试验测试了膏体料浆在不同流速下直管段的压力损失（表 7-39）。其中在流速 0.8～1.2m/s、管径 ϕ123mm 直管条件下灰砂比为 1∶4 的膏体全尾砂胶结料的质量分数在 74%～76% 时，其压力损失为 10～12kPa/m；按 1∶1 配制的膏体全尾砂碎石胶结料的质量分数为 80%～83% 时，其压力损失为 8～10kPa/m。

表 7-39 膏体料浆在不同流速下直管段的压力损失

序号	物料组分及配比	浓度		密度	每米压力损失/kPa					
		w/%	φ/%	/g·cm^{-3}	0.4m/s	0.6m/s	0.8m/s	1.0m/s	1.2m/s	1.4m/s
1	全尾砂、水	72.2	47.5	1.890	6.8	7.5	8.3	9.0	9.7	10.5
		75.8	52.2	1.976	12.7	14.0	15.4	16.7	18.0	19.3
		78.9	56.6	2.059	25.2	27.0	28.8	30.6	23.4	45.7
2	全尾砂∶水泥 = 4∶1	78.1	55.0	2.050	9.4	10.1	10.9	11.7	12.4	13.2
3	全尾砂∶棒磨砂 = 3∶2；灰砂比 1∶8；水泥∶粉煤灰 = 2∶1	79.9	59.0	2.046	5.1	6.0	6.8	7.7	8.6	9.4
		50.5	59.8	2.051	9.0	18.4	12.7	14.6	16.5	15.4
		81.0	60.6	2.076	11.5	13.5	15.6	17.6	19.7	21.7
4	全尾砂∶棒磨砂 = 1∶1；灰砂比 1∶8；水泥∶粉煤灰 = 2∶1	80.4	59.8	2.051	5.4	6.7	8.0	9.3	10.6	11.9
		81.1	60.9	2.071	11.2	12.1	14.1	16.0	17.9	19.8
		82.2	62.6	2.100	17.3	19.7	22.0	24.4	26.7	29.1

续表 7-39

序号	物料组分及配比	浓度		密度	每米压力损失/kPa					
		w/%	φ/%	/g·cm^{-3}	0.4m/s	0.6m/s	0.8m/s	1.0m/s	1.2m/s	1.4m/s
5	全尾砂：棒磨砂 = 2：3；灰砂比 1：8；水泥：粉煤灰 = 2：1	81.3	61.3	2.067	4.5	4.7	5.5	6.4	7.2	8.1
		81.6	61.8	2.067	5.2	6.4	7.6	8.8	10.0	11.2
6	全尾砂：细石 = 3：2；灰砂比 1：8；水泥：粉煤灰 = 2：1	76.5	57.8	1.946	2.4	2.8	3.3	3.7	4.2	4.6
		83.0	63.9	2.123	7.7	9.4	11.2	12.9	14.6	16.4
		83.6	64.9	2.140	11.5	13.4	15.3	17.2	19.0	20.9

试验过程中测试到管路的局部压力损失占总压力损失的 25% ~30%，其中每个 90°弯管的压力损失为 1.25 ~1.56kPa，变径接头的压力损失很大，高达 8 ~10kPa。

针对膏体全尾砂加碎石料浆的输送实验，采用兰州同位素仪表研究所生产的 F2100 型微机工业密度计检测浓度（或密度），采用国外引进的压力和流量测试专用仪表检测压力和流量。膏体料浆在泵送过程中密度变化不大，但流量、压力瞬间多变，计量困难（图7-51）。

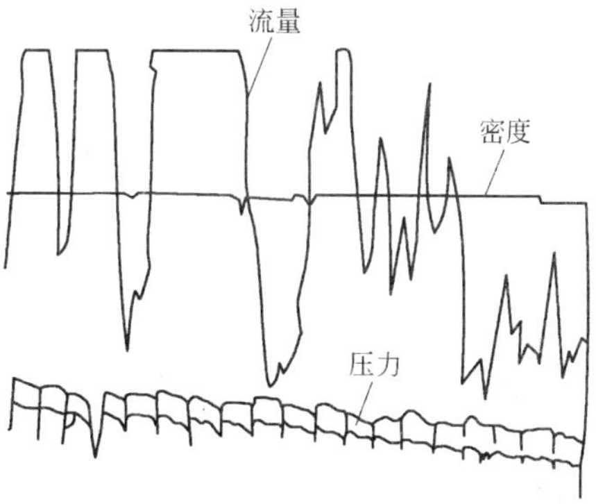

图 7-51 膏体泵送流量、压力、密度曲线

D 减阻试验

鉴于金川膏体充填系统的压力损失值比国外矿山同等条件下的参数值偏大，对长距离输送膏体物料不利。为了降低膏体物料在管道中的流动阻力，在泵压环管输送试验期间进行了减阻试验，采用天津 YNB 型减阻剂取得了明显的减阻效果（表 7-40）。

表 7-40 减阻剂的减阻效果

项目	100m 压力损失/MPa							平均减阻率/%
	0.4m/s	0.6m/s	0.8m/s	1.0m/s	1.2m/s	1.4m/s	1.6m/s	
不加减阻剂	1.220	1.270	1.310	1.350	1.382	1.405	1.430	
加 1% 减阻剂	1.115	1.165	1.200	1.240	1.270	1.295	1.320	8.1
加 1.5% 减阻剂	0.810	0.820	0.830	0.837	0.847	0.857	0.867	37.2
加 2% 减阻剂	0.880	0.890	0.900	0.915	0.925	0.942	0.965	31.4

E 膏体流变特性

膏体试样含有的大量极细粒级物料，其中固体颗粒不能自由沉降和自由运动，在管道全断面形成柱塞状，表现为不离析、不沉淀的塑性体，具有较大初始切应力和较大黏度，只有在一定外力作用下方可产生流动。

通过对膏体流变参数的测试与分析表明，影响膏体流变特性的主要因素是料浆的浓度和粒度组成。其中膏体全尾砂的质量分数对流变参数的影响特别显著，质量分数相差 1%，其流变参数和管道阻力差异较大（表 7-39）。粒度组成的影响也很明显，τ_0 与 μ 值随 d_{50} 增加而减小，故在膏体充填料中加入粗集料可以降低管道输送阻力。

膏体充填料在管道中呈柱塞流动，靠近管壁处的超细物料形成低黏度润滑层，导致在管道中流动的膏体产生“滑移”，滑移现象有助于减小管道阻力。在工业应用中当膏体充填料的输送阻力较大时，可以在输送物料中加入一定量的减阻剂，或在长距离输送管线中每隔一定距离设置减阻环，定时定量加入减阻剂，使沿环形管壁处保持一个较低黏度层，以利于膏体充填物料的顺利输送。

7.5.7.2 充填材料选配

针对膏体泵送充填材料的选配，经过了对多组物料组分进行配合试验和工业试验，考虑到在充填料中添加粉煤灰细物料，故选择了约占尾砂产量 50% 的 +37μm 分级尾砂作为充填集料。因此，最终选定用于工业生产的充填材料组分为：分级尾砂 + 棒磨砂 + 水泥 + 粉煤灰。

通过大量的工业试验表明，在金川二矿充填管路条件下保证膏体充填料浆具有合适的可泵性，并能实现膏体料浆在采场顺利流动，其膏体非胶结料浆的坍落度在 15 ~ 20cm 之间；膏体胶结料浆的坍落度在 18 ~ 24cm 之间。故确定相应的物料配合比为：

分级尾砂与棒磨砂比例 1∶1；

水泥添加量 220kg/m^3；

粉煤灰添加量 220 ~ 250kg/m^3；

膏体非胶结料浆质量分数 79% ~81%；

膏体胶结料浆质量分数 77% ~79%。

按以上配比配制的膏体料浆，其初始切应力为 82 ~ 345Pa，流速为 0.94m/s 时，管道的沿程压力损失为 13 ~ 20kPa/m。

7.5.7.3 充填工艺

A 膏体充填料制备

膏体充填料的制备包括尾砂料浆、粉煤灰、棒磨砂和水泥浆的制备与供料，以及膏体混合料浆的制备与泵送（图 7-52），其中膏体充填料浆的搅拌制备工艺为两段加水泥浆活化流程。

（1）尾砂料浆制备。针对金川全尾砂粒度极细（图 7-46），氧化镁含量高达 26% ~ 28%，脱水难度大、效率低，选用了三段脱水方式，以提高过滤脱水的效率。第一段采用旋流器脱水脱泥，底流尾砂质量分数为 50% ~55%，通过 ϕ180mm 管道输送到充填站砂仓；第二段让分级尾砂在砂仓内沉降脱水，将料浆质量分数提高到 65% 左右；第三段将仓内沉缩尾砂再经水平带式真空过滤机脱水，制备成质量分数为 75% ~80% 的尾砂滤饼，通过带式输送机向搅拌机供料。

（2）棒磨砂制备。采集戈壁集料经棒磨机磨细加工成 -3mm 的细砂作为充填料，即棒磨砂。棒磨砂在磨砂车间脱水后运至充填站的砂仓贮存备用。使用时由抓斗装卸至中间料仓，再经圆盘给料机向带式输送机定量给料，由带式输送机向搅拌机供料。

（3）粉煤灰供料。粉煤灰被贮存在粉煤灰仓，通过灰仓下部的双管螺旋机给料和单管螺旋机向搅拌机供料。

（4）水泥浆制备。贮存在水泥仓的水泥通过双管螺旋机给料和单管螺旋机输送到活化

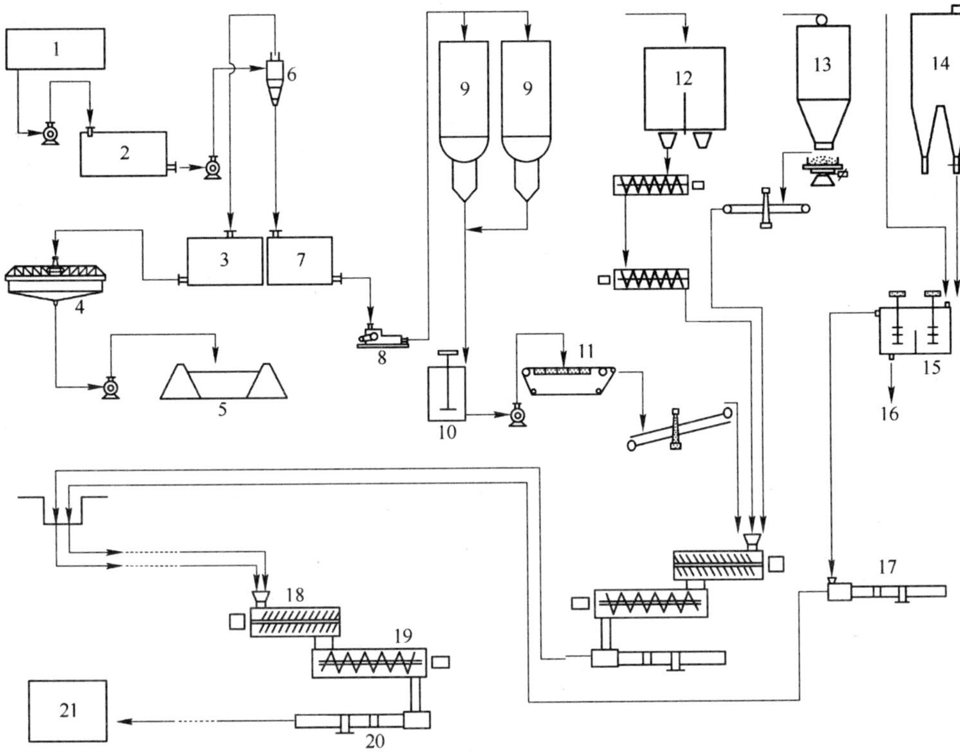

图 7-52 金川膏体泵送充填工艺流程

1—选厂尾砂；2—脱泥分配；3—分配箱；4—浓密机；5—尾砂坝；6—旋流器；7—贮槽；8—油隔离；9—尾砂；10—搅拌槽；11—真空带式过滤机；12—粉煤灰；13—细砂仓；14—水泥仓；15—水泥活化搅拌机；16—排污口；17—KOS2170 活塞泵；18—双轴叶式搅拌机；19—双螺旋搅拌输送机；20—KSP140HDR 双缸活塞泵；21—采场

搅拌机，加水制备成高浓度水泥浆，并由双活塞泵向搅拌机供浆料。

(5) 膏体制备与输送。全尾、棒磨砂和粉煤灰通过一次预搅拌初步制备成膏体料浆，水泥经活化搅拌制备成高浓度水泥浆，均采用双缸活塞泵泵送到膏体胶结料制备站，通过两段搅拌制备成膏体胶结充填料浆。膏体料浆通过液压双缸活塞泵加压，通过 ϕ139mm 钻孔和井下 ϕ123mm 管路输送至井下采场。

B 管路系统

充填系统管线全长超过2000m，高差385m，开始段和垂直向下段的压力达3～10MPa。因此，针对这种高浓度、高压力管路系统，设计采用的快速接头耐压必须达到12MPa，接头内壁必须平滑等径，弯头曲率半径应大于1.2m。管路系统考虑了泵的往复冲程产生的振动，并采取了相应的减震措施。此外，考虑到向下满管泵送，设置了排气装置和电动液压阀门。在泵送系统中选用了美国红阀公司的夹管阀和环形测压计。

C 管路清洗

膏体充填管道的清洗是一项费事且重要的工作，尤其是地面加水泥制备的膏体充填系统，每一充填循环采用特制的海绵橡胶球加泵压清水冲洗，并利用充填泵的反抽动作清洗工作缸。

7.5.7.4 主要充填设备

A 尾砂脱水设备

采用DU30/1800型固定室带式真空过滤机，在有效真空度不小于0.053MPa条件下，滤饼厚度为30～40mm，滤饼含水量为20%～25%，过滤能力28t/(h·台)，能与$80m^3/h$的泵送流量相配套。该设备结构简单、操作灵活、维修方便，生产能耗低、使用寿命长。但占地面积大、厂房投资大，对物料的粒度范围要求严格。采用特种化纤涤纶滤布，脱水效果良好。

B 水泥浆搅拌设备

制备水泥浆的活化搅拌机由驱动部件、联槽体、主轴、组合式搅拌器、机架等部件组成（图7-53）。在转子高速转动情况下，水泥颗粒受到来自不同方向、不同速度的剪切力、夹带力、碰撞力的反复作用，促进水泥充分水化，充分发挥水泥的胶结能力，从而达到节约水泥、提高充填体强度的目的。当转子转速低于550r/min时，搅拌机失去活化搅拌的功能。

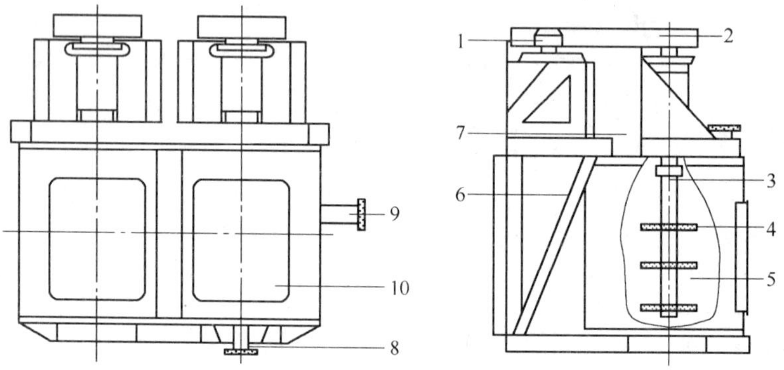

图7-53 水泥浆活化搅拌机结构简图

1—电动机；2—传动皮带；3—主轴；4—组合搅拌器；5—槽体；6—机架；
7—进料口；8—清洗放砂口；9—出料口；10—检修口

C 膏体料浆搅拌设备

第一段采用ATDⅡ-ϕ500型双轴叶片式搅拌机，可以打碎较大的结块，并将几种物料混合成初步膏体，由一台星形摆线减速电机经双排链轮带动两轴同步运行，并由30kW变频器在50r/min内无极调速。

第二段为ATDⅢ-ϕ700型双轴螺旋搅拌输送机，外螺旋向前，内螺旋向后，提高了膏体料浆的搅拌均匀程度，在工业应用中为了保证膏体料浆的均匀性，又在该搅拌机的尾部安装了一台立式辅助搅拌机，防止震动引起的局部离析和浓度均匀，保证了膏体料浆在泵送前的均匀性和稳定性。

D 膏体输送泵

膏体充填料的输送泵属核心设备，故金川二矿的泵送充填系统选用了德国进口液压双活塞泵。经预搅拌初步制备的膏体料浆和高浓度水泥浆的输送，采用普茨迈斯特机械有限公司制造的KOS2170型双活塞充填泵。通过两段搅拌制备的最终膏体胶结充填料，采用施维因机械有限公司制造的KSP140HDR型双活塞充填泵进行泵送。通过工业试验和生产运行表明，这两种型号的充填泵均满足要求，性能良好，运行可靠，每天能保持24h连续运转，压头高、扬程大。

KOS2170型双活塞充填泵最高压力为36MPa，出口压力为6MPa，实际流量50～60m^3/h；主电机功率为132kW。

KSP140HDR型双活塞充填泵的主要技术参数为：液压缸直径200mm；输送缸直径300mm；冲程长度2000mm；工作液压27～29MPa；出口压力13MPa；安装功率为2×250kW；理论排量128.7m^3/h，有效输送能力80m^3/h；冲程次数9.4～11.8次/min；每冲程时间6.4～5.1s。

7.5.7.5 膏体料浆输送评价

膏体充填料的可泵性是反映膏体充填料是否可泵送的综合指标，体现为膏体充填料通过弯管部位、锥形管和管接头等管件的能力，是膏体充填料稳定性、可塑性和流动性在泵送过程中的体现。生产中可用膏体充填料的坍落度和黏度等指标表示。

保证膏体料浆顺利泵送到采场的条件是沿程总的压力损失要小于泵的有效工作压力。沿程压力损失不仅与膏体料浆的性能特征有关，而且与输送管路的管径、布置方式、连接方式等有关。因此，膏体泵压输送要注意以下几个问题：

（1）在输送膏体充填料的管路中，弯头和变径接头是造成压力损失的主要环节。因此，在膏体输送的管路系统中，要尽量统一管径，减少弯头数量。

（2）膏体充填料的输送，是通过泵的压力推动膏体料浆以柱塞流的形态沿管道流动，如果膏体料浆在泵压输送过程中管路局部出现泄漏现象，一方面将导致泵压卸压、空气进入而无法将膏体料浆输送到采场；另一方面将会使膏体料浆中的水分被挤压出，导致膏体料浆变得越来越干，失去流动性而造成堵管事故。因此，膏体输送管路必须严格密闭，不容许有任何泄漏。对用于膏体泵送的管道，不宜采用快速接头，而应用法兰连接，并将整条管道牢牢固定，以防止泵送过程中震动而造成泄漏。

（3）膏体充填料输送过程中的压力损失与膏体料浆的输送速度呈指数增长。因此，输送膏体料浆的流速不宜大于1m/s。合理流速的选择范围通常在0.6～1.0m/s之间。

7.5.8 铜录山铜矿泵送充填

铜录山铜矿为了保护矿体上部具有世界意义的古矿遗址，要求尽量采用国内外先进的充填技术与设备，加强质量管理，力争做好接顶工作，尽量减少地表不均匀下沉、开裂、移动等现象造成对地表文物的影响。有关部门及设计研究单位经过多年论证，认为在铜录山矿采用膏体泵送充填对保护文物具有重大意义。以全尾砂与水淬铜渣作为充填集料，添加水泥制备成膏体胶结充填料，其原料来源充足，就地取材成本低，在达到保护文物目的的同时，可以获得显著的社会效益和较好的经济效益。20世纪90年代由中国有色工程设计研究总院设计的膏体全尾砂铜渣泵送充填系统，于1999年顺利完成地表环管泵送试验，移交工业生产使用。

7.5.8.1 充填材料

采用全尾砂加水淬铜渣作为充填集料，水泥作为胶凝材料。

该矿全尾砂的密度比一般矿山的全尾砂密度大，达 $2.95g/cm^3$，水淬铜渣的密度也比一般矿山充填料中所用的碎石密度大，达 $3.3g/cm^3$（表 7-41）。因此，在配制成可泵送的膏体充填料时，质量分数比较高，要求细粒级的含量较多。矿山全尾砂粒度细，其中中值粒径 d_{50} 为 27.7μm，平均粒径 d_p 为 38.1μm，其细粒级含量高，可以满足配料要求。全尾砂与水淬铜渣粒级组成分别见表 7-42 和表 7-43。

表 7-41 充填材料物理性质

物料名称	密度/$g \cdot cm^{-3}$	堆积密度/$g \cdot cm^{-3}$	孔隙率/%	备 注
全尾砂	2.95	1.69	42.7	烘干后
水淬渣	3.30	2.30	30.2	烘干后
水 泥	3.10	1.30	58.1	一般标准

表 7-42 铜录山铜矿全尾砂粒度组成

粒径/μm	-2	-6	-12	-16	-24	-32	-48	-64	-96	+96
产率/%	8.5	13.0	10.8	5.7	8.5	7.5	13.3	5.8	21.6	5.3
累计/%	8.5	21.5	32.3	38.0	46.5	54.0	67.3	73.1	94.7	100

表 7-43 水淬铜渣粒度组成①

粒径/mm	-0.066	-0.991	-5.000	-10.000	+10.000
产率/%	0.36	23.54	57.55	15.45	3.1
累计/%	0.36	23.90	81.45	96.9	100

① $d_{50}=1.95mm$，$d_p=3.40mm$。

7.5.8.2 充填材料试验

充填材料试验主要针对全尾砂胶结充填料的配比、水泥添加方式、膏体强度、力学特征以及输送特性等方面的内容，为铜录山铜矿膏体胶结充填设计与应用提供依据。

A 地表加水泥配比

地表添加水泥的膏体全尾砂铜渣的材料配比见表 7-44 和表 7-45。

表 7-44 膏体全尾砂胶结料配比

质量分数 w/%	灰砂比	水泥单耗/$kg \cdot m^{-3}$
76	1:6	219
	1:8	170
78	1:6	231
	1:8	179
80	1:6	243
	1:8	189

表 7-45 膏体全尾砂铜渣胶结料配比

全尾砂：铜渣	质量分数 w/%	水泥单耗/kg·m^{-3}		
		灰砂比 1：8	灰砂比 1：10	灰砂比 1：12
6：4	83	210	172	
	84		177	149
	85	222	182	154
	86	228		158
7：3	82		166	
	83		171	
	84		175	

B 坑内添加水泥配比

针对膏体全尾砂铜渣在不添加水泥条件下进行的可输性试验结果表明，当全尾砂与铜渣之比为6：4和7：3时，均可以配制出可泵送的无水泥膏体全尾砂铜渣料浆。但为了降低水泥耗量，应尽可能提高充填料中粗集料含量，故在材料配比试验中优先选择全尾砂与铜渣之比为6：4。

试配表明不加水泥的膏体全尾砂铜渣料浆质量分数为85%时，其坍落度为26cm，有稍许泌水性，长时间输送这种膏体将存在困难；其质量分数为88%时，坍落度仅8cm，输送阻力过大。因此，针对86%、87%两种质量分数的膏体全尾砂铜渣料浆，进行了坑内添加干水泥、水泥浆的试验（表7-46）。

表 7-46 坑内添加水泥试验配比

无水泥膏体质量分数 w/%	86		87								
水泥浆质量分数 w/%	干水泥		60			67			65		
灰砂比	1：15	1：20	1：10	1：12	1：15	1：8	1：10	1：12	1：8	1：10	1：12
水泥单耗 /kg·m^{-3}	131	99	175	150	124	217	180	154	215	179	153
加水泥膏体质量分数 w/%	86.8	86.6	83.6	84.1	84.6	84.2	84.7	85.0	83.9	84.4	84.8
坍落度/cm	4	5	26	25	25	18	15	14	18	14	15

（1）添加干水泥。在膏体料浆中添加干水泥后对其流动性的影响非常大。针对质量分数为86%的无水泥膏体全尾砂铜渣料浆添加干水泥，只有在灰砂比1：15～1：20时才有可能使膏体具有可泵性，但形成的膏体的流动性已比较差。若使添加水泥后的膏体充填料流动性良好，需要降低水泥添加量，则充填体的强度将更低，达不到3.0MPa的要求。因此，在铜录山矿的充填料配合条件下不适合于采用坑内添加干水泥的方式。

（2）添加水泥浆。水泥浆添加量及水泥浆浓度对添加水泥浆的膏体强度和流动性均有较大影响。当膏体质量分数为87%、坍落度为16cm时，添加质量分数为60%的水泥浆，无论哪一种灰砂比条件的膏体充填料浓度普遍偏低，且灰砂比越大时，浓度越低，充填料的强度难于满足设计要求。因此，针对添加质量分数为65%、67%水泥浆的配比方案进行相关特征参数试验（表7-47）。

表7-47 膏体胶结充填料特征参数

水泥浆质量分数 w/%		65			67		
灰砂比		1∶8	1∶10	1∶12	1∶8	1∶10	1∶12
水泥单耗/kg·m^{-3}		215	179	153	217	180	154
膏体质量分数 w/%		83.9	84.4	84.8	84.2	84.7	85.0
坍落度/cm		16	12	9	14	10	8
单轴抗压强度/MPa	R_7	2.62	1.56	1.25	2.60	1.54	1.33
	R_{14}	3.98	2.32	1.87	3.94	2.28	1.75
	R_{28}	5.10	3.10	2.42	5.16	3.04	2.25

表7-47试验结果表明，只要灰砂比不低于1∶10，即水泥单耗不小于180kg/m^3，水泥浆质量分数控制在65%以上，膏体强度可以满足设计要求，且添加水泥浆后的膏体可泵性比较好。因此，在铜录山的充填材料条件下采用添加水泥浆方案可行。

C 试块三轴剪切试验

针对单轴抗压强度试验优选出的配方试块，应用三轴剪力仪进行了养护期为28天的对称围压三轴剪切试验（表7-48）。在试验过程中采用压缩空气施加围压，借助稳压装置稳定围压，并利用导气孔消除了孔隙压力的影响。

表7-48 膏体胶结充填料试块三轴剪切试验①

水泥添加方式	水泥浆质量分数 w/%	灰砂比	膏体质量分数 w/%	水泥耗量/kg·m^{-3}	内聚力 C/MPa	内摩擦角 φ/(°)
地表添加干水泥		1∶10	84	177	1.37	22.2
			85	182	2.11	21.5
		1∶12	85	154	2.36	24.8
			86	158	2.23	23.4
坑内添加水泥浆	65	1∶8	83.9	215	2.08	23.0
		1∶10	84.4	179	1.84	21.5
	67	1∶8	84.2	217	1.84	21.6
		1∶10	84.7	180	1.90	19.5

①全尾砂与铜渣配比为3∶2。

充填体的内聚力和内摩擦角受充填料的质量分数及其水泥耗量两因素的影响较大，而与水泥添加方式的关系不大。因此，相对于充填体的力学要求，采用地面加水泥或坑内添加水泥浆的方式均可行，充填体的综合力学性能指标均优于设计所规定的指标，且内聚力值普遍提高3~5倍。

D 膏体料浆坍落度

针对各种配比及充填料浆浓度的膏体坍落度进行了测定（图 7-54）。其坍落度桶高 300mm，上口直径 100mm，下口直径 200mm。

膏体充填料浆的浓度和粒度组成对坍落度的影响非常明显。与其他矿山的膏体充填料相比,铜录山矿膏体全尾砂铜渣充填料浆的坍落度对浓度因素的变化更为敏感。因此,从坍落度流动性指标出发,这种充填料浆可泵送的浓度调节范围比较小。全尾砂与铜渣之比为 3∶2 时,无水泥膏体的质量分数应控制在 85.5% ~87.5% 之间。当按灰砂比 1∶10 在地表加水泥时,泵送膏体的质量分数宜控制在 83% ~85% 之间。因此,对膏体制备的计量精度较高。同时膏体浓度对全尾砂、铜渣的粒级均匀度也很敏感,应尽可能保持这两种物料的粒级组成基本稳定。

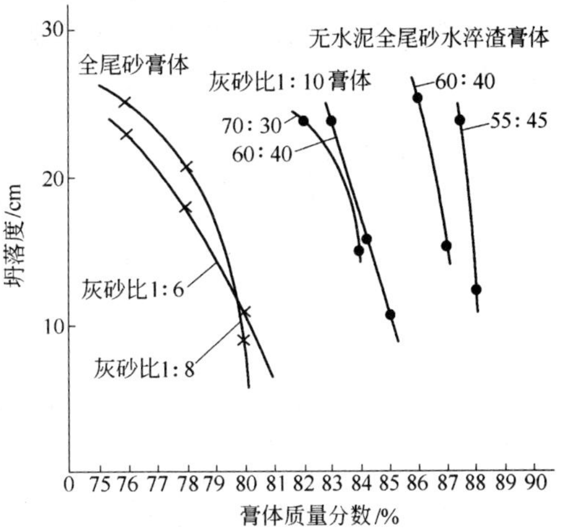

图 7-54 膏体坍落度随质量分数变化关系

E 充填材料特性

利用全尾砂或全尾砂加铜渣作为集料配制的膏体充填料可以满足输送条件及采矿工艺的要求。在相同输送条件下，膏体全尾砂胶结料与膏体全尾砂铜渣胶结料相比，达到同一力学强度时，前者所需的水泥消耗量约增加 25%。

粗集料的加入量既与充填体强度要求有关，又与充填料浆的可泵性有关。实验表明，无论采用地表加水泥还是坑内添加水泥浆方案，膏体充填料中全尾砂与铜渣之比为 6∶4 比较合适。地表加水泥时，膏体胶结充填料质量分数宜控制在 84% ±1% 范围内；坑内添加水泥浆时，无水泥膏体全尾砂铜渣料浆质量分数可控制在 86.5% ±1% 范围内；水泥浆的质量分数控制在 65% ~67% 之间。

炉渣的添加量不仅对膏体浓度产生显著影响，而且对其可泵性、稳定性影响很大。这方面的影响除了密度和粒级组成因素外，还由于炉渣表面光滑的原因。全尾砂与炉渣的配比为 1∶1 时，混合料可泵送，但稳定性不好，且有一定的泌水性；而全尾砂与炉渣按 7∶3 配比时，可泵性虽好，但达到相同强度所需的水泥量增大。

通过试验确定铜录山铜矿膏体泵送充填料的相关参数为：

全尾砂与炉渣配比 3∶2；

灰砂比为 1∶10；

不含水泥的膏体质量分数为 87%；

含水泥膏体充填料质量分数为 84%；

充填体试块单轴抗压强度高于 3MPa；

每立方米充填料中组分含量为：全尾砂 1060kg，炉渣 707kg，水泥 177kg，水 370kg；

膏体充填料体积密度为 2.315g/cm^3。

7.5.8.3 泵送充填工艺及系统

A 充填系统

根据铜录山矿的具体条件及其充填材料的试验结果，选用选厂全尾砂、铜冶炼厂水淬炉渣、水泥制备膏体充填料，以满足泵送充填工艺和保护古矿遗址的要求。建立的膏体泵送充填系统包括全尾砂脱水、水淬铜渣处理贮存、水泥添加搅拌、泵送和自动控制等部分（图 7-55）。

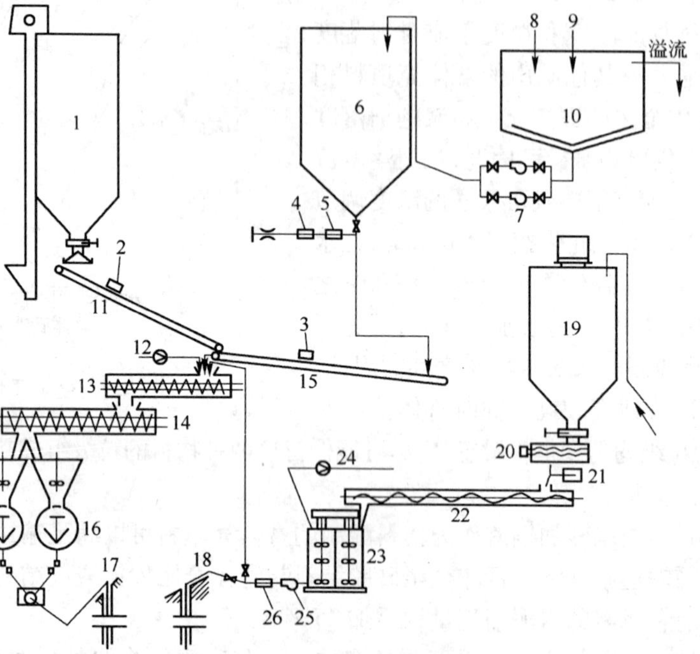

图 7-55　膏体泵送充填系统

1—炉渣仓；2—炉渣称量；3—滤饼称量；4—浓度计；5，26—流量计；6—全尾砂仓；7，25—泥浆泵；8—絮凝剂；9—选厂全尾砂浆；10—15m 高效浓密机；11，15—带式输送机；12—水调节；13—双轴叶片搅拌机；14—双螺旋搅拌机；16—双缸活塞泵；17—钻孔；18—管道井；19—水泥仓；20—双管螺旋；21—水泥计量；22—螺旋输送机；23—水泥活化制浆机；24—水计量

全尾砂、水淬炉渣在地面制备成膏体料浆，水泥亦在地表制浆。可在地表将水泥浆加入膏体全尾砂铜渣中制备成膏体胶结料浆泵送到井下；也可将膏体全尾砂铜渣料浆与水泥浆分流输送到井下后，在进入采场之前实行管道混合。

膏体输送管路从地表经 225m 垂直钻孔下至坑内 -185m 中段，再经中段水平巷道送至充填地点。水泥浆管路从地表经过管缆井下放到坑内后与膏体输送管道并行敷设。管路最大长度 1150m。

B　充填料制备

泵送充填系统担负 1500t/d 采矿能力的充填任务。矿石密度 3.3g/cm^3，采充比为 1，平均日充填量 455m^3，膏体泵送充填量 15×10^4m^3/a。

根据采矿工艺的要求，一次连续充填的最大空区为 800m^3。从采充平衡、制备充填料主要设备技术性能、各环节协调以及工程投资等因素综合考虑，设计的制备能力为 40 ~ 50m^3/h。

（1）全尾砂脱水。膏体充填料含水率为 16%，水泥制浆占用 2.57%，要求全尾砂含水率不高于20.6%。

选厂全尾砂原浆浓度低，且粒径细、含泥量大，脱水浓缩困难，经多次改进后采用高效浓密-沉降两段脱水工艺，取得全尾砂成品含水率低、浓度稳定和效率高的最佳效果。

选厂全尾砂浆经高效浓密机第一段脱水，浓缩底流泵入立式砂仓进行第二段沉降脱水，从砂仓放出砂浆进入搅拌。

第一段高效浓密脱水的主要技术参数为：

选厂全尾砂浆质量分数	10%
絮凝剂（聚丙烯酰胺）用量	$3.3g/m^3$
沉砂质量分数	40% ~45%
溢流浓度	180mg/L
干量处理能力	大于1500t/d
浓密机内径	15m

第二段脱水的立式砂仓为锥形底单孔放料结构，在放浆时不加压力水造浆，因而不产生贯穿漏斗，可平稳地放出饱和砂浆，其理论放砂质量分数达79.8%，但由于仓内压缩作用，实际放砂质量分数可达80%。这种锥底单孔放砂立式砂仓的结构革新了国内沿用的半球底、压力水造浆、多孔放砂的立式砂仓结构。

由于全尾砂浆料含泥量较多，物料粒级差别大，则不同粒级、形状的颗粒沉降速度不同。如果全尾砂料浆在仓中存留时间过长，势必沿仓体深度造成沉砂粒级分布不均，导致第二段全尾砂脱水成品和膏体的泵送参数受到影响。

（2）铜渣配料。原料炉渣的颗粒较细，+5mm 含量不多，所以不经破碎而直接通过筛分后利用-25mm 的原渣作为充填粗集料。炉渣集料由带式运输机、斗式提升机送入炉渣仓储存。利用圆盘给料机给料，电子秤计量，按膏体组分的比例与全尾砂滤饼掺和在一起后，经带式输送机连续送入搅拌机。

（3）水泥添加。鉴于水泥与全尾砂铜渣在地表搅拌制备成膏体充填料浆方案，或在地表分别制备全尾砂铜渣膏体和水泥浆，分流输送到井下再将水泥浆加入全尾砂铜渣膏体中的方案，在技术上均属可行。其中前者工艺环节少、混合均匀、膏体泵送性能较好，但每次充填之后必须对膏体制备设施和输送管道进行彻底清洗。因此，铜录山矿的泵送充填系统采用地面制备水泥浆，水泥浆即可在地面加入全尾砂铜渣膏体中一起搅拌、泵送，亦可在坑内进入充填区之前适当距离的管路上利用添加装置注入。

一般的操作程序是充填开始阶段在地面制备加水泥膏体，充填结束前则改在坑内加入水泥浆。这样既充分发挥了地表加水泥制备充填混合料的优势，同时又避免了充填结束后在输送管道内存留水泥膏体。由于管道内留存的料浆不带水泥，则料浆在管道内存留2~3天后可继续进行下一充填循环作业。

（4）搅拌制浆。在全尾砂滤饼的输送过程中按比例将炉渣均匀散落其上,同时卸入搅拌槽。经搅拌制备好的充填料浆在输送泵的喂料漏斗内继续搅拌,保持粗集料的均匀分布。

水泥以活化浆状加入到集料中进行搅拌，这样易于均化和充分包裹集料。采用浆式添加水泥方式，还可以改善料浆的流动性能，减小输送阻力，强化水泥的水化作用，节约水泥用量。在相同水泥用量情况下，充填体强度可提高5% ~10%。

采用 $2\times0.75m^3$ 水泥活化制浆机制备质量分数为65%的水泥浆，由2DN-15/4 卧式双缸活塞泵输送。

实践证明，由双轴叶片搅拌机和双螺旋搅拌机组成的两段搅拌系统，能够使组分得到充分的均匀混合。尽管全尾砂滤饼含水率低且黏性较大，但在带式输送机卸料前已按比例掺入松散炉渣，经一段搅拌后已充分离散，在二段搅拌机内可实现均匀混合。

双轴叶片搅拌机的有效容积 $2m^3$，处理能力 $30 \sim 50m^3/h$，电动机功率 37kW，变频调速。

双螺旋搅拌机槽体容积 $4.6m^3$，30kW 双电机变频调速，输送能力 $30 \sim 90m^3/h$。

C　膏体充填系统参数

（1）充填量：平均充填空区 $455m^3/d$。其中盘区上向水平分层进路采空区 $800m^3$ 一次连续充完；大直径深孔采矿法空区 $13750m^3$ 分 $13 \sim 14$ 次充填完成。

（2）充填能力：制备膏体的最大生产能力可达 $50m^3/h$，泵送能力 $40 \sim 50m^3/h$，一次连续充填时间最长 20h，平均 $9 \sim 11h/d$。

（3）输送管路：从制浆站至充填区最大长度 1150m，垂直高差 225m。流量为 $40 \sim 50m^3/h$ 时，$\phi 168mm \times 10mm$ 管内流速 $0.6 \sim 0.8m/s$，直管阻力按 7kPa/m 和 12kPa/m 计算时，管路压降如图 7-56 所示。

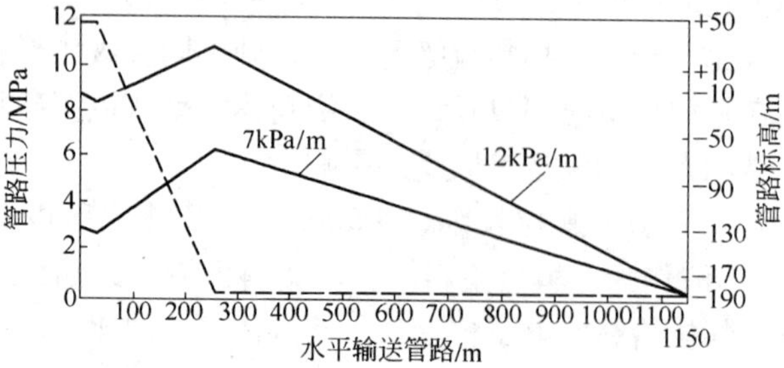

图 7-56　膏体输送管路压降

（4）管道清洗：利用液压清洗阀加入清洗球，泵送清水后通过清洗球将管内膏体排除。当管内膏体不含水泥，在停泵 48h 以内一般不进行清洗，直到下一充填循环直接启动充填泵输送膏体料浆。

D　充填泵

铜录山矿选用的充填泵为德国 Schwing 公司生产的 KSP80HD 液压驱动高压双缸活塞式输送泵，泵缸 $\phi 230mm$、行程 2000mm，泵压 10MPa，液压站 $2 \times 110kW$。泵缸进料与排料阀均为盘阀。

由于膏体充填料浓度高、流动性差、组分密度和粒径差别大，喂料方式对泵送料组分的均匀性、进料的稳定性、泵缸的充满度以及泵速的正确控制调节均有重大影响。故该泵配备了 $4.8m^3$ 带搅拌的漏斗进行喂料。漏斗设有四个高低料位控制装置，低料位自动停车、次低料位加速供料、次高料位控制供料、高料位减少供料或加速泵送。一定的料位高度能进一步保证进料充满度；持续的搅拌作用可防止粗细集料分布不均；适当的储存量可对泵送起到稳定作用。

系统采用计算机前馈控制和反馈控制，通过各设备运转速度调节、物料计量、浓度与流量检测以及料位检测，保证三种物料的配比和膏体的浓度稳定。控制系统具有计算机动态显示、历史数据收集及显示、报表自动打印、故障报警等功能。操作系统可手动和自动切换。

7.5.8.4 采场充填

充填阶段大直径深孔采场时，首先在采场底部出矿巷道采用37cm混凝土砖砌筑充填挡墙。要求挡墙能承压0.1MPa，以保证能承受24h内充入采场的膏体充填料料堆的压强。充填管道在大直径深孔采场上部中段任何一个进路口布放均可。但充填管口最好布置在采场长度方向的中间位置。

充填上向机械化盘区进路采场时，首先将充填管道架设至距离进路采场端部6~8m的位置。采用增强塑料管作为采场内的充填管道，以利于后退式充填作业时排料口的移动。在进路采场口构筑的充填料挡墙约为进路高的一半，便于充填工出入采场察看充填情况。充填料挡墙只需用木板钉制即可，不必密封，也无需使用滤水材料。

正常充填作业时，允许在管道内存留无水泥料浆。如果充填系统需要停泵较长时间，必须彻底清洗管道。系统采用了简便、切实可行的清洗方法，即在停泵之前利用二位四通阀将“清洗球”放入管道，将管内料浆排挤干净。

参考文献

[1] Lerche R, Renetzeder H. Die Entwicklung des Pumpversatzverfahrens für das Erzbergwerk Grind[J]. Erzmetall, 1984(10): 494~501.

[2] 周爱民，等．奥地利与德国充填采矿技术[R]．长沙：长沙矿山研究院，1990.

[3] Liu Tongyou, Wang Peixun. Mining Backfill Technology and Its Application in Jinchuan Group Co., Ltd.[R]. Proceedings of the 8th International Symposium on Mining with Backfill. Beijing: 2004, 12~21.

[4] 刘育明，等．高效率泵送充填技术与装备研究[R]．长沙：中国有色冶金工程设计研究总院，2000.

[5] Wang Fanghan, Yao Zhongliang. An Experimental Study on Technology and Circuit of Unclassified Tailings Paste Filling[C]. Proceedings of the 8th International Symposium on Mining with Backfill. Beijing: 2004, 67~73.

[6] 尹慰农，等，凡口铅锌矿全尾砂胶结充填试验研究报告[R]．长沙：长沙矿山研究院，1990.

[7] 徐树岚，等．充填采矿法[R]．长沙：中国有色金属学会采矿学术委员会，1999.

[8] 钱桂华，曹晰主编．浆体管道输送设备实用选型手册[M]．北京：冶金工业出版社，1995.

[9] 刘同有，等．充填采矿技术与应用[M]．北京：冶金工业出版社，2001.

[10] 姚中亮，等．结构流全尾砂胶结充填及无间柱分层充填采矿法[R]．长沙：长沙矿山研究院，2006.

[11] 周爱民，等．高效低耗胶结充填技术[R]．长沙：长沙矿山研究院，2001.

[12] Rühe A, Kämmerer H. Die Entwicklung einer neuen Vierkolbenpumpanlage für die hydraulische Dickstoff-Förderung[J]. Erzmetall, 1989(5): 201~205.

[13] 周爱民．基于工业生态学的矿山充填模式与技术[D]．长沙：中南大学，2004.

[14] 刘同有，黄业英，等．国外金属矿山充填采矿技术的研究与应用[R]．长沙：中国有色金属学会采矿学术委员会，1997.

[15] 高泉．高浓度全尾砂胶结充填料胶结机理研究[J]．矿业研究与开发，1995，15(2)：1~4.

[16] 谢开维，等．用沙坝磷矿磷石膏胶结充填技术试验研究[R]．长沙：长沙矿山研究院，2008.

[17] 姚中亮，等．阿舍勒铜矿充填材料试验研究[R]．长沙：长沙矿山研究院，2008.

[18] 姚中亮，等．吴集铁矿结构流尾砂胶结充填试验研究[R]．长沙：长沙矿山研究院，2009.

[19] 姚中亮，等．莱新铁矿结构流尾砂胶结充填试验研究[R]．长沙：长沙矿山研究院，2009.

[20] Zhou Aimin. Mining Backfill Technology in China：An Overview[C]. Proceedings of the 8th International Symposium on Mining with Backfill. Beijing：2004，1 ~ 11.

[21] Fall M，Benzaazoua M，Ouellet S. Effect of Tailings Properties on Paste Backfill Performance[C]. Proceedings of the 8th International Symposium on Mining with Backfill. Beijing：2004，193 ~ 201.

[22] Zhang Qinli，Wang Xinmin，Tian Minghua. A Study on Influence of Sulphide Minerals on Strength of Backfill[C]. Proceedings of the 8th International Symposium on Mining with Backfill. Beijing：2004，224 ~ 226.

[23] Li P，Villaescusa E，Tyler D. Factors Influencing the Quality of Minefill for Underground Support[C]. Proceedings of the 8th International Symposium on Mining with Backfill. Beijing：2004，248 ~ 252.

[24] Yilmaz E，Kesimal A，Ercikdi B. Strength Development of Paste Backfill Samples at Long Term by Using Two Different Binders[C]. Proceedings of the 8th International Symposium on Mining with Backfill. Beijing：2004，281 ~ 285.

8 固废自胶结充填

一些固体矿产资源在被利用过程中排弃的废渣物料具有潜在胶结性能，通过添加激化剂后可以形成低标号的自胶结料。这种自胶结料完全取材于矿山废弃物，不需添加水泥类的胶结材料，其成本相对低廉，而其标号能够满足矿山充填的力学要求。因此，应用这种废弃物作为矿山胶结充填料，可以大量减少废物排放，同时能够显著降低充填成本。

较典型的具有自胶结能力的矿山废物是赤泥。赤泥是氧化铝生产过程中排弃的废渣，每生产1t氧化铝，约产生1.5~1.8t赤泥。国内产出的赤泥已成为氧化铝行业的主要固体废物污染源。我国主要产出一水硬铝石型铝土矿，以烧结法、联合法生产氧化铝。由于烧结法的特殊生产过程，从而使赤泥的化学成分、颗粒级配及物理力学等方面具有诸多可供利用的特性。其中硅酸二钙（C_2S）、铝酸三钙（C_3A）、铁铝酸四钙（C_4AF）均属于水硬性胶凝矿物，故赤泥的潜在水硬活性极具利用价值。但目前赤泥的综合利用途径主要是作为烧制水泥的原材料，不但用量小，而且能耗高，因而其综合利用率不到35%。结合矿山充填量大、强度要求低的特点，研究开发用于矿山充填的赤泥胶结充填技术，不但可以为矿山充填提供一种低成本、高质量的胶结充填方式，而且开辟了一条大宗量利用赤泥的途径。

8.1 赤泥充填料特性

利用赤泥所具有的潜在活性制成胶凝材料，与废石或尾砂等集料组配成胶结充填料，或适量添加激化剂制备成不加任何集料的胶结充填料，在矿山工程应用中具有良好的料浆保水性、流动性和稳定性等工作特性，这些性能对矿山充填十分有用。

（1）保水性能。经研究赤泥胶凝材料和赤泥全尾砂胶结料浆的固水性能表明，由于赤泥颗粒细小，比表面积大，加之颗粒内部毛细孔发育，所以赤泥自身保水性好，水灰比可明显加大。另外赤泥胶凝材料水化产物主要为硅酸钙凝胶，经一段时间养护后，大量的水可保持在充填体内，并且充填体内气相孔隙很小，充填体不产生收缩、开裂等不良现象。因此，普强赤泥净浆在水灰比为1.2时不脱水；高强赤泥净浆亦可在水灰比为1时不需脱水。赤泥全尾砂胶结料浆同样具有良好的保水性能。而普通硅酸盐水泥净浆的最大水灰比为0.7左右，若水灰比高于0.7，多余的水则以自由水存在。

（2）料浆不脱水浓度。赤泥胶凝材料具有良好的保水性能，普强赤泥全尾砂料浆在灰砂比为1∶1~1∶2时，料浆的不脱水质量分数可降至58%，远低于水泥全尾砂料浆的不脱水浓度。在此浓度下，料浆流动性很好，有利于管道输送。因而，给井下创造良好的作业环境提供了可能。在获得同等充填体强度的条件下，与普通硅酸盐水泥相比，高强赤泥全尾砂料浆质量分数可降低两至三个百分点，而普强赤泥全尾砂料浆还可更大幅度地降低。

（3）充填体体积密度。赤泥全尾砂充填体体积密度小。普强赤泥净浆体积密度一般为1.5~1.54g/cm^3，普强赤泥全尾砂料浆在灰砂比为1∶1~1∶2时，体积密度为1.57~

1.68g/cm³。相应的充填体中固体物料含量减少至0.9～1.0t/m³，而水的含量则达0.67～0.70t/m³，则水的体积含量可达67%～70%。高强赤泥全尾砂料浆的体积密度也有一定程度的降低。在灰砂比均为1∶4条件下，水泥全尾砂胶结充填体体积密度为1.82g/cm³，而高强赤泥全尾砂胶结充填体体积密度为1.63g/cm³。

（4）采场流平与稳定性。赤泥胶凝材料含有大量黏粒及胶粒，所以与全尾砂制备成料浆后，在浓度很低、流动性很好的条件下，充入采空区具有很好的流平性。同时又能保证料浆具有良好的稳定性，不产生离析分级。这一性能对于窄长的充填工作面及缓倾斜工作面的充填接顶具有十分重要的意义。

（5）料浆对管道的磨损。赤泥胶凝材料及全尾砂中的极细颗粒含量远远超过其他类型的充填料浆，对管道的磨蚀性可明显降低，有利于延长管道使用寿命。

（6）配比的可变区间。充填料的配比要求越严格，生产中对配料的要求就越高，对充填系统的控制水平及工艺设备提出的要求也更高。在工业生产中，充填料组分配料波动的现象普遍存在，因而对于配比可变区间太小的充填料配比，其工业应用的可行性小。赤泥胶凝材料各组分的配比可在较大区间范围内变动而对充填体性能影响不大。普强赤泥的粉煤灰添加比例可在0.4～0.8之间变化，石灰添加比例亦可在0.2～0.3之间变化。所以对配料的可控性较铝酸盐水泥及硫酸盐水泥有更大的适应性。

8.2　赤泥充填工艺

赤泥胶结充填工艺包括赤泥充填料的制备和输送工艺，主要有赤泥浆制备，石灰浆制备，以及赤泥胶结充填料的制备与输送工艺。

8.2.1　赤泥浆制备

赤泥经氧化铝厂排放、堆存并自然脱水后，可通过散装方式运至矿山。一般要求自产出到使用期间不超过半年。

赤泥浆制备流程为：从赤泥贮场取料卸入球磨机进行湿磨，湿磨后的赤泥采用3mm筛网过筛，+3mm颗粒弃用，-3mm赤泥浆流入赤泥浆料沉降池（图8-1）。

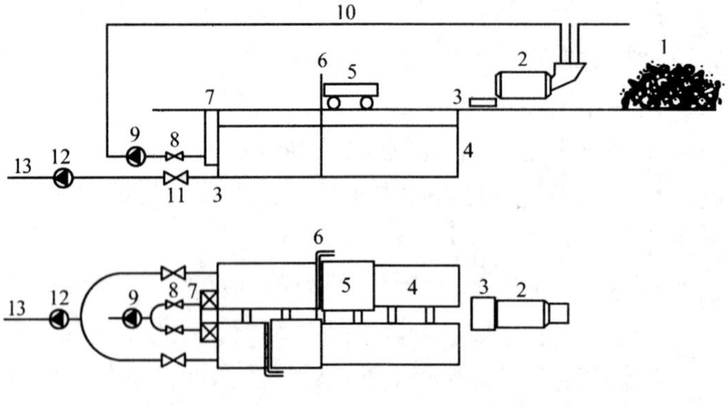

图8-1　赤泥加工工艺流程

1—赤泥贮场；2—球磨机；3—筛网；4—赤泥浆存贮池；5—压气造浆车；6—压气造浆管；7—脱水小井；8—球阀；9—胶泵；10—回水管；11—球阀；12—液压砂浆泵；13—输浆管

湿磨赤泥浆料浓度较低，流入沉降池后需进一步沉降脱水。实验表明，赤泥浆料沉降一天，质量分数一般为45% ±2%，多余的水则通过沉降池的溢流口及脱水小井排出，回水进入球磨机循环使用。

赤泥沉降脱水后，采用压气造浆车进行造浆。压气造浆车自带行走机构，并由电动推杆将压气造浆管推入或拉离赤泥浆面。在充填作业前，通过压气造浆车的来回行走使沉降池中的赤泥浆料达到浓度均匀、流动性良好。然后通过液压砂浆泵向充填站内的搅拌桶定量连续供料。

一般设两个赤泥沉降池交替使用，根据矿山充填能力确定沉降池容量。

8.2.2 石灰浆制备

石灰原料在消化池中制备成原料浆，然后经3mm筛网过滤，+3mm残碴弃用，-3mm料浆流入石灰浆池存贮。石灰浆进入存贮池后进行沉降脱水，多余的水经溢流口排出并回水至消化池循环使用。存贮池内经脱水后的石灰浆，采用压气造浆车造浆，并采用液压砂浆泵连续定量输送至搅拌桶（图8-2）。

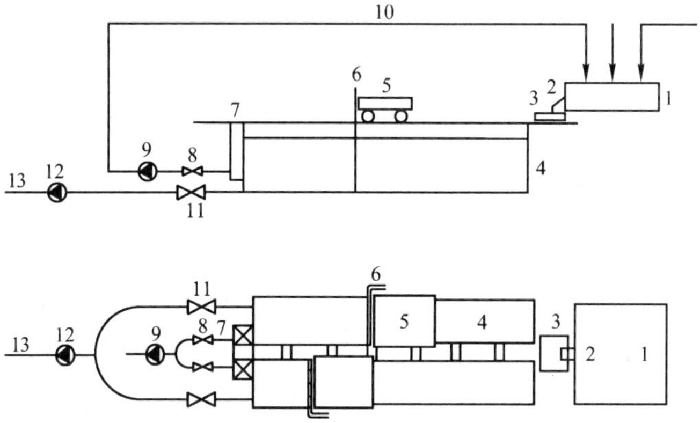

图8-2 石灰加工流程

1—石灰消化池；2—闸板及溜槽；3—筛网；4—激化剂浆贮池；5—压气造浆车；6—压气造浆管；7—脱水小井；8，11—球阀；9—胶泵；10—回水管；12—液压砂浆泵；13—输浆管

8.2.3 普强赤泥充填

普强赤泥胶结充填的材料组分主要包括赤泥R、粉煤灰F、石灰C，另有少量添加剂。胶结充填工艺则包括充填料浆的混合制备与输送，一般采用赤泥粉煤灰两段连续搅拌和管道水力输送流程。

两段连续搅拌流程是将赤泥与粉煤灰两种物料通过各自的输送线连续供给双卧轴搅拌机进行初步搅拌，然后进入高速搅拌机进行活化搅拌，制备成混合均匀、流动性能良好的混合浆体。

管道水力输送工艺有双管输送和单管输送两种方式。单管输送方式与全尾砂胶结充填料的输送工艺基本相同。双管道输送方式则由主输送管和副输送管两套系统组成。输送压力可借助自重，也可采用输送泵加压输送。

双管泵压输送方式比较适合于输送赤泥胶结充填料。其工艺特点是实现分流输送，主管道用于输送制备好的赤泥粉煤灰料浆，管径较大；副管道用于输送制备好的石灰浆，管径较小（图 8-3）。其技术特点是两种料浆均在低浓度状态下进行输送，输送阻力小；主、副管道所输送的料浆自身均不凝固，能实现带料停泵而不需要清洗管道；赤泥粉煤灰料浆和石灰浆经气流混合后，所形成的充填料浆不脱水、凝固快，凝固后形成较高强度的赤泥胶结充填体。

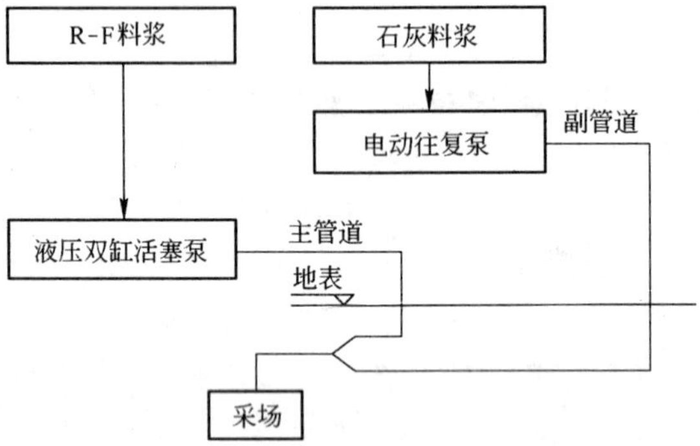

图 8-3　赤泥胶结充填料双管输送流程

一般采用液压双缸活塞泵为主输送管道提供压力，采用电动往复泵为副管道提供输送压力。

主、副管道内的料浆性态稳定，充填料浆不会堵管、返浆。因而通过主、副双管道输送充填料能提高充填系统的可靠性。两种料浆在混合器内能形成混合均匀的料浆，所形成的充填料稠度大，在采场无泌水。赤泥粉煤灰与石灰浆混合后能快速凝固，1h 内可初凝，充填体整体性良好。

8.2.4　赤泥全尾砂充填

按赤泥浆与石灰浆制备工艺制备成双浆以后，赤泥全尾砂胶结充填与全尾砂胶结充填的制备与输送工艺，以及选用设备均基本相同（图 8-4）。但其中以赤泥胶凝材料替代了水泥，而赤泥胶凝材料的凝结硬化速度比水泥快，应该加强制备与输送时间的控制，不能让混合料浆在搅拌桶和管道内停留时间过长。

8.3　赤泥充填评价

赤泥作为一种大宗工业废物已经给自然环境造成了极大的危害，是亟待解决的环保技术难题。已有技术利用了赤泥的加热活化特性，将其作为烧制水泥的原料加以利用和处理，但其能耗高，因而用量有限。赤泥自胶结充填是根据赤泥的潜在活性特点和矿山充填的低标号要求，通过添加活性激化剂活化赤泥的新技术，可获得完全满足矿山充填要求的胶结料。因而不需高温煅烧就可以直接利用赤泥，开辟了一项大宗量、低成本利用赤泥的

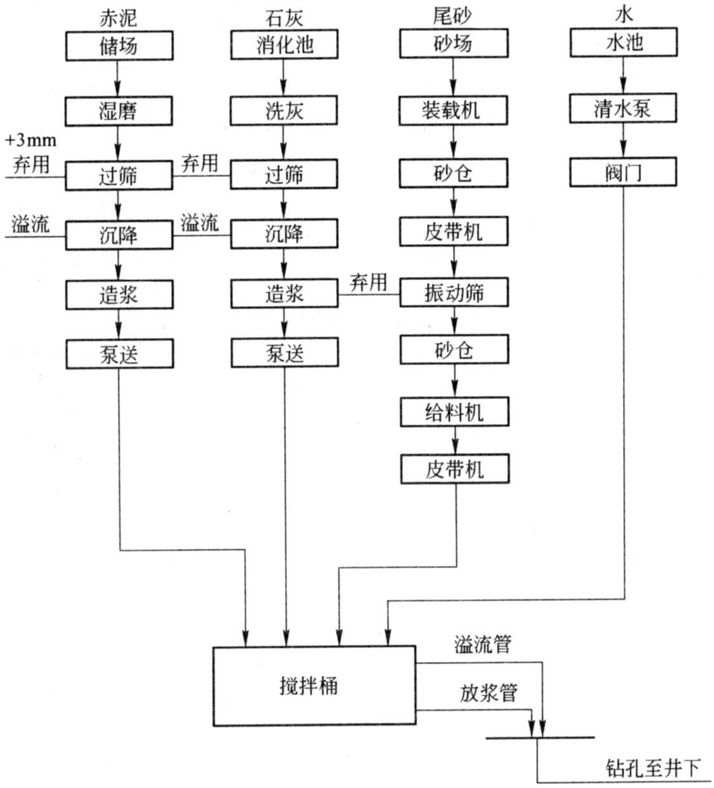

图 8-4 赤泥全尾砂胶结充填工艺流程

新技术。同时为矿山充填提供了一种高性能、低成本的胶结充填材料。

赤泥全尾砂胶结充填料浆的工作性态比水泥全尾砂胶结充填料浆优良。赤泥全尾砂充填料浆能顺利地通过充填钻孔及井下管道自流输送至采空区。在充填过程中，不易发生堵管等不良现象，料浆在管内呈结构流体状态。充填料浆充入空区后，具有良好的流动性，基本不脱水，少量泌水可通过充填体渗出或通过矿岩裂隙渗出。充填料流平性好，不存在河砂充填料的坡积角，有利于充填接顶。

金属矿山一般为采选联合企业，可以利用选矿尾砂作为充填集料。为了获得满足采矿工艺要求的充填体，目前一般采用硅酸盐水泥作为胶凝材料，实行水泥尾砂胶结充填。一般情况下要求胶结充填体强度达到 0.5 ~ 2.5MPa，有特殊要求时高于 4.0MPa，水泥消耗往往达到 150 ~ 250kg/m^3。

采用赤泥胶凝材料替代水泥而实现赤泥尾砂胶结充填，在同等充填体强度下，当采用 300kg 普强赤泥替代 200kg 水泥，则视赤泥运输距离、胶凝材料成本均有一定程度的下降。运距不超过 50km 时，最大下降幅度可达 50%，运距为 200km 时，可下降 21%（表 8-1）。

作为煤矿巷旁充填的直接材料成本，高水速凝材料达 217.5 元/m^3，而普强赤泥仅为 78.75 元/m^3（表 8-2），后者仅为前者的 36.2%。

表 8-1 矿用胶凝材料成本比较

胶凝材料	材料名称	用量/t·m^{-3}	单价/元·t^{-1}	成本/元·m^{-3}	备 注
硅酸盐水泥	水泥	0.2	240	48.0	包括运输
普强赤泥	赤泥	0.24	50~120	12~28.8	包括购、运及湿磨加工
	石 灰	0.06	150	9.0	
	小 计	0.30		21~37.8	
差 价				27~10.2	

表 8-2 地下煤矿巷旁充填材料成本对比

充填材料	材料名称	用量/t·m^{-3}	单价/元·t^{-1}	成本/元·m^{-3}	备 注
高水速凝材料	速凝材料	0.35	450	157.5	包括甲乙料
	防风化袋			60	
	小计			217.5	
普通赤泥胶结料	赤 泥	0.5	100	50	含运输加工
	粉煤灰	0.25	40	10	
	石 灰	0.125	15	18.75	
	小 计			78.75	

8.4 湖田铝土矿泵送充填

山东铝业公司湖田矿矿体倾角 26°~45°，矿体厚度变化较大，平均垂直厚度 2.54m。矿体顶板为铝土页岩，不稳固，且存在 0.8m 厚的伪顶板极不稳固。矿体底板为紫色页岩，不稳固，极不平整。顶底板围岩均易于风化和遇水泥化。矿体中等稳固。矿山开采技术条件复杂，采用倾斜分条胶结充填采矿法，两步骤回采。

矿床开采对充填工艺及充填系统的基本要求：

（1）矿体走向长 1900m，充填料浆从地表井口至最远地段水平输送距离达 1000m 以上，最大管道长度将达 1400m，要求充填工艺能实现充填料浆远距离输送，充填料浆浓度能满足矿山生产要求。

（2）针对遇水泥化的顶底板围岩条件以及复杂的矿床开采条件，要求充填料在采场不脱水、强度高。

（3）矿体分布范围大，作业分散，工艺环节多，要求充填作业集中，工艺环节少，便于生产管理。

（4）要求工艺环节实现机械化，所用设备可靠，简化采场充填工艺，以减轻工人劳动强度。

（5）充填系统投资省、见效快。

长沙矿山研究院结合山东湖田矿的矿山充填要求，通过对矿区及周边充填料进行调研及实验室试验，选择山东铝厂生产氧化铝排弃的赤泥废物作为充填料，研究开发出赤泥自胶结双管泵送充填工艺，设计建成了赤泥胶结充填系统，并投入工业应用。

为了满足矿山充填的要求，基于国内外矿山充填工艺和设备的技术发展水平，采用的胶结充填料主要组分为赤泥、粉煤灰和石灰。赤泥采自山东铝业公司生产过程中的新鲜赤泥；粉煤灰亦为山东铝业公司生产废物。采用的充填工艺为：胶结充填料浆集中制备，主、副管道泵压输送赤泥粉煤灰料浆和石灰浆，井下管道混合。

通过试验和多年的工业应用表明，其工艺和技术切实可行，既满足矿山充填采矿工艺的需要，充分回收了矿石资源，有效地阻止了地表塌陷，又符合赤泥废物内部循环利用的要求。

8.4.1 充填料组分

山东铝业公司采用烧结法生产氧化铝，赤泥具有一系列重要的物理化学特性：颗粒细小、颗粒内部存在毛细孔，在浆体状态下含水量大、浓度低，尤其是具有潜在的水化活性，在添加石灰、石膏或其他激化剂后可以自胶结凝结硬化。这些特性都是有利于利用赤泥作为胶结充填料。

（1）赤泥（R）。赤泥原料为烧结法生产氧化铝过程中排弃的废物，含水约80%，经单层洗涤后排放至赤泥堆场自然沉降脱水。

经对赤泥样品进行化学成分测定、物理特性测试和赤泥粒径组成筛分试验，其密度为2.5~2.7g/cm^3，赤泥浆密度、质量分数及液固比见表8-3。

表8-3 赤泥浆密度、质量分数及液固比

密度/g·cm^{-3}	1.36	1.38	1.40	1.42	1.44	1.46	1.48	1.50	1.52	1.54	1.56	1.58
质量分数 w/%	40.2	41.8	43.4	44.9	46.4	47.8	49.2	50.6	51.9	53.2	54.5	55.7
液固比	1.49	1.39	1.31	1.23	1.16	1.09	1.03	0.98	0.93	0.88	0.83	0.79

（2）粉煤灰（F）。室内实验及工业应用中均采用干粉煤灰，其化学成分见表8-4。

粉煤灰密度　1.86~1.96g/cm^3

粉煤灰体积密度　0.64g/cm^3

粒级组成特征　-0.08mm 占 74%

表8-4 粉煤灰化学成分

名　称	SiO_2	Fe_2O_3	Al_2O_3	CaO	Na_2O	K_2O	LOSS
含量/%	41.44	16.32	25.45	4.9	0.18	0.32	11.39

选用粉煤灰作为充填料的掺和料，其作用是吸收赤泥浆中多余的水分，提高充填料浆浓度。并且粉煤灰颗粒较均匀且呈球状，与赤泥混合制备成料浆后，有利于管道输送。

（3）石灰（C）。试验用料为粉状生石灰，工业应用中采用外购石灰膏。石灰粒级特征为-0.08mm 占 51%，体积密度 0.94~0.97g/cm^3，活性钙含量 60.07%。

（4）减水剂（CT）。采用CTM17型高效增强液态减水剂。

在充填系统投入工业应用之前，针对主、副管道输送工艺开展了两组地表输送实验。第一组实验为主管道输送赤泥、粉煤灰、碎石混合料浆，副管道输送粉状生石灰。第二组实验为主管道输送赤泥、粉煤灰混合料浆，副管道用于输送石灰浆。

8.4.2　充填实验

8.4.2.1　普强赤泥碎石胶结充填实验

A　物料配合

输送实验的材料为赤泥、粉煤灰、碎石和生石灰。

配合实验分两步进行。首先配制赤泥-粉煤灰-碎石混合料，确定其配比，然后测定其管道输送性能，最后添加不同比例的生石灰，分别测定其不同龄期的单轴抗压强度及其他物理性能参数。

赤泥浆、粉煤灰、碎石混合料的粗细物料按1∶1进行配合，其中赤泥和粉煤灰为细料，碎石为粗料。按质量比为赤泥∶粉煤灰∶碎石为2∶1∶3试配的料浆，发现其质量分数大于75%时，混合料的坍落度小于9cm，混合料仍具有较大的流动性。同时进行了料浆静置泌水实验，测得其质量分数为71%～75%时，24h泌水率为2.99%～0.99%，远小于同等坍落度混凝土的泌水率。

B　地表输送实验

在室内实验结果基础上，为了探讨该配合料在工业系统中应用的可行性，进行了地表模拟输送实验。实验内容包括充填料混合、主管道泵送及带料停泵实验，以及主副管道联动实验、充填体强度测定等。

制备好的赤泥、粉煤灰、碎石料浆采用液压双缸活塞泵加压，通过ϕ150mm钢管进行输送。粉状生石灰则由螺旋输送泵给料计量，并采用压风通过ϕ60mm副管道进行风力输送。最终在主管道出口前将两种物料在混合器进行混合，形成胶结充填料。

实验中顺利地实现了充填料浆的运输、混合、主管道泵送循环，并在实际配管长度达300m时实现了长达5天的带料停泵。

通过实验发现，副管道存在一些问题，如螺旋计量不准，密封性差，返粉严重、管道严重堵塞等。要解决副管道存在的问题，须减少充填料组分，简化充填料制备工艺。因而提出的解决方案是将石灰调浆，用石灰浆代替粉状生石灰来激化赤泥活性；同时取消碎石组分。

8.4.2.2　普强赤泥胶结充填实验

A　物料配合

水∶赤泥∶粉煤灰∶减水剂	2.34∶2∶1∶0.005
石灰∶水	1∶1.53
石灰∶赤泥	1.96∶10
水∶赤泥∶粉煤灰∶减水剂∶石灰	2.94∶2∶1∶0.005∶0.392
赤泥粉煤灰浆料密度	1.54g/cm^3
石灰浆密度	1.42g/cm^3
充填料体积密度	1.50g/cm^3
充填料质量分数	53.6%

针对实验物料进行了强度试验（表8-5），其中1号试样不掺减水剂，2号试样掺减水剂，掺量为赤泥的0.25%。强度试验表明，当石灰调浆后，试块强度较添加生石灰有所下

降，主要由于石灰调浆时需大量的水，使充填料中含水量加大的缘故。但试块28天强度仍在不添加减水剂条件下达到3.23MPa，添加减水剂条件下达到4.02MPa，能满足采矿方法要求。

表8-5 普强赤泥试块单轴抗压强度测定

试块编号		单轴抗压强度/MPa		
		3d	7d	28d
1号	1	1.36	1.58	3.08
	2	1.10	2.16	3.04
	3	1.28	2.12	3.72
	平均	1.25	1.95	3.23
2号	1	2.24	2.84	4.20
	2	2.24	2.94	3.90
	3	2.20	3.48	3.96
	平均	2.23	3.09	4.02

B 地表输送实验

地表输送实验采用主、副管道输送工艺。主管道用于输送赤泥粉煤灰浆，副管道用于输送石灰浆。

制备好的赤泥粉煤灰浆采用液压双缸活塞泵通过ϕ150mm主管道输送；调制好的石灰浆则用电动往复泵通过ϕ50mm副管道输送。在管道出口前，经混合器对两物料进行混合，形成胶结充填体。

实验输送能力为主管道输送能力30m^3/h；副管道输送能力6m^3/h。

通过实验表明，主副管道输送顺利，两种料浆在混合器内混合均匀，充填料无堵管、返浆等现象；形成的充填料稠性大，完全不脱水，1h内产生初凝，充填体整体性良好。

8.4.3 充填料制备

通过试验与研究，在工业应用中采用的充填料方案为赤泥、粉煤灰加石灰的普强赤泥自胶结充填料。其料浆制备工艺包括：赤泥浆制备流程，粉煤灰加工流程和石灰浆制备流程（图8-5、图8-6）。

8.4.3.1 赤泥浆制备

赤泥浆制备包括赤泥原料浆取料运输、存贮、脱水、造浆及连续供料几个工艺环节（图8-7）。

取料运输：结合氧化铝厂赤泥车间的赤泥浓缩与输送流程，在两个搅拌槽之间的输送管道上接出一根ϕ50mm支管，并安装阀门及软管进行取料；通过运输槽车取料装车后，将赤泥浆运到制备站。

脱水：赤泥浆运至制备站后，卸入赤泥浆沉降池内。由于赤泥浆含水约60%，需在池内自然沉降脱水至50% ±2%，多余的水则由沉降池端部溢流口排出。沉降池规格为20m×2.5m×2.5m。设计两个沉降池，交替使用。

造浆：脱水后的赤泥需要重新造浆。造浆由压气造浆小车完成。压气造浆小车自带行

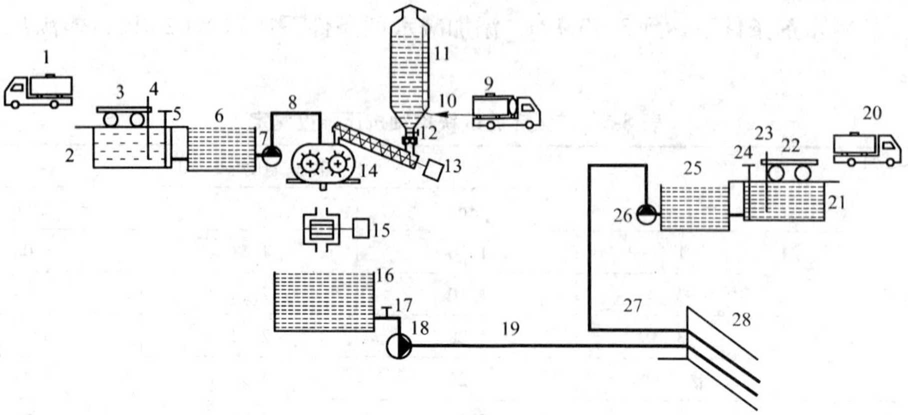

图 8-5 赤泥胶结充填料制备工艺流程

1—赤泥运输槽车；2—赤泥浆沉降池；3—赤泥造浆小车；4—吹风管；5—赤泥浆放料阀；6—赤泥浆存贮池；7—电动往复泵；8—输浆管；9—水泥罐车；10—吹灰管；11—粉煤灰仓；12—双管螺旋上料机；13—单管螺旋上料机；14—双卧轴连续搅拌机；15—高速搅拌机；16—混合浆存贮池；17—闸阀；18—液压双缸活塞泵；19—主管道；20—石灰浆运输车；21—石灰浆沉降池；22—石灰造浆小车；23—吹风管；24—石灰浆放料阀；25—石灰浆存贮池；26—电动往复泵；27—副管道；28—充填斜井

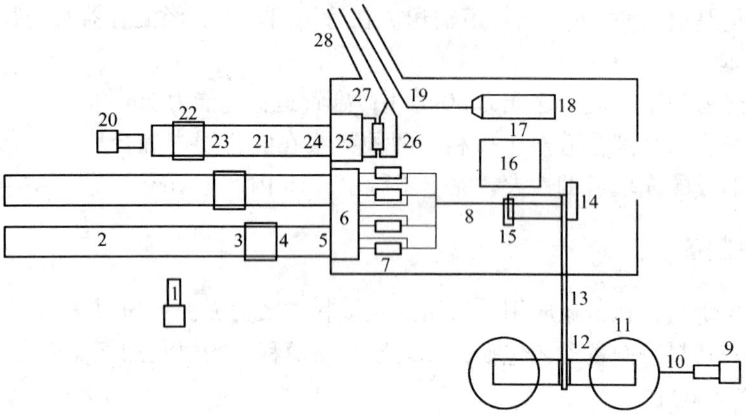

图 8-6 赤泥胶结充填料制备站平面布置图

1—赤泥运料车；2—赤泥浆沉降池；3—赤泥造浆车；4，23—吹风管；5—放浆阀；6—赤泥浆存贮池；7，26—电动往复泵；8—输浆管；9—散装水泥罐车；10—吹灰管；11—粉煤灰仓；12—双管螺旋给料；13—单管螺旋上料；14—连续搅拌机；15—高速搅拌机；16—混合浆存贮池；17—闸阀；18—双缸活塞泵；19—主管道；20—激化剂运料车；21—激化剂沉降；22—激化剂造浆；24—激化剂放浆；25—激化剂贮池；27—副管道；28—充填料井

走机构，由0.5t卷扬带动链轮，链轮带动矿车轮使小车在钢轨上行走。当小车行走至池端时，触动行程开关，使控制继电器动作，小车自动换向而实现往复行走。压气由吹风管提供。在小车往复行走时，吹风管由电动推杆推入池中赤泥浆内。当小车静止不动时，电动

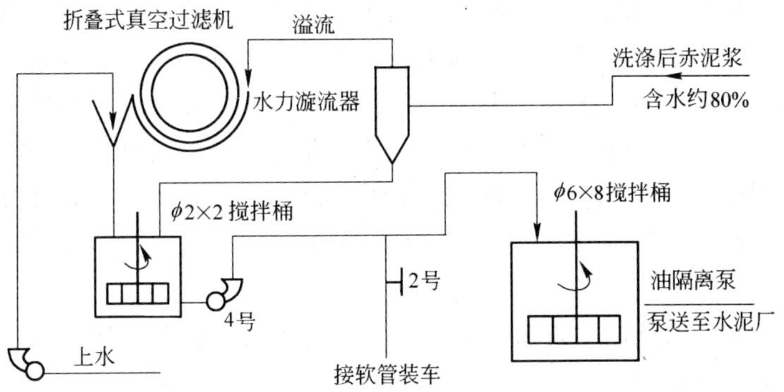

图 8-7 赤泥浆制备流程

推杆将吹风管提离浆面，以防堵塞。

供料：制备好的赤泥浆通过电动放浆阀放入存贮池内。然后由电动往复泵加压，通过输浆管输送至双卧轴连续搅拌机。电动往复泵为三台联动。通过实验表明，当输送管道长度发生变化、输送压力发生变动时，其柱塞往复频率及输送量变化很小，可满足计量要求。单台泵输送能力为 $6m^3/h$，3 台泵联动时输送能力为 $18m^3/h$。

制备站管道及阀门的配备，除了考虑上述赤泥浆供料及主副管道输送，还需考虑到堵管时的处理和料浆池及设备清洗时用水的处理。故制备站内配备了多组内部循环及清洗管道和阀门（图 8-8）。

各阀门的作用为：赤泥浆输送线的球阀 K11、K12、K13、K14 的设置可使四台电动往复泵的工作彼此独立。当需要检修任何一台时，只需关闭其相应的球阀即可。也可将其中一台作为备用。

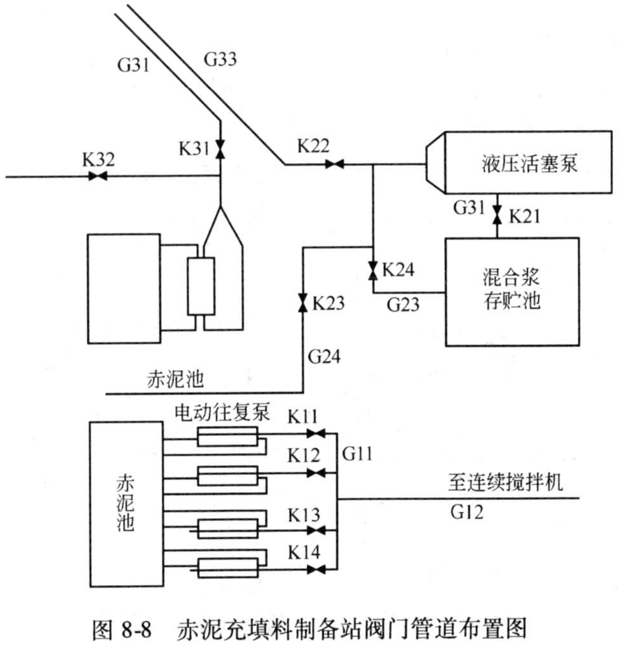

图 8-8 赤泥充填料制备站阀门管道布置图

K11、K12、K13、K14、K22、K23、K24、K31、K32—球阀；K21—闸阀；

G11、G12、G21、G22、G23、G24、G31、G32—钢管

主管道设置了 K21、K22、K23、K24 等闸阀和球阀。其作用为：当正常充填时，打开 K21、K22，关闭 K23，赤泥粉煤灰浆则从混合浆池通过液压双缸活塞泵加压，经主管输送至井下。当试泵或需要循环泵送或发生堵泵时，打开 K21、K24，关闭 K22、K23，则赤泥粉煤灰料浆经 K21、K24 回到混合浆池中。当需要清洗料浆池及设备时，打开 K21、K23，关闭 K22、K24，则清洗水从混合浆池通过 K21、K22 输送至室外赤泥浆沉降池中。从而避免清洗水进入主管道。当需要检修液压双缸活塞泵时，则关闭 K21、K22、K23、K24 即可。

副管道阀门的设置功能与主管道基本相同。打开 K21、关闭 K22，即可将料浆池清洗水排至室外石灰浆沉降池中。

8.4.3.2 粉煤灰加工

干状粉煤灰从热电厂放灰口用散装水泥罐车运至搅拌站，通过吹灰管吹入粉煤灰仓内。通过粉煤灰仓的双管螺旋给料机进行定量给料，然后由单管螺旋上料机输送到双卧轴连续搅拌机。

建造两套粉煤灰仓及双管螺旋给料机，其中一套备用。粉煤灰仓容积 $80m^3$，可贮存粉煤灰 50t。双管螺旋给料机的螺旋直径 200mm，转速 20～75r/min，连续可调，输送量为 $8\sim20m^3/h$。

8.4.3.3 石灰浆制备工艺

外购石灰膏运至搅拌站后，卸入石灰浆沉降池备用。充填之前先加水进行压气造浆，造浆方式和设备同赤泥造浆，放浆阀亦同。制备好的石灰浆放入石灰浆存贮池，由电动往复泵加压泵送，通过副管道输送至井下采场。

8.4.4 双管泵送

8.4.4.1 赤泥粉煤灰料浆泵送

赤泥粉煤灰混合浆通过主管输送。浆池内的赤泥粉煤灰料浆经液压双缸活塞泵加压，经管径为 $\phi150mm$ 的钢管输送到井下。

液压双缸活塞泵由机械传动系统、液压系统、电控系统、推送机构等组成。其中推送机构主要由液压缸、输送缸、蝶阀及输送管道等构件组成（图 8-9）。

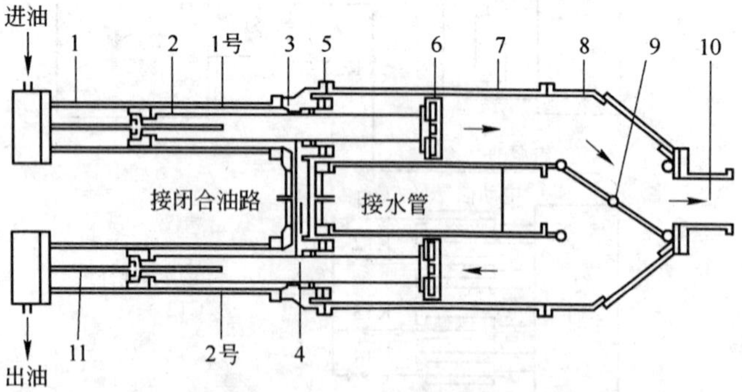

图 8-9 液压双缸活塞泵推送机构示意图

1—液压缸；2—液压活塞；3—缸体接头；4—双孔连接缸；5—活塞杆密封及导向装置；6—橡胶活塞；7—输送缸；8—阀箱体；9—蝶阀；10—输出管道；11—行程开关

两个液压缸的无杆腔通过高压软管与液压系统主电液阀的油口相连，依靠主电液阀的换向作用，使两个缸分别与主油泵和油箱相通。两个液压缸的有杆腔则通过缸体接头与双孔连接缸相连通，形成闭合油路（图8-9）。

输送泵的最大输送压力 3.0MPa，蝶阀换向频率 17.5 次/min。

8.4.4.2 石灰浆泵送

制备好的石灰浆置入石灰浆存贮池后，由电动往复泵通过副管道输送（图 8-10）。

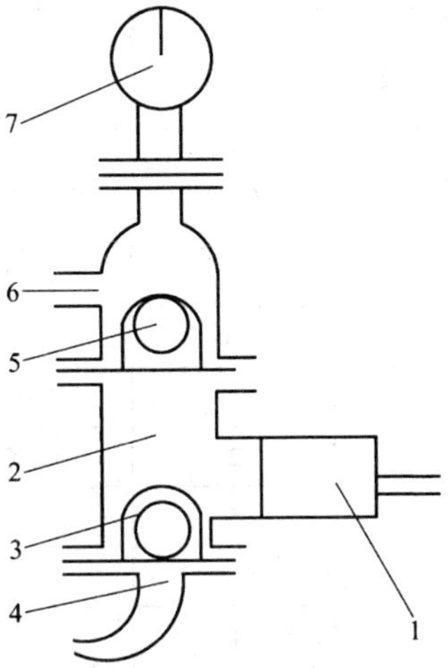

图 8-10 电动往复泵结构原理

1—连杆及活塞；2—泵体；3—吸入阀；4—吸入管道；5—排出阀；6—排出管道；7—压力表

输送泵的输出压力 1.5MPa，活塞往返频率为 165 次/min。

8.4.4.3 充填工艺主要技术指标

赤泥浆：粉煤灰：石灰浆	4：1：1
水：赤泥：粉煤灰：$Ca(OH)_2$	2.43：2：1：0.57
充填料浆质量分数	60%
充填体体积密度	1.5g/cm^3
充填系统输送能力	36m^3/h
其中：主管道输送能力	30m^3/h
副管道输送能力	6m^3/h
赤泥粉煤灰浆输送阻力	3.1kPa/m
石灰浆输送阻力	4.0kPa/m

8.4.5 采场充填

采场充填准备工作包括架设挡墙，架设充填管道等。充填挡墙只起隔离作用，不需考虑滤水。挡墙为木质结构，在桃形矿柱处架设 2～3 根立柱，立柱内侧用 2～3cm 厚木板封闭，并在板上敷设编织袋以防漏浆。

充填准备工作结束后进行充填作业。为了减少挡墙所受压力，第一次充填量控制在 10～20m^3，以使木挡墙全部埋没。待第二天充填料凝固后，即可进行大量连续充填，直至充满整个分条采场。

8.4.6 充填效果

湖田铝土矿赤泥自胶结充填工艺的特点，是在矿山自身缺乏充填料的条件下，因地制宜地研究开发出新的充填材料及配方，充分利用赤泥的自胶结特性，实现了无水泥胶结充填。将赤泥粉煤灰浆与活化剂进行分离输送、井下混合，使充填料浆充入采场后不脱水、不离析，避免了充填水对遇水泥化顶板围岩及井下作业环境的不利影响。采用国产混凝土泵顺利地对充填料浆实现了泵压输送，与进口泵相比，大大节省了建设投资。

8.4.6.1 充填体强度指标

对充入采场的胶结充填料浆进行取样，测得不同龄期试块单轴抗压强度见表 8-6。

表 8-6 采场充填体取样试块单轴抗压强度测试结果

试块号		单轴抗压强度/MPa				取样地点及时间
		3d	7d	28d	60d	
一组	1	0.54	1.38	1.44	2.20	充填时取样制模
	2	0.72	1.36	1.84	2.08	
	3	0.64	1.42	1.52	2.52	
	平均	0.63	1.39	1.60	2.27	
二组	1	1.04	1.23	1.90	2.68	充填时取样制模
	2	0.80	1.02	2.00	3.08	
	3	0.76	1.02	2.00	2.76	
	平均	0.87	1.09	1.97	2.84	
三组	1				3.42	揭露充填体加工成试块
	2				3.47	
	3				2.84	
	平均				3.24	

试块 28 天强度为 1.6 ~ 1.97MPa，60 天强度 2.27 ~ 2.84MPa。同时，还对井下揭露的充填体取样加工成试块进行了强度测试，测得其平均单轴抗压强度为 3.24MPa，较真实地反映了实际的充填体强度。

现场取样的试块单轴抗压强度较室内试块高 43%，主要是因为室内试块养护条件与井下差别较大的缘故。在地面及室内养护时，由于试块四周与空气接触，存在着水分蒸发，体积密度降低的现象。同时由于试块中游离 CaO 吸收空气中的 CO_2 而产生 $CaCO_3$，在试块表面形成一层风化层，从而降低了地表试验的试块强度。

与此同时，还对井下揭露充填体进行了不规则试块的点载荷强度测试，测得其抗压强度为 2.39 ~ 6.19MPa。

在初凝前对所形成的充填料取样制模（不再搅拌）后进行的试块单轴抗压强度测定结果见表 8-7。

表 8-7 充填料取样试块单轴抗压强度

试块	单轴抗压强度/MPa		
	7d	28d	90d
1	2.28	3.52	5.28
2	2.42	4.00	5.48
3	2.89	3.84	4.70
平均	2.59	3.79	5.15

由表 8-7 试验结果表明，充填体 7 天、28 天、90 天强度分别达到 2.59MPa、3.79MPa、5.15MPa，达到或超过了国内外分步骤回采的第一步骤胶结充填体强度。用作二步骤回采时的人工矿柱完全可以满足要求。从赤泥活性激化、后期强度持续增长的特性来看，赤泥自胶结充填对控制采场地压，保持采场长时稳定性更具有重要意义。

通过生产实践表明，充填系统利用赤泥、粉煤灰、石灰浆为原料，制备站采用连续搅拌和主、副管道输送工艺，成功地解决了湖田矿开采技术条件下充填的一系列技术难题，满足了采矿方法对充填体的严格要求。

8.4.6.2 充填材料优势

选用赤泥作为充填料的主要组分具有的优势：其一，赤泥为工业固体废物、来源可靠、成本低廉；其二，能满足泵送工艺要求，保水性能好，性态稳定，能实现带料停泵。

粉煤灰亦为固体废物、成本低廉，作为掺和料，可利用其吸水性强的特点，充分吸收赤泥浆中多余的水分，提高充填料浆浓度，改善料浆的管道输送性能。

采用石灰浆作为赤泥潜在活性的激化剂，具有成分单一，工艺易于实现，输送设备简单可靠的特点，并且成本低、来源广泛。

赤泥粉煤灰浆和石灰浆混合后，所形成的充填体具有不脱水、凝固快的突出优点。充填料进入采场后呈膏状，能顺利流入采空区，并能严密接顶。由于能实现带料停泵，无须经常清洗管道，从而使采场顶板完全不受充填用水的侵害成为可能。充填体严密接顶以及避免管道清洗水进入采场，对湖田矿顶板不稳固和围岩遇水泥化的开采条件具有非常重要的意义。

8.4.6.3 充填工艺效果

（1）充填工艺机械化程度高、工人劳动强度低。充填料的运输、贮存、脱水、重新造浆、连续供料、二段连续搅拌等各工序环节衔接合理、能力配套、设备可靠，保证了充填料组分配比及料浆浓度达到要求。自该系统投入运行后，未出现充填用水对井下环境的不利影响。

（2）采用主、副管道加压输送工艺，不但可将赤泥粉煤灰浆和石灰浆分流输送至较远地点，适应于矿体走向长度大的条件，更重要的是主、副管道所输送的料浆保水性能好，抗沉淀离析性能强，自身均不凝固，能实现带料停泵。主、副管道均能实现3~5天的带料停泵，最长停泵达13天，重新启动时，主、副管道仍能正常输送，可见，在矿山的适用性强。

（3）充填系统输送能力为$36m^3/h$，且定量性能良好，其输送能力不受充填地点和管道阻力影响。在湖田铝土矿生产规模下，充填系统一班运转即可满足生产要求，给湖田矿扩大生产规模、达到设计生产能力提供了保证。

（4）作业集中、管理方便，劳动效率高，充填作业集中在制备站及井下采场，没有其他工作环节，管理简便，作业人员少。

（5）料浆输送阻力小，管道磨损小。生产实践证明，主管道输送阻力为3.1kPa/m，副管道输送阻力为4kPa/m。当充填采场较远时，增设中继泵站即可将充填料浆输送至充填地点。对拆下的充填管道进行观察表明，充填料对管道的磨损极小。

参考文献

[1] 姚中亮，等. 赤泥浆体泵送胶结充填及倾斜分条充填采矿法[R]. 长沙：长沙矿山研究院，1994.

[2] 周爱民，姚中亮. 赤泥资源化开发前景——赤泥用作矿山充填工程材料[C]. 长城铝业公司技术创新院士行报告文集. 郑州：国家经贸委，2000：94~99.

[3] 周爱民，等. 高效低耗胶结充填技术[R]. 长沙：长沙矿山研究院，2001.